WIRELESS LOCATION SYSTEM

무선 측위 시스템

김진영 · 서철헌 지음

공감북스

머리말

무선 측위 기술은 이미 널리 사용되고 있는 Global Positioning System(GPS) 기술을 포함하여 다양한 무선 자원을 이용하는 위치 측정 기술을 모두 포괄하는 개념이다. 통신 분야에서 무선 측위 기술은 1990년대 말부터 핸드폰의 위치 확인을 통한 긴급구조 서비스 등에서 이용되기 시작하였고 최근에는 스마트폰의 다양한 위치 기반 서비스를 창출하고 있으며, 무선 측위를 기반으로 하는 항법 기술은 차량 항법 장치를 비롯하여 미래 자율주행 자동차의 핵심기술로 활용될 것으로 예상되는 등, 무선 측위와 항법 기술의 응용은 다양한 분야에 걸쳐 폭발적으로 증가하고 있다.

통신 시스템에서 무선 측위 기술 연구자들의 본격적인 관심을 끌기 시작한 시점도 GPS를 기반으로 하는 측위 서비스의 상용화와 동시에 GPS 기술이 실내에서 쉽게 수신되지 않는 단점을 극복하기 위하여 다양한 무선자원을 이용한 측위 기술이 개발되기 시작한 1990년대 말로 볼 수 있다. 1990년대 말에는 CDMA 기지국의 Pilot 신호를 이용한 Advanced Forward Link Trialateration(AFLT)라고 불리는 순방향 TDOA 기술로, 2000년대에는 WCDMA와 LTE의 하향 OTDOA 기술로 기지국 신호를 이용한 GPS 대체 측위 시스템이 표준화되고 실제 활용되어 왔으며, 2000년대 초반 GSM 기지국 신호의 수신세기를 이용한 Fingerprint 방식의 위치 측정 기술이 GPS를 사용하지 않는 GSM 핸드폰의 측위 기술로 개발 되어 현재까지도 사용되고 있다. 최근에는 GSM보다 실내의 곳곳에서 서로 다른 세기로 수신되는 Wi-Fi의 수신 신호세기를 RF Fingerprint DB로 만들어 놓고, 임의의 실내위치에서 수신되는 Wi-Fi 신호세기와 Fingerprint DB를 비교하여 스마트폰의 위치를 찾는 Wi-Fi 기반의 무선 측위 기술이 다양한 응용 서비스를 만들어내고 있다. 위치정보는 사용자의 위치를 기반으로 하는 다양한 서비스를 창출하는데 가장 중요한 요소 정보이다.

본 저서에서는 무선 측위 기술을 주제로 하는 좀 더 넓은 분야에서의 측위 시스템의 종류와 방향과 그에 따른 IT 기술의 활용방안을 연구하는데 목적이 있다. 구성은 크게 5가지의 주제실내외측위방식, 지리정보시스템 측위방식, 측위알고리즘, 측위오차 보정 기법에 대하여 기술하였다.

끝으로 본 저서로 무선 측위 기술이라는 분야를 연구 및 개발하시는 많은 분들께 조금이나마 도움이 되기를 기원하는 바이다.

• 감사의 글 •

이 저서는 산업통상자원부의 재원으로 한국에너지기술평가원(KETEP)의 지원을 받아 수행한 연구과제(No.20144030200600) 및 2016년도 광운대학교 연구년에 의하여 발간되었음.

목 차

제1장

서 론

1.1 측위(위치정보)의 정의

1.1.1 위치정보의 개념

1) 국내 위치정보의 정의

위치기반서비스는 위치정보를 활용하여 위치확인, 교통·항법, 긴급구조, 물류·관제 등에 활용되는 서비스로서 기술적 의미의 위치정보의 개념을 이해할 필요가 있다. 위치정보의 유출과 오남용으로부터 사생활의 비밀 보장과 안전한 위치정보의 이용을 위해 제정된 「위치정보의 보호 및 이용 등에 관한 법률」에 의하면, 위치정보란 이동성이 있는 물건 또는 개인이 특정한 시간에 존재하거나 존재하였던 장소에 관한 정보로 정의되어 있다.

이러한 위치정보의 특성을 구체적으로 살펴보면 다음과 같다.

1-1) 위치정보는 이동성이 있는 물건 또는 개인에 관한 정보이다.

"이동성이 있는 물건"이란 법률상의 동산을 의미하며, 외부의 힘에 의하여 장소의 이동 가능성이 있는 물건을 말하고, "개인"이란 생존하는 자연인을 말한다. 즉, 위치정보는 유동적인 객체의 변동되거나 변동가능성이 있는 장소에 관한 정보이며 "지형·지물·지명 및 경계 등의 위치 및 속성에 관한 정보"로 정의되는 지리정보와 구분된다. 변동성 및 변동 가능성이 없는 지리적 위치(Geographic Position)는 본법의 위치정보에 해당하지 아니하며, 고정적인 장소에 관한 정보로써 지리정보(Geographical Information)에 해당한다.

1-2) 위치정보는 시간에 관한 정보이다.

위치정보는 "특정한 시간"에 존재하거나 존재하였던 장소에 관한 정보로써, 현재의 상태가 아닌 고정된 공간에 관한 정보는 위치정보법의 위치정보에 해당하지 않는다. 즉, 위치정보는 시간의 흐름에 따라 계속적으로 변화하는 동적정보로서 위치정보의 변경여부·변경량·변경시간·변경이력 등의 동적인 요소가 중요한 의미를 내포하게 된다. 위치정보는 위도·경도 및 고도 뿐만 아니라 지리적 위치가 수집된 시점을 구성 요소로 한다.

1-3) 위치정보는 장소에 관한 정보이다.

장소의 특성은 위·경도 값과 같은 지리적인 좌표 값으로 표현될 수도 있으며, "서울시 종로구 세종로1번지"와 같은 행정적 정보 또는 "청와대"와 같은 지형·지물·지명으로 표현될 수도 있다. 위치정보는 특정한 시점에 "존재하거나 존재하였던" 장소에 관한 정보이다. 존재하였던 장소에 관한 정보를 포함함에 따라서 과거의 위치정보 역시 본법의 적용대상이 된다. 그리고 위치정보는 현재 시점의 고정적인 지리적 정보에 한정하지 않고, 위도·경도·고도 등 특정한 시각의 지리적 위치와 함께 방향성과 속도까지 포함할 수 있으므로 미래의 위치정보까지 유추할 수 있다는 특성을 지닌다. 그러나 현재 또는 과거의 위치정보만이 위치정보법에 의한 위치정보에 해당하며, 미래의 위치정보는 비록 수집될 개연성이 높을지라도 추정된 정보이며 위치정보법에 의한 위치정보에 해당하지 아니한다.

1-4) 위치정보는 수집된 정보이다.

위치정보법에 의한 위치정보 값의 측정행위는 "수집"에 해당하는 반면, 「측량법」에 의한 지표면·지하·수중 및 공간의 지리정보 값의 측정행위는 "측량"으로 정의된다. 위치정보의 수집의 도구는 전기통신설비 및 전기통신회선설비이다. "전기통신설비"는 전기통신을 하기 위한 기계·기구·선로 기타 전기통신에 필요한 설비를 말하며(「전기통신기본법」 제2조제2호), "전기통신회선설비"란 전기통신설비 중 전기통신을 행하기 위한 송·수신 장소간의 통신로 구성설비로서 전송·선로설비 및 이것과 일체로 설치되는 교환설비 및 이들의 부속설비를 말한다(「전기통신기본법」 제2조제3호). 위치정보는 전기통신설비와 전기통신회선설비를 모두 이용하여 수집된 정보를 말한다.

2) 해외 위치정보의 정의

유럽연합은 「전자통신 부문에서 개인정보 처리와 프라이버시 보호에 관한 유럽연합 지침 2002/58/EC(프라이버시 및 전자통신에 관한 지침)」에서 "위치정보(Location

Data)"를 "공개 전자통신서비스 사용자의 단말장치의 지리적 위치를 표시하는 전자통신망 내에서 처리되는 정보"로 정의하고 있다. 이에 따르면 위치정보는 네트워크에서 처리되는 정보로써 사용자 단말장치의 현재 위도·경도 및 고도를 지칭하거나 행선지 방향, 위치정보의 정확도, 일정 시점에 네트워크상에서 단말장치가 위치하고 있는 망 셀(Network Cell)의 확인 또는 위치정보가 기록된 시간을 지칭한다.

일본은 위치정보에 관해 별도로 규정한 법은 없으나 「전기통신사업에서의 개인정보 보호에 관한 가이드라인」에서 위치정보를 "이동단말기를 소지한 자의 위치를 나타내는 정보"로 정의하고 있다. 미국은 「무선통신과공공안전법(Wireless communications and Public Safety Act of 1999)」을 통하여 위치정보를 「통신법(Communication Act of 1934)」 제222조에 의한 "고객 소유 네트워크 정보(CPNI : Customer Proprietary Network Information)"로 분류한 바 있다.

1.1.2 위치기반서비스 기술의 구성요소

위치기반서비스(Location Based Service : LBS) 기술은 휴대 단말의 위치를 파악하는 측위 기술과 서비스를 위한 핵심 기반기술을 제공하는 LBS 플랫폼 기술, 그리고 다양한 LBS 서비스를 제공하기 위한 LBS 서비스 공통기술과 LBS 단말 및 응용서비스 기술로 구성된다.

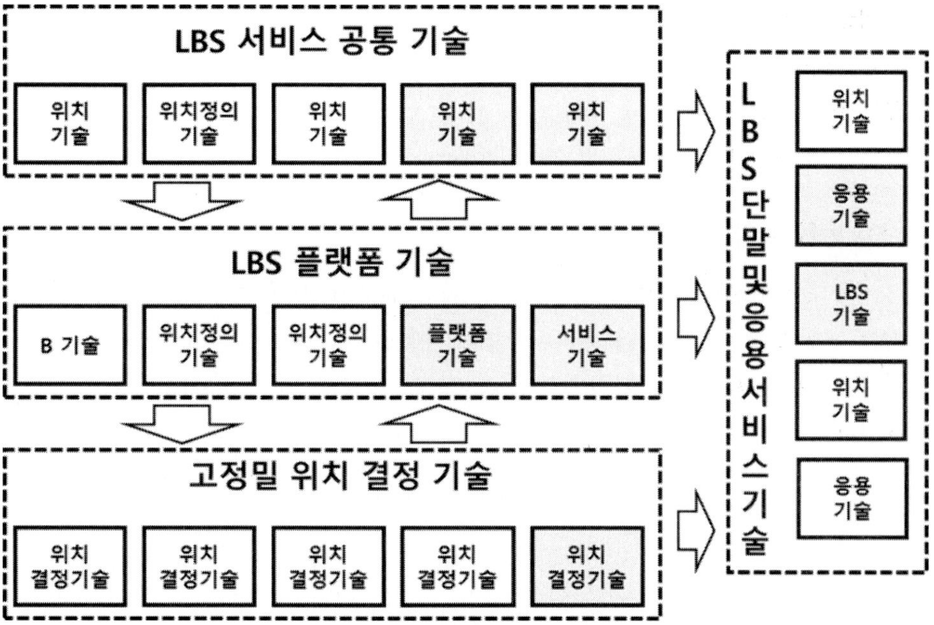

그림 1.1 LBS 기술의 구성요소

1) 측위기술

측위 기술은 모바일 단말의 위치를 측정하기 위한 기술로서 통신망의 기지국 수신 신호를 이용하는 네트워크 신호 기반(Network-signal based) 측위 방식, GPS 등 위성신호를 이용하는 위성신호 기반(Satellite-signal based) 측위 방식, RFID/USN 등 유비쿼터스 컴퓨팅장치를 이용한 유비쿼터스 측위 방식, 그리고 혼합하여 사용하는 통합측위 방식으로 분류할 수 있다.

1-1) 네트워크 신호 기반 측위 방식

네트워크 신호 기반 방식은 단말상의 특별한 장치를 추가로 사용하지 않으나 위치 정확도가 통신망의 기지국 셀 크기와 측정방식에 따라 차이가 많으며, 일반적으로 500미터에서 수킬로미터의 측정오차를 가진다.

1-2) 위성 신호 기반 측위 방식

위성신호 기반방식은 단말기에 GPS 수신기 등 신호 수신 장치를 추가로 장착해야 하며, 망 기반 방식에 비해 위치 정확도가 높으나 높은 빌딩이 많은 도심지역, 나무가 많은 산림지역이나 실내에서 신호의 수신이 간섭을 받아 위치를 결정하지 못하는 문제가 있다.

1-3) 유비쿼터스 측위 방식

최근 무선통신 기술의 발전에 따라 유선, 무선, 방송이 통합되고 근거리 무선통신 기술, 즉 Bluetooth, 무선 LAN, UWB 기술을 통합하는 측위 기술과 현재 사용하고 있는 이동통신망 기술들이 통합되는 4G, 그 이후의 RFID와 유비쿼터스 센서 네트워크에 기반 한 측위 기술이 등장하고 있다.

1-4) 통합 측위 방식

이동통신의 경우 위성신호 기반 방식과 네트워크 신호 기반 방식을 혼합하여 사용하는 혼합방식 즉, hybrid-GPS 기술이 사용될 수 있으며, 향후, RFID/USN 기술과의 통합 측위에 의하여 위치측정에 소요되는 시간과 위치 정확도, 신호 음영 문제를 해결하기 위한 기술이 연구되고 있다.

2) LBS 플랫폼 및 서비스 · 단말 기술

LBS 플랫폼 기술은 무선망/RFID/USN 등 위치 관련 시스템과 접속하여 LBS 클라이언트와 응용서비스를 지원하고 파악된 위치정보를 클라이언트 등에게 제공하기 위한 일련의 기능을 수행하는 게이트웨이 및 컴포넌트로 구성된다. 플랫폼 기능은 위치정보시스템으로부터 위치의 획득, 위치정보의 관리 등에 해당하는 위치중심의 처리기능(Location Management System : LMS)이 있고, 그밖에 프로파일관리, 인증 및 보안, 타사업자와의 위치정보 제공 연계 망부하 관리, 다양한 사용의 접근통제, 통계관리 등 위치기반서비스를 위한 플랫폼 운영기능 등이 있다.

LBS 서비스 공통기술은 위치기반서비스 제공을 위한 콘텐츠를 처리하고 운영하기 위하여 필요한 기술로 응용서비스의 제공을 위해 공통적으로 이용 가능한 콘텐츠 서버, 위상분석, CRM 컴포넌트로 구성된다. 여기에 지원되는 콘텐츠는 수치지도, 위성영상, 위치정보, 지번, 경로, 옐로우페이지, POI 등이 있다. 관련 콘텐츠는 이를 저장, 관리하는 DBMS 엔진과 연계되며, 응용서비스 확장을 위해 필요한 DB 서버, GIS 서버와도 통합 처리하기 위한 부분을 포함하고, 업무의 특성 및 응용 환경에 따라 사용 고객 DB 등 별도의 DBMS 등과도 연계하여 데이터 관리를 돕는 역할을 수행한다.

LBS 단말 및 응용 서비스 기술은 다양한 위치기반 서비스의 제공을 위한 시스템 솔루션 및 단말 장치 관련 기술을 의미한다. 대표적인 LBS 응용 서비스 기술은 위치정보를 이용한 긴급구조, 재난재해 처리 등 공공안전 서비스 시스템, 실시간 교통정보를 제공하는 ITS와 결합한 텔레매틱스, 물류, 모바일 결재 등 모바일 상거래와 결합한 위치기반 전자상거래(Location-based Commerce), 실시간 위치정보를 이용한 온라인 게임과 다양한 정보서비스를 제공하는 서비스 시스템 등이 있다.

개인정보 보호 기술은 LBS 플랫폼, 측위기술, LBS 단말 및 서비스 등에서 공통적으로 발생할 수 있는 개인 사생활의 보호와 관련된 기술을 포함한다. 위치정보에서의 Privacy preference 표현, DHCP 등 인터넷 장치에서의 위치정보, 위치정보 전송에서의 프라이버시 보호 방안 등이 포함된다.

1.2 측위(위치정보)의 필요성

최근 인터넷과 정보통신 특히 스마트폰의 발달과 함께 LBS(Location Based Service) 서비스 시장이 급성장하고 있다. 현재 LBS 서비스는 브라우저보다는 애플리케이션을 통해 지도 서비스에 접속하는 이용자가 많아지는 만큼 애플과 구글 등 LBS 글로벌 선도기업들은 LBS 기능이 결합된 모바일 위치 정보 애플리케이션 출시에 열을 올리고 있다.

한 통계에 따르면, 위치 기반 서비스의 세계 시장 규모는 2015년 124억 달러으로 추정되며, 34.8%의 성장을 통해, 2016년에는 164억 달러가 될 것으로 예상된다. 국내 시장 규모는 2015년 1조 5734억 원으로 추정되며, 세계시장과 동일한 성장을 가정할 때, 2016년에는 2조 111,6억 원이 될 것으로 예상된다.

위치 기반 광고의 세계 시장 규모는 2015년 60억 달러으로 추정되며, 60.2%의 성장을 통해, 2016년에는 93억 달러가 될 것으로 예상된다. 국내시장 규모는 2015년 876억 원으로 추정되며, 세계시장과 동일한 성장을 가정할 때, 2016년에는 1411억 원이 될 것으로 예상된다.

위치 기반 증강 현실의 세계 시장 규모는 2012년 100억 달러로 추정되며, 35.9%의 성장을 통해, 2016년에는 339억 달러가 될 것으로 예상된다. 국내시장 규모는 2012년 525억 원으로 추정되며, 세계시장과 동일한 성장을 가정할 때, 2016년에는 1749억 원이 될 것으로 예상된다.

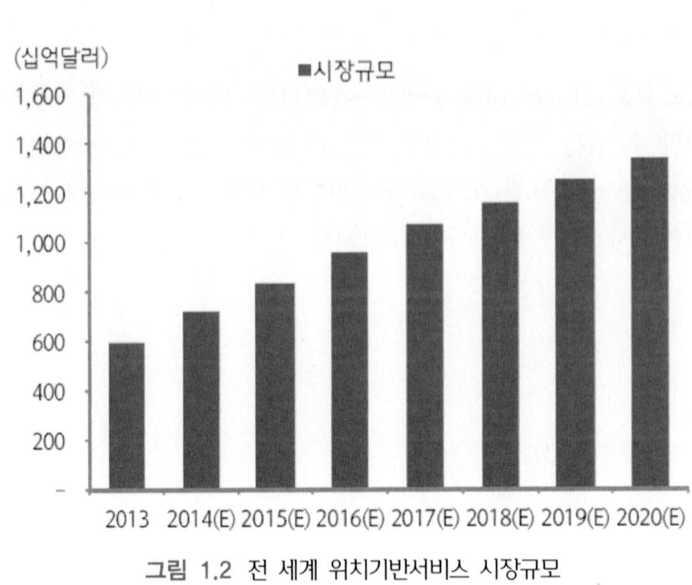

그림 1.2 전 세계 위치기반서비스 시장규모

1.3 측위(위치정보) 관련 시장현황 및 전망

1.3.1 국내

1) SK 텔레콤

SK텔레콤은 위치 측정 오차를 50센티미터(cm)까지 줄이는 초정밀 측위 기술을 개발해 양주 소재 ㈜필룩스(대표이사 회장 노시청) 조명박물관에 상용화했다고 16일 밝혔다.

필룩스 박물관에서 적용된 기술은 SK텔레콤이 새롭게 개발한 'UWB(Ultra Wide Band)' 신호 활용 '실시간 위치인식 시스템(Real-Time Location Service)'인 'T스마트포지션(T Smart Position)'으로 방문 고객 대상 위치 확인 서비스에 활용된다.

'T 스마트포지션'은 필룩스 박물관 내·외부에 UWB 신호를 사용하는 장치 'AP (Access Point)'를 설치하고 방문객이 착용하는 '태그(Tag)'의 초광대역통신 신호를 받아 방문객 위치를 확인하는 방식이다.

'T 스마트포지션'에 활용되는 기술은 UWB 국제 표준 기술(802.15.4a 규격)을 활용하여 110kbps~6.8Mbps의 데이터 전송 속도를 제공하면서 수십cm이내의 정밀 위치 인식이 가능한 획기적인 기술이다. 일반적으로 'GPS(Global Positioning System)' 신호가 수신되지 못하는 실내에서는 기지국을 활용하는 위치 확인 방식을 사용하는데, 기지국 커버리지의 영향을 받아 수백 미터 수준으로 정확도가 떨어진다.

또한, GPS 대안으로 활용되는 '와이파이(Wi-Fi)', '지그비(ZigBee)' 등 기술은 정확도가 기지국에 비해 상대적으로 높지만, 2~10미터 정도로 공장 내 자산관리 등 정밀한 위치를 필요로 하는 서비스에 적용하기 힘들었다.

이 밖에도 'T 스마트포지션' 시스템은 AP간 데이터 전송을 무선으로 처리, 유선망을 설치해야 하는 기존 시스템에 비해 비용을 줄이는 강점을 갖췄다. 이에 따라 'T 스마트포지션'은 향후 박물관 이외에도 자산관리, 물류분야, 중공업, 조선분야, 테마파크 등 다양한 서비스 분야로 확장될 것으로 기대된다. 'T 스마트포지션'은 중소·벤처기업과 상생협력을 도모하는 'T오픈랩'에 참여했던 ㈜이도링크와 SK텔레콤이 공동으로 개발했다. 양사는 이번 상용화를 시작으로 향후 공동 사업 추진 등을 통한 꾸준한 상생협력을 추진할 계획이다.

2) 아이데카

실내위치 측위 시스템(Indoor positioning technology system) 원천기술 개발사, 아이데카(idecca)가 일본 현지 벤처캐피털사인 글로벌브레인(Global Brain)으로부터 투자를 받는 데 성공했다. 이외 네이버, 벤처포트 등도 잇따라 투자를 결정, 아이데카는 불과 두 달 여만에 총 13억 원 규모의 투자를 끌어 냈다. 아이데카는 향후 급속도의 성장이 기대되는 실내 측위 서비스(Indoor LBS)시장에서 와이파이(Wi-Fi), 비콘(Beacon)등의 설비투자를 하지 않고, 실내에 존재하는 지구자기장을 활용해 1~3미터 이내의 정확도로 실내위치를 알아낼 수 있는 원천기술 개발사다. 또한, 단순히 위치를 잡아내는 게 아니라 사용자의 행동패턴을 1미터 단위별 맞춤형으로 분석할 수 있는 기술력을 가진 것이 장점이다. 특히 기존 기술과 달리 설치 형이 아니므로 계약과 같은 복잡한 이슈가 없어 IT 플랫폼 서비스 회사들도 충분히 이 시장에 진출할 수 있게 할 수 있다는 것이 특징이다. 한편 현재 아이데카는 일본 대기업과의 비즈니스 협의 중이며, 한국 유통 대기업과 파일럿 프로그램을 구동 중이다. 차기 타깃 국가로는 중국을 지목했다.

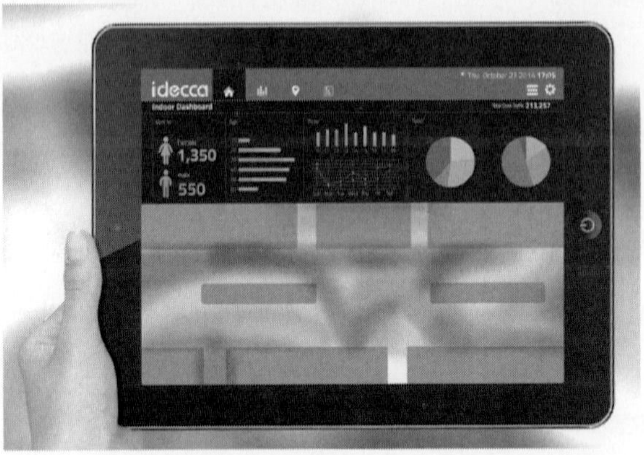

그림 1.3 아이데카 서비스모델

3) 삼성

삼성은 Wi-Fi나 타 무선 신호를 이용한 삼각 측량, GPS로부터 획득한 초기 위치로부터 움직임 측정을 통한 측위 등 매우 넓고 다양한 분야에서 실내 측위에 대해 연구를 진행하고 있고 여러 방법을 조합한 등록 특허 및 특허 출원을 보유하고 있다.

삼성의 연구 방법은 무선 액세스 포인트 위치를 활용한 삼각측량 방법을 이용하는 것으로서, 구글이나 마이크로소프트 등과 유사하다. 삼성은 이러한 방식을 실내측위나 GPS가 불가능한 지역의 옥외 측위에 사용하고자 하고 있다. 삼성은 상기 특허 외에도 아래와 같이 여러 가지의 실내측위 방법에 대한 특허를 보유하고 있다.

- 초기에 알려진 위치(예; 출입문)로 부터의 모션 트래킹 방법
- 실내 측위를 위해 모션 센싱을 보정하는 방법
- 무선 신호와 모션 센서의 결합을 기반으로 한 방법
- 실내 측위 오차를 보상하는 방법
- CSR의 기술을 라이센스하는 식으로 신호 및 센서 기반 측위기술을 포함한 기술
- 인근 디바이스와의 통신을 이용한 측위 방법
- LED 전등을 이용한 측위방법

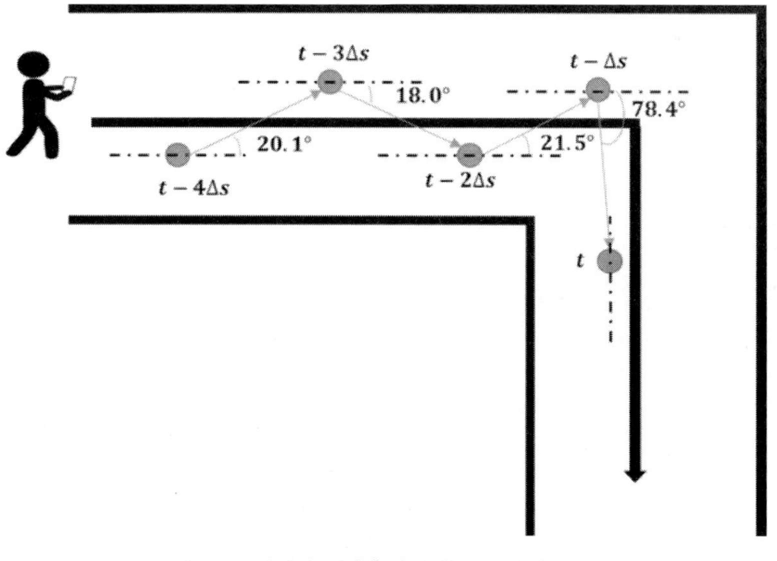

그림 1.4 삼성의 실내측위 오차를 보상하는 방법

4) KT

KT는 18일 서울 광화문 올레스퀘어에서 기자간담회를 열고 BC카드와 함께 멤버십, 카드 할인, 쿠폰 등을 하나의 앱에서 제공하는 전자지갑 서비스 '클립'을 출시한다고 밝혔다. 가령 사용자 근처에서 커피숍을 찾는다고 할 시 사용자가 보유한 카드의 할인, 멤버십 할인 등을 합쳐 가장 싸게 커피를 먹을 수 있는 매장정보를 바로 제공하고 멤버십, 쿠폰 등을 바코드 형태로 바로 제공하는 방식이다. KT가 보유한 O2O 경쟁력은 위치 측위다. KT 측은 기존 인터넷 업체들의 O2O 서비스들은 GPS, 비콘 등을 통해 사용자 위치를 확인할 수 있지만 자사는 가맹점의 와이파이 신호를 활용, 소비자의 위치를 확인할 수 있다는 점을 강점으로 꼽았다.

5) LG U+

LG U+는 폰서비스 부분에서는 특별한 점을 찾을 수 없다. 타사에서 제공하는 서비스와 비슷한 수준의 서비스를 제공하고 있다. 하지만 LG U+는 다른 통신사들과 다르게 새로운 소셜쇼핑앱 '딩동'을 제공하고 있다. 딩동 앱에서 위치를 기반으로 한 주변 상점의 정보를 얻을 수 있을 뿐만 아니라, 자신이 얻게 된 포인트를 이용가능 한 포인트 몰이 있어서 그 차별성을 갖는다. 딩동앱을 실행하면 1킬로미터 내의 딩동 가입매장을 보여주며 딩동 가입 매장 방문이나 앱상에서 선택 시 포인트를 적립해주며 이 포인트는 문화상품권, 영화예매권, 편의점상품 등으로 교환이 가능하여 사용자들의 활발한 활동을 유도하고 있다. 현재 딩동앱 내 포인트 몰에는 수많은 상품이 구비되어 있으며 포인트 몰 내에서도 인기상품을 할인하여 판매하는 등 소비자들을 유혹할 만한 요소들을 가지고 있다.

6) 팅크웨어

그림 1.5 아이데카 서비스모델

팅크웨어가 15년 6월 28일 정식 출시한 '아이나비 X1 DASH'는 최강 하드웨어 성능과 국내 최초 증강현실 솔루션 및 최첨단운전자지원시스템지원, 안드로이드 운영체제 탑재로 최상의 퍼포먼스를 자랑한다. 특히 거치형 최초 증강현실 솔루션을 탑재해 실사 도로 영상과 경로정보를 결합해 실시간 길안내를 제공한다. '아이나비 X1 DASH'는 차선이탈감지시스템, 앞차 출발알림, 신호등 변경알림, 전방추돌경보시스템 등 최첨단 운전자지원시스템으로 운전자의 안전과 편의를 책임진다. 또 안드로이드 키켓 4.4 운영체제로 '네이버 앱스토어'가 탑재돼 있어 태블릿 PC나 스마트폰에서 사용하던 다양한 애플리케이션을 그대로 이용할 수 있다. 또한 스마트폰 USB 연결만으로도 사용 가능한 텔레매틱스 서비스 '티링크'는 아이나비의 18년 누적 빅데이터와 통신을 결합한 실시간 교통정보, LIVE 검색, 무선업데이트 등을 제공해서 출시 이후에도 지속적으로 이어나가 증강현실 내비게이션 보급화에 박차를 가할 것으로 기대된다.

7) 동부익스프레스

동부익스프레스는 화물운송 정보화사업인 '엔콜트럭' 브랜드 론칭을 알리면서 엔콜트럭 서비스로 에너지 절감 및 물류 효율화를 높여 나가겠다고 밝혔다. 엔콜트럭(www.ncalltruck.com)으로 명명된 동부익스프레스 화물운송 정보화사업은 국내 물류업계 유일의 위치정보사업자로서 브랜드콜택시 사업 등으로 축적된 차량관제사업 역량을 기반으로 구축한 실시간 통합물류시스템을 토대로 첨단의 화물정보 시스템을 실현한 것으로 차량과 화물정보를 온라인상에서 하나의 네트워크로 연결한다. 엔콜트럭 시스템은 동부익스프레스가 자랑하는 위치기반 서비스를 비롯해 웹을 통한 온라인 업무지원 시스템과 개인휴대용단말기(PDA)를 통한 쌍방향 무선 데이터 통신시스템도 적용되어 화주와 차주 모두 24시간 실시간으로 차량과 화물정보를 제공받을 수 있어 운송업무 시스템 개선 및 공차운행 감소, 물류비절감, 다단계 해소 등의 효과가 기대된다. 최 사장은 "화물차의 3분의 1이 공차로 운행한다. 엔콜트럭은 화주가 운송품을 웹상에 공개하면 가장 가까운 차량 또는 화물의 도착지에서 올라온 차량에 운송정보를 알려줌으로써 공차문제를 줄일 수 있다"며 "공차 문제 해결로 차량 운행대수를 줄이면 국가적으로 CO_2를 줄일 수 있기 때문에 엔콜트럭은 녹색물류의 시작이라고 할 수 있다"고 말했다. 동부익스프레스는 차주들의 자발적인 회원 참여를 유도하기 위해 엔콜트럭 차주에게 차량종합관리서비스(FMS)를 제공해 유류, 타이어, 차량부품 등을 저렴하게 구매할 수 있으며 정비는 물론 차량구매 지원 등의 혜택도 부여하고 있다. 동부익스프레스는 엔콜트럭 사업을 통해 33만7000대(2008년 6월 기준)로 추정되는 국내 영업용 화물운송 차량 가운데 30%인 10만대를 2010년까지 회원으로 확보할 계획이다. 동부익스프레스는 엔콜트럭 사업 확대를 통해 국가 물류비용 절감과 국가 물류정보화 사업에도 기여하겠다는 방침이다. 최헌기 사장은 "본 사업과 같은 운송 프로세스가 화물운송 시장에 정착된다면 공차율을 2004년 32%에서 2010년 15%로 절감할 수 있다. 이 경우 국가물류비를 약 3조5000억원 절감할 수 있을 뿐만 아니라 CO_2 배출량(1039억원), 교통혼잡비용(967억원)을 획기적으로 절감하여 정부의 국가물류정보화 사업 및 녹색물류 정책에 크게 기여할 수 있을 것으로 기대된다"며 엔콜트럭이 화물운송 사업 영역으로 정착할 것으로 확신했다. 엔콘트럭은 기존의 엔콜택시처럼 콜수수료를 차주들에게 지급받고 화주에게는 물류절감비용에 대한 수수료 부과를 검토중이다.

8) ㈜셀리지온

이동 통신망에서 실내/외 어디든지 단말기를 이용하여 측위가 가능하도록 통합 측위 Solution(A-GPS, Network기반, Wi-Fi, Sensor기반)을 보유하고 있다.

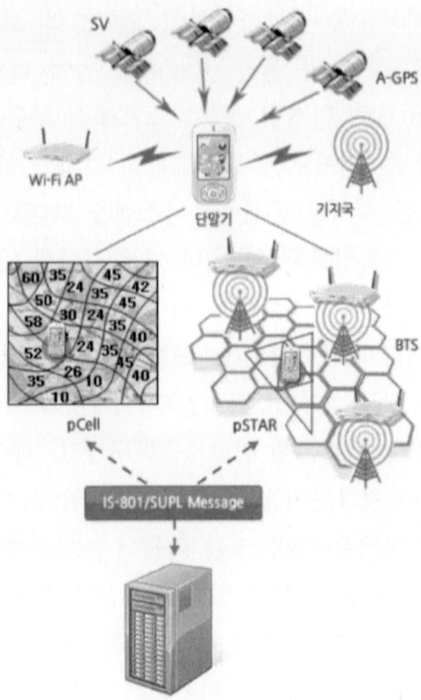

그림 1.6 이동통신 측위방식 통합 Solution 모델

기술을 자세히 살펴보면 다음과 같다. 먼저 A-GPS 측위방식은 Qualcomm의 gpsOne 기술을 이용하여 MS-Assisted 및 MS-based 측위 방식을 지원한다. pCell 측위방식은 Pattern Matching 측위방법을 이용하여 실외 및 GPS 신호를 수신할 수

없는 음영지역(실내)에서도 측위가 가능하다. pSTAR 측위 방식은 기준(Reference) 기지국 및 이웃(Neighbor) 기지국으로부터 측정한 신호세기를 이용한 거리환산방법으로, 측위를 위한 DB구축이 필요 없는 방식이다. 마지막으로 Wi-Fi 측위 방식은 단말 단에서 측위하는 방식으로 Wi-Fi 기능이 탑재된 스마트폰 또는 이동통신 단말기에 대해 제공 가능하다.

9) 케이웍스(KWORKS)

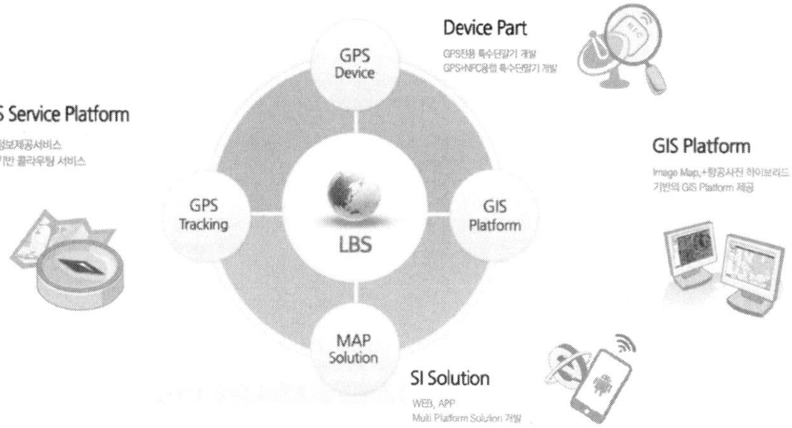

그림 1.7 케이웍스의 비즈니스 모델

(주)케이웍스는 2004년 위치기반기술 응용/통합 솔루션을 개발 완료하여 SKT 등 국내 이동통신사와 전략적 제휴를 통한 위치기반/응용 서비스를 제공 중에 있으며, 현재 30여 개의 기업 특성에 맞게 Customizing 한 서비스 제공을 하고 있으며, 축척 된 노하우를 기반으로 초정밀 항공 사진서비스 등 S/W와 H/W를 모두 포함하는 공공기관 및 고객사 환경에 맞는 통합솔루션을 제공하는 위치기반 전문기업이다. 주요 사업으로 M2M LBS 산업분야에서의 단말 개발, 단말 연동, 시스템 통합(SI), 시스템 관리(SM), 솔루션, 컨설팅, 통합 유지보수, 모바일 컨버전스 사업(모바일 멀티미디어, 부가사업, 컨텐츠) 등의 시스템 설계 구축과 개발 및 서비스 등의 Total SVC Solution을 제공하고 있다.

10) ㈜모람 C&T

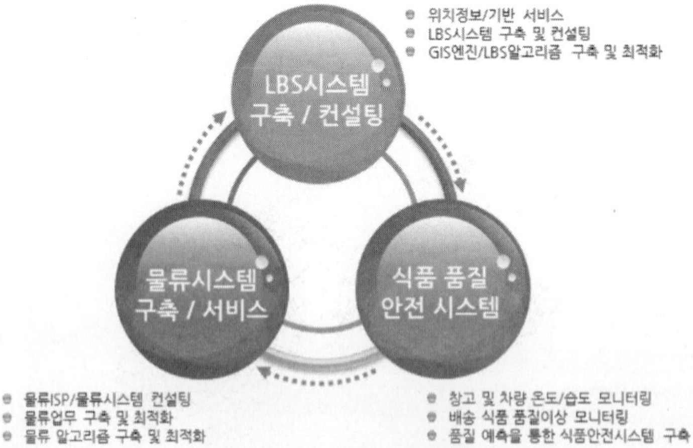

그림 1.8 비즈니스 모델

모람C&T는 전용단말기 및 스마트폰 기기을 이용하여 차량위치추적 LBS 서비스를 제공하는 업체입니다. 또한 고도의 최적화된 위치추적솔루션을 기반으로 물류(Logistics)시스템 컨설팅/구축/서비스 하는 기업이다.

11) ㈜블루칩씨엔에스

블루칩씨엔에스㈜는 국내 최대 집단(단체)위치추적서비스 및 국내 유일 3개 통신망 개인위치 추적 서비스(ANYFIND)를 운영하고 있으며, 음성 및 문자, 음성메시지를 이용한 설문 등 기존 메시지 전송 서비스를 업그레이드하여 기능을 대폭 강화한 SENDALL B2B 및 B2C 서비스를 운영하고 있다. 또한 그동안 축적된 기술력과 노하우를 바탕으로 통보서비스를 위한 VSMS(Voice Short Message Service), SMS(Short Message Service), Fax 서비스를 제공하고 있으며, 위치추적과 관련된 LBS(Location Based Service), e-BIZ 분야에서는 기업의 환경에 맞는 Consulting과 System구축으로 시장과 기술의 흐름에 최적화된 제품과 서비스를 제공하고자 최선을 다하고 있다. 이 밖에도 꾸준히 시장확대 및 전문성을 확보해 온 WEB AGENCY사업을 브랜드화하고, 위치기반 서비스를 비롯하여 통보 및 모바일(PDA) 관련 기술력을 바탕으로 특화된 SI시장을 개척하는데 성공하였으며 인터넷 기업을 넘어, 인터넷과 모바일 분야의 기술력을 고루 갖춘 기업으로 도약하기 위한 기술개발 및 서비스 역량을 갖추게 되었다.

12) 이도링크

이도링크는 IoT 및 RTLS 관련 수십 건의 등록특허를 보유하고 보안, 생산, 안전, 물류, 스포츠 등 다양한 분야에 제품을 제공하고 있으며 Anchor node가 수 십개 이상인 경우 끊김없는(Seamless) 위치 추적이 가능하도록 하는 특허를 출원하고 스포츠 트래킹에 적용하기 위한 연구개발을 진행 중이다.

1.3.2 해외

1) 구글(미국)

2011년 11월 구글의 모바일 지도에 실내 위치 측위 기능을 추가한다고 발표 했으며, 주로 기지국이나 Wi-Fi 핫스팟 기술을 이용하고 최근 센서를 추가하여 기능을 보완한 핑거프린트 방식을 도입하였다. 그리고 실내 측위의 개발 및 상용화를 위해 센서퓨전(Sensor fusion), 여러 방법의 융합 및 자체 개발한 피어투피어(Peer to peer)방법 등을 연구하고 있다. 특이할 점은 사용자의 동선 기록을 기반으로 실내 지도를 갱신하는 특허를 취득했고, 본 특허는 실내 배치가 주기적으로 변경되는 장소에 유용한 특허라 할 수 있다.

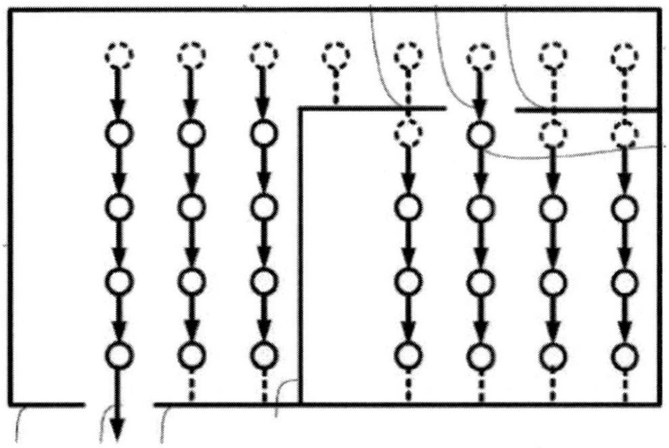

그림 1.9 구글의 동선 기반 지도 갱신 측위기술

2) 애플(미국)

애플은 오랜 기간 동안 실내 측위에 대하여 깊이 있는 연구를 진행하지 않은 것으로 여겨졌고, 더욱이 스카이훅 와이어리스(Skyhook Wireless)와의 동맹을 맺었으나 2010년 결별하였다. 하지만 iBeacon, 엑세스포인트 위치 예측, 신호 핑거 프린팅 방식 등을 기반으로 한 측위 특허를 볼 때 오랜 시간 연구한 것으로 파악된다. 특히, 2013년 Wi-Fi 핑거프린팅과 센서 퓨전방식을 전체적으로 통합한 기술을 가진 실내측위 분야 스타트업 회사인 WiFiSLAM을 인수하였고 같은 해에 iBeacon을 소개하였다. WiFiSLAM은 핑거프린팅 방식을 효율적으로 사용하는데 많은 투자를 하였으며, 현재의 위치 정보만을 이용하는 것이 아니라 위치의 시퀀스에 따른 신호 세기를 매칭시키는 방식으로 위치를 파악하는 방식을 개발하였다. 이에 따른 결과로 타 시스템과 달리 신호세기 데이터베이스에서 훨씬 적은 데이터만을 사용하여 효과적인 결과를 나타나게 되었다.

3) 마이크로소프트(미국)

마이크로소프트는 최근에 많은 실내 측위 연구 프로젝트를 수행하였고, 무선신호 삼각측량, 핑거프린팅, 디바이스의 네트워크 트래킹 등 넓은 영역에 걸쳐 주요한 연구에 참여하고 있다. 마이크로소프트는 센서퓨전을 통한 모션 센싱에 대해 연구하지는 않는 것으로 알려져 있으나, 칩 생산자와의 파트너 쉽을 통해 진행하고 있다고 판단되고 있다. 마이크로소프트는 최근 들어 '보편화된 핑거프린팅을 이용한 측위(Positioning by generalized finger printing)'라고 부르는 연구를 진행하고 있는데, 이는 현재 무선 신호를 핑거프린팅 자체의 세트 뿐만 아니라 핑거프린트 간의 신호세기를 선형 또는 비선형적 변화를 예상하여 핑거프린팅 간의 영역과도 매치 시키는데 사용되는 수학적 접근 방법이다. 이 분야에 대해 오랜 기간 동안의 특허 활동을 감안하면 마이크로소프트는 지속적으로 이러한 분야에 연구를 진행할 것으로 보인다.

또한, "Path progression matching"으로 불리는 실내 측위 예측 정교화에 대한 연구를 수행하고 있으며, 이는 사용자가 진행하였던 예측된 위치 경로에 대한 데이터를 디바이스가 수집하고, 그 경로를 현재 사용자가 있는 위치를 정교화 하는데 사용한다.

마이크로소프트는 네트워크 계위(Network-level)측위에 대한 특허를 보유하고 있으며, 이는 사이트 전반에 걸쳐 설치된 디바이스가 사이트 내 디바이스로 부터의 신호를 탐지하여, 네트워크 노드간의 상대적인 디바이스의 위치를 계산하는 방법이다.

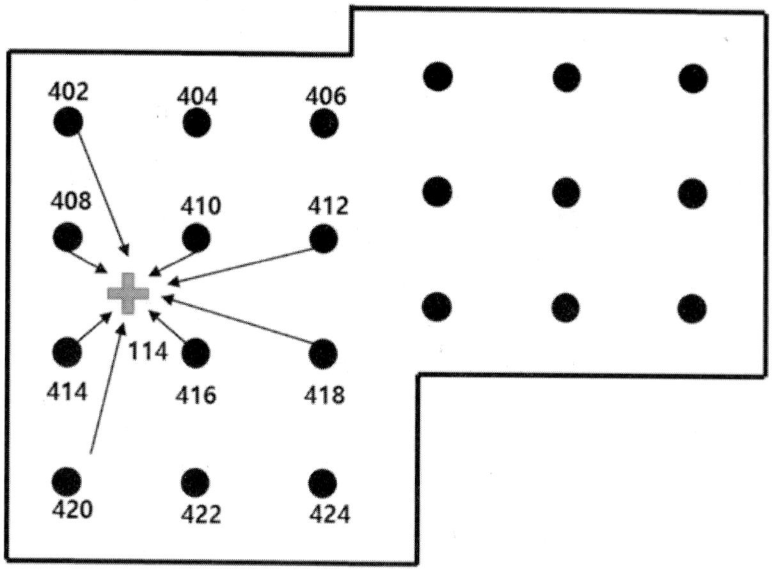

그림 1.10 마이크로소프트의 네트워크 계위 측위방법

연구 분야 중 특이한 사항으로는 FM라디오 신호의 신호세기를 기반으로 휴대기기의 위치를 파악하는 방법에 대해 연구했었고, 이는 다른 방법과 비교하여 정확도는 떨어지지만 다른 위치 정보가 없는 환경에서는 유용하게 사용될 수 있다. 이외에 오디오 신호나 무선 비콘을 활용하는 특허도 보유하고 있다.

4) 모토로라(미국)

모토로라는 실내측위에 대하여 초기부터 많은 연구를 수행하였으나 상업화는 하지 못했다. 그러나 아래와 같은 후속의 연구와 특허는 특히 센서 퓨전분야에서는 괄목할 만한 성과를 얻었다.

- WiFi 신호와 타 모바일 디바이스의 신호를 이용한 측위 방법
- 관성 항법(Inertial Navigation)을 이용하는 방법 : 가속도계, 자이로스코프, 나침반 등을 이용
- 조명으로부터의 신호를 이용한 측위 방법 : 이와 관계된 특허는 삼성과 소니, 에릭슨에서 볼 수 있으며 ByteLight에 의해 상업화 됨

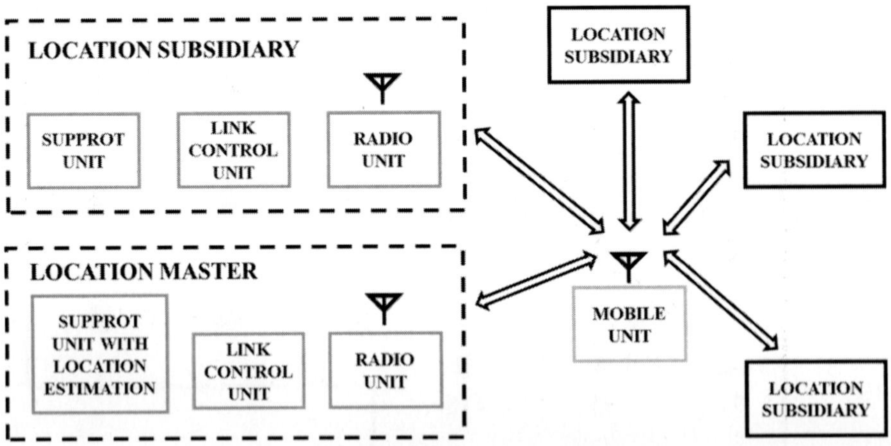

그림 1.11 모토로라의 BT 기반 실내측위 방식

모토로라는 2004년도에 블루투스 신호 기반의 실내 측위 방식에 대해 특허를 받았고 이는 모바일 기기의 프로세싱 부하를 최소화 하는 것으로서 신호세기를 이용하지 않고 네트워크 응답시간을 측정하는 방식을 사용한다는 것이 특이점이라고 볼 수 있다.

5) 소니에릭슨(일본)

소니에릭슨은 GPS 신호를 실내에 재전송하는 방식의 실내 측위 방식의 특허를 획득하였다.

특별히 인근 디바이스로부터의 무선 신호 특성을 분석함으로써 모바일 기기의 위치를 파악하는 방법에 대한 특허를 획득 하였고 이는 향후 댁내의 전자기기가 무선 부품을 가질 것이라는점을 염두에 둔 연구의 결과라고 파악 된다.

소니에릭슨도 비콘을 이용한 측위 방법에 대하여 특허를 가지고 있으며, 특이할 만한 사항으로는 특정 영역에 모바일 디바이스가 진입하였을 때 지도 정보를 전송해 주는 "Blip access point"를 활용하는 방법과 비콘이 여러 단계로 송신 출력 레벨을 조정하여 송신함으로써 거리 예측을 좀 더 정밀하게 하는 방법을 들 수 있다. 또한 레이크 수신기(Rake Receiver) 기반의 측위 방식에 대한 연구도 진행하였으며 이는 신호 기반 측위 방식에 레이크 수신기를 개념을 초기에 유일하게 사용하였다고 볼 수 있다. 소니에릭슨 역시 이전의 모토롤라나 삼성과 같이 조명을 이용한 측위 시스템에 대한 특허를 가지고 있다.

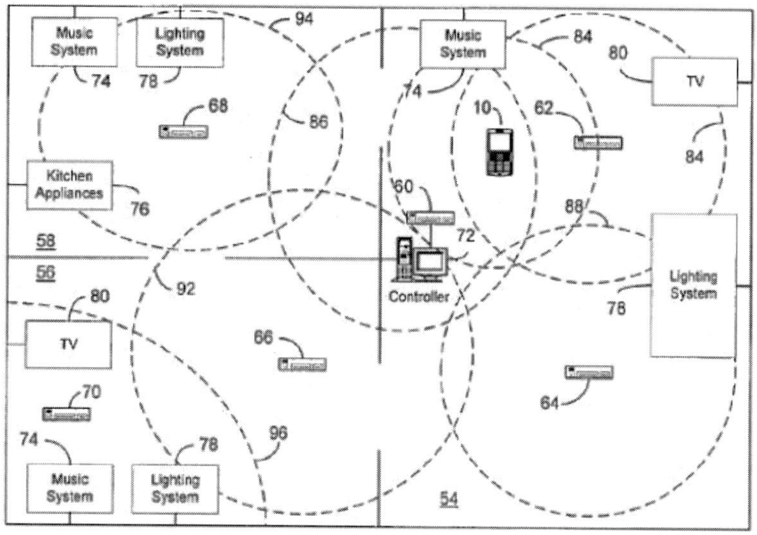

그림 1.12 소니에릭슨의 인근 디바이스 기반 실내측위 방법

6) 블랙베리(일본)

블랙베리의 과거 이름인 Research In Motion(RIM)에서 알 수 있듯이, Wi-Fi 핫스팟과 기지국 안테나로부터의 신호를 분석하여 실내 측위를 하는 분야에서 많은 성숙한 연구를 하였으며 특히, 이들의 연구는 여러 방식을 융합하고 Wi-Fi 신호를 최대로 활용할 수 있는지에 대하여 한 단계 진보된 연구를 하였다. Wi-Fi 신호를 이용한 트래킹에 확률을 도입한 것으로서 하나의 지점을 계산하는 것이 아니라 동선 벡터(Vector of movement)를 적용한 특허를 취득하였다.

7) 퀄컴(미국)

퀄컴의 IZAT 기술은 모바일 디바이스와 통합한 칩으로서 실내/외 측위를 가능케 하며 실내 측위는 삼각측량, 핑거프린팅 및 센서 퓨전 방식을 지원한다.

퀄컴의 Gimbal 시스템은 BLE 비콘과 클라우드 기반의 소프트웨어를 사용하여 소매점(Retail)이나 기타 상점 관련 사업 부분에서의 근접(Proximity) 서비스를 지원 하며, 근접 감지(Proximity detection)와 Geofencing기능과 더불어 디바이스가 특정 지역을 진입 또는 진출할 때 콘텐츠 프로파일링을 제공하여 커스터마이징된 콘텐츠를 활성화 시킬 수 있도록 한다.

퀄컴은 실내 측위뿐만 아니라, 실내 네비게이션, 실내 위치기반 탐색 및 상품추천(Recommendation)을 포함한 최종고객 서비스에 대한 연구를 하고 있으며, 네트워크

기반, 디바이스기반 위치를 비롯하여 펨토셀 기반의 측위시스템에 대한 연구를 하고 있다.

퀄컴은 시스코와 파트너 관계를 맺고 시스코 엑세스포인트는 IZAT 기반의 디바이스와 연동이 가능하도록 하였으며, IZAT는 퀄컴이 BLE분아에 제품을 가지고 있음에도 불구하고 BLE신호를 측위에 사용하지 않고 있다. 반대로 퀄컴의 Gimbal 비콘은 BLE를 사용하고 있으며, 퀄컴은 Gimbal이 아닌 어플리케이션이 Gimbal 비콘을 사용하지 못하도록 암호화 하였으나 이는 애플의 iBeacon 규격을 통해 장점으로 부각되었다.

지난 2010년 퀄컴의 기술이사의 발표에 따르면, RTLS가 효율적이고 실용적이기 위해서는 결론적으로 모든 방식이 결합되어야 하며 이는 하이브리드 접근 방식이 퀄컴의 연구 방법이 될 것이 분명하다는 인식을 심어주었다고 할 수 있다.

8) 브로드컴(미국)

GPS, WiFi, 블루투스 및 센서퓨전기반의 모션센싱으로부터의 데이터를 결합하여 복합적인 위치를 계산하는 기술 이며, 브로드컴은 CPU와 축전지의 부하를 줄이고 정확도를 유지할 수 있는 칩을 제공한다.

GPS와 GNSS 지원을 하고 기지국과 WiFi 신호의 삼각측량과 온보드 센서의 움직임 트래킹을 지원하는 칩을 소개 하였고, 이와 더불어 NFC, 블루투스 등의 무선 신호로부터의 데이터를 활용할 수 있다고 밝힌 바 있다. 동사의 특허는 위치 결정에 있어서 다수의 무선 신호를 사용한다는데 강점을 가지고 있는 것으로 파악된다.

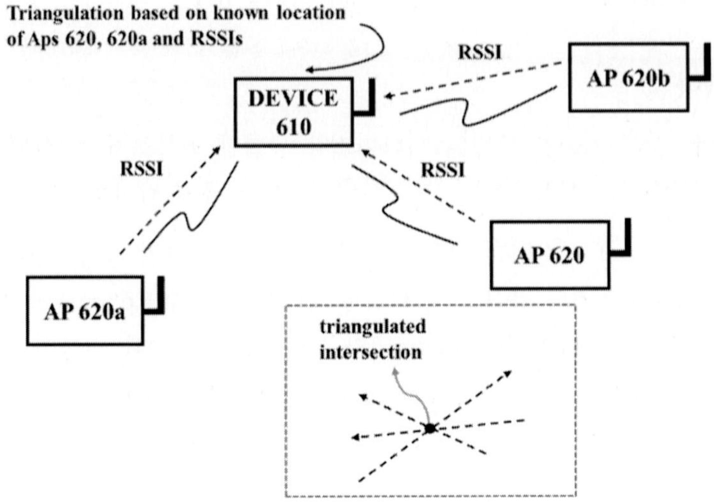

그림 1.13 브로드컴 센서퓨전기반 복합위치 계산 측위 방안

9) CSR과 ST 마이크로일렉트로닉스(미국)

CSR의 SiRFstarV 칩 구조와 SIRFusion 플렛폼은 온보드 센서를 이용하여 발생되는 퓨전 신호를 분석한 모션센싱 정보를 이용하는 것으로서 GPS가 가능한 지역에서는 GPS 정보를 함께 통합하는 것으로서 온보드 센서는 가속도계, 나침반, 자이로스코프 및 기압계를 포함하며, 본 칩은 Wi-Fi 삼각측량 기술도 함께 집적하였고 이에 따라 5~10m의 측위 정확도 제공이 가능하다고 한다.

ST 마이크로일렉트로닉스(STM)는 가속도계, 자이로스코프, 지자계 및 압력센서를 통합함으로써 STM 칩을 이용하여 디바이스의 위치를 안정적으로 근사치로 제공할 수 있다고 밝히고 있다.

10) AeroScout(미국)

AeroScout는 WLAN 기반 측위 솔루션 제공기업이며, 시스템의 구성은 그림 1.14이는 것처럼 Location Receiver와 Positioning Engine, Tag, Activator, Exciter 및 표준 무선랜을 지원하는 무선랜 AP로 구성된다. RSSI는 물론 TDOA 방식을 지원하기 때문에 전용 AP가 필요하며 Location Receiver가 이에 해당한다. Positioning Engine은 Location Receiver가 수신한 태그의 위치정보를 필터링하고 분석하여 실제 태그가 존재하는 위치를 계산한다. Positioning Engine은 이동 개체의 존재 여부만을 알려주는 Presence 기능은 물론 정확한 위치 추정 기능도 지원하며 이러한 위치정보 값들을 System Manager나 제3자가 사용할 수 있도록 API를 제공하고 있다. AeroScout 솔루션의 대표적인 특징은 태그에 125kHz에서 동작하는 수동형 RFID 태그를 포함하고 있다는 것이다. 이를 통해 태그의 설정 변경은 물론 Presence 기능도 수행할 수 있으며 다양한 활용 가능성을 제공하고 있다. Activator는 태그를 On/Off 하거나 위치정보의 전송 주기와 같이 태그의 설정을 변경하기 위한 것이며 Exciter는 6~7m 이내의 거리에서 RFID 태그를 이용하기 위한 장치다. 현재 802.11b만을 지원하며 조만간 802.11g도 지원할 예정이다. 대표적인 구축 사례는 네덜란드의 레고랜드(그림 1.14의 오른쪽)가 있다.

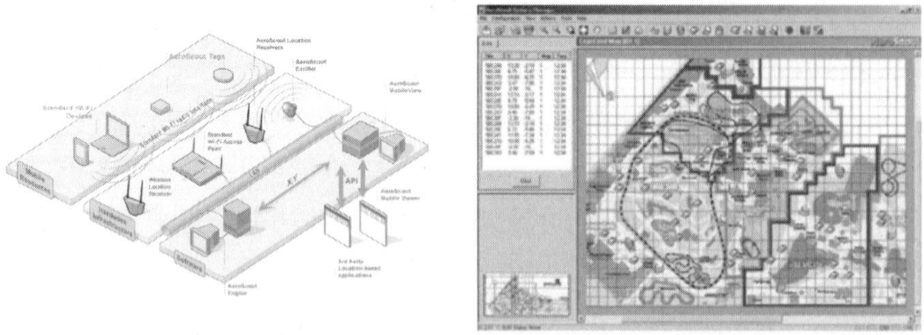

그림 1.14 AeroScout의 측위 솔루션 구성 및 데모 화면

11) Cisco Systems(미국)

Cisco System 2005년 1월 AireSpace사를 인수하여 WLAN 기반 측위 솔루션을 확보하였으며 AireSpace가 가지고 있던 기본 위치 추적 솔루션에 자사의 무선랜 스위치인 Cisco 2700 Series Location Appliance를 결합하여 무선랜 보안 측면을 강조한 것이 대표적인 특징이다. 따라서 시스템의 구성은 Wireless LAN Controller를 중심으로 구성된다. Cisco의 위치 추적 시스템의 또 다른 특징은 기존의 무선랜 AP를 이용하여 무선랜을 이용함과 동시에 위치 추적 서비스를 받을 수 있다는 것이다. Newbury Networks의 경우도 Cisco와 유사한 방식으로 위치 기반 무선랜 보안 솔루션을 제공하고 있다. 대표적인 구축 사례는 아직 없지만 2005년 말에 병원 및 헬스케어용 위치 기반 무선랜 솔루션을 발표하며 방향성을 정립해 나가고 있다.

12) Ekahau(미국)

Ekahau의 솔루션의 가장 큰 특징은 소프트웨어만으로 구성되어 있다는 것이다. 즉 기존에 사용하던 무선랜 AP를 위치 추적 용도로 재활용이 가능하다는 것이다. 시스템의 구성은 태그, Positioning Engine, Manager 및 Finder, Tracer, Logger와 같은 어플리케이션으로 구성되어 있다. 태그 외에 별도의 하드웨어를 구입하지 않아도 되기는 하지만 솔루션의 도입 및 구축 비용은 다른 솔루션과 커다란 차이가 없다.

Ekahau 솔루션의 또 다른 특징은 Fingerprinting 방식을 사용해서 위치 추정의 정확도를 높였다는 것이다. 무선랜 기술 기반 위치 추적 솔루션의 정확도가 대략 3m 정도인데 반해, Ekahau 솔루션은 1m의 정확도를 제공할 수 있다고 한다. 그러나 Fingerprinting 방식은 위치 추적을 위해 샘플 포인트의 전파 특성값을 수집하는 단계(Training phase)를 반드시 거쳐야 하며 환경 변화에 영향을 크게 받기 때문에 시스템을 둘러싼 환경이 바뀌는 경우 전파 특성값을 수집하는 과정을 반복해야 하는 등의 관리의 문제를 내포하고 있다. Ekahau 솔루션의 다른 문제점은 노트북이나 PDA 처럼 무선랜을 지원하는 장치들의 위치 추적을 위해서는 전용 클라이언트를 설치해 놓아야한다는 것이다. 앞에서도 언급한 것처럼 Ekahua 솔루션은 소프트웨어만으로 구성되어 있기 때문에 공식 홈페이지를 방문하면 평가판을 다운로드 받아 2주 동안 테스트를 해볼 수 있다. 그림 1.15에 보이는 것처럼 Ekahau 솔루션은 위치 추적 이외에도 무선랜 환경 최적화, 무선랜 로밍 최적화 등과 같은 기능도 제공한다.

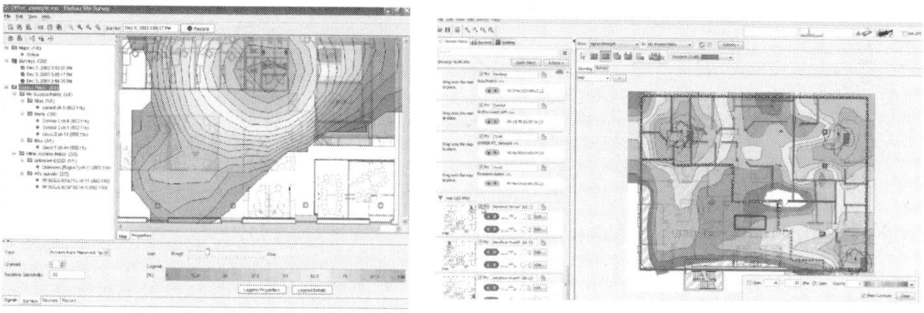

그림 1.15 Ekahau 솔루션의 데모 화면

13) PanGo Networks(미국)

PanGo 솔루션은 그림 1.16에 보이는 것처럼 태그와 위치 관리 플랫폼인 PanOS Platform, 그리고 위치 추적 어플리케이션인 PanGo Locator로 구성되어 있다. PanGo 솔루션도 Ekahau 솔루션과 마찬가지로 태그를 제외하고는 모두 소프트웨어로 구성되어 있으며 일반 무선랜 AP를 사용하기 때문에 RSSI에 의한 위치 추적 기능만을 제공한다. PanOS Platform은 무선랜 AP들을 통해 이동 개체의 위치정보를 수집하여 위치 계산을 수행하는 기능 및 Cisco 2700 Series Location Appliance를 비롯한 다른 위치 추적 솔루션 프로바이더들을 지원하는 부분으로 구성되어 있다. PanGo 태그는 Wi-Fi 클라이언트 모드 및 비콘(Beacon) 모드로 동작할 수 있다. Wi-Fi 클라이언트 모드에서는 IEEE 802.11 b/g 표준을 이용하여 위치와 상태 정보를 보내며 비콘 모드에서는 태그의 신원 확인을 위해 MAC 주소만을 전송함으로써 태그의 보고 기능과 배터리 수명 사이의 최적의 조합을 제공할 수 있도록 하고 있다.

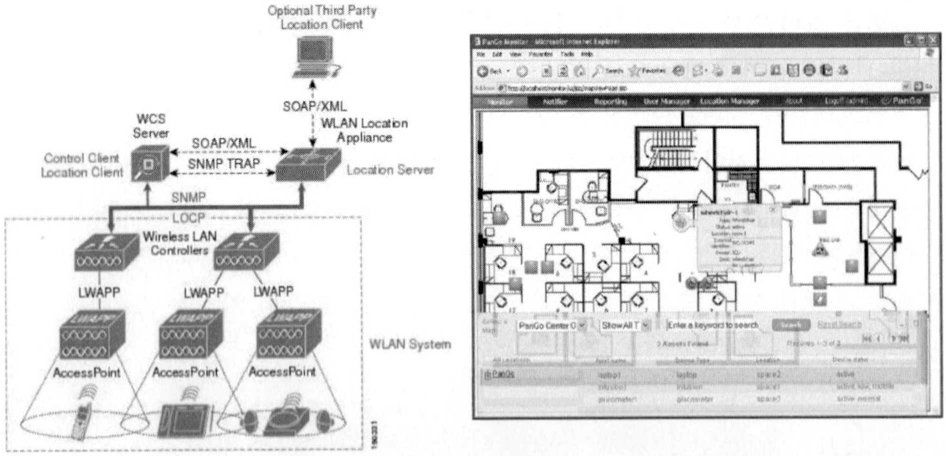

그림 1.16 PanGo Networks 솔루션의 구성 및 데모 화면

14) Skyhook Wireless(미국)

Skyhook Wireless가 제공하는 위치 기반 서비스는 무선랜 AP의 고유 ID를 이용하여 무선랜 AP가 설치되어 있는 건물 혹은 이정표 정보를 위치정보로 제공하는 서비스다. 무선랜 장치가 특정 AP의 ID를 알게 되면 AP의 ID들이 정리된 일종의'AP 주소록'을 검색한 후 그 ID에 해당하는 위치정보를 제공해 주게 된다. 무선랜 AP의 주소록은 사용자 무선랜 장치에 설치된 클라이언트가 수신한 무선랜 AP의 ID 정보를 Skyhook Wireless의 중앙 서버로 전송해 줌으로써 구축된다. 따라서 무선랜 기술을 사용하는 다른 위치정보 서비스에 비해 위치정보의 정확도는 그다지 높지 않지만 이동통신 기술을 사용하는 LBS보다는 높은 정확도를 제공한다. 대표적인 서비스로는 친구/가족 찾기 서비스, 인접 시설물 찾기 서비스, 자산 추적(Fleet & Asset Tracking) 서비스, 위치 기반 지역 광고 서비스, 무선랜 VoIP 전화의 발신자의 위치정보를 제공하는 E-911 서비스 등이 있다. 이 외에 GPS와 Wi-Fi 기반 위치 추적 시스템이 결합된 E-GPS 형태의 서비스도 제공하고 있다.

15) 인도어아틀라스(IndoorAtlas)(핀란드)

인도어아틀라스의 실내측위 기술은 와이파이 접속포인트(AP)나 비콘을 활용하는 기존 기술과 달리 지구 자기장을 이용한다는 점이 가장 큰 차이점이다. 사전에 특정 건물의 자기장 지도(Fingerprint)를 작성해놓고 스마트폰에서 자기장을 측정해 현 위치를 정확히 파악하는 방식이다. 일종의 '정밀 나침반' 역할을 하는 것이다. 인도어아틀라스에 따르면 이 기술은 오차범위가 최고 12m에 달하는 와이파이 AP 방식과 달리 2m밖에 오차가 나지 않는다. 6배 이상 정확도가 높은 것이다. 무엇보다 와이파이 AP나 비콘이 설치되지 않은 곳에서도 실내측위가 가능하다. 그러다보니 설치범위가 넓고 운영비용이 크게 절약된다. AP나 비콘이 없는 곳에서도 최초에 자기장 지도만 작성하면 되기 때문이다. 자기장 지도 작성에는 비용과 시간이 많이 들지 않는다.

16) Ubisense(영국)

Ubisense 시스템은 UWB를 이용한 위치 추정 시스템으로 Ubisense 사에서 제작한 시스템이다. Ubisense 시스템은 기본적으로 센서와 Compact Tag, 그리고 소프트웨어 플랫폼이 설치된 Server로 구성된다. 아래 그림은 본 연구에서 활용하는 Ubisense 시스템의 구성을 보여준다. 센서는 Array-antenna와 UWB 전파 수신기를 포함하여 정밀하게 UWB를 측정하는 장치로써 3차원에서 Tag의 위치를 찾기 위해 Tag로부터 UWB 펄스를 감지한다. Tag는 다양한 환경에서 사용하기 위해 설계된 작고 견고한 장치로써 사용자가 소지하고 있을 시 3차원에서 실시간으로 위치가 측정된다. Server는 여러 가지 Client Software와 함께 개인용 컴퓨터에 설치된다. 아래 표는 서버와 함께 설치되는 Client Software의 종류 및 역할을 보여준다.

Client PC가 서버와 같은 네트워크상에 존재할 경우 Core 서버로부터 센서와 Tag 정보를 받을 수 있고 Client Software를 실행할 수 있다.

Ubisense 시스템은 기존에 UWB 9GHz 대역을 사용하지만 국내에 판매하는 시스템은 7GHz 대역으로 변경하여 판매하고 있다. Ubisense 시스템은 Triangulation 기법을 사용하는 AOA 기법과 Trilateration 기법을 사용하는 TDOA 기법을 사용하여 위치를 추정하기 때문에 2차원 및 3차원 공간에서 위치 추정이 가능하고 위치 정확도가 3차원공간에서 이론상 15cm 이내(실제 환경에서는 일반적으로 20~30cm의 정확도 제공)로 높다는 장점이 있다.

표 1.1 Client Software 종류 및 설명

Software Components	역 할
Location Engine Configuration	• 플랫폼에서 실행되는 센서와 등록된 Tag 모니터링 및 제어 • 셀 기능 정의(기존 무선 설정 및 셀 경계 정의) • 센서 기능 정의(마스터/슬레이브 작업 및 임계값 정의) • 센서 보정(마스터 센서에서 위치 계산을 하기 위한 필터 구성) • 실내/실외 위치추정 기술을 이용한 현재 정보 처리
Map	• 위치 추정 개체 시각화(2차원, 3차원 제공)
Platform Control	• Ubisense 위치 플랫폼을 구성하는 핵심 서비스 제어
Security Manager	• 보안 및 접근 제어
Service Manager	• 플랫폼에서 실행중인 서비스 모니터링 • 서비스 시작 및 중지 • 서비스 컨트롤러에 서비스를 배포 • 코어 서버로 서비스 백업 요청
Site Manager	• Ubisense 플랫폼을 구성하는 분산 서비스 관리

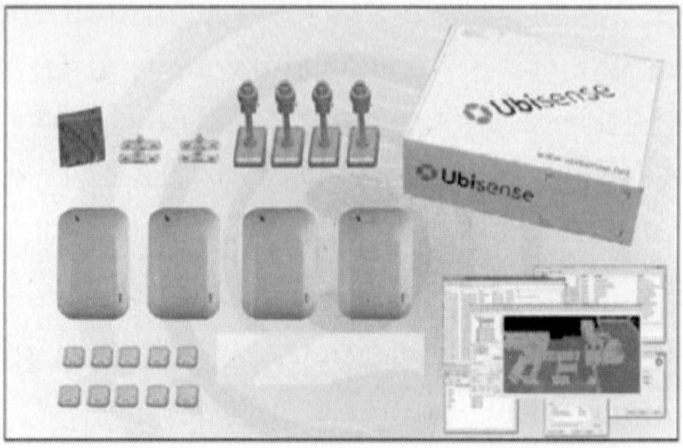

그림 1.17 그림 Ubisense 시스템의 기본 구성

또한 Ubisense 사에서 Microsoft .NET기반의 응용 프로그램 인터페이스 Application Program Interface(API) 및 예제소스를 제공하기 때문에 사용자가 필요로 하는 정보만을 추출하는 응용프로그램 개발이 용이하다. 그러나 Ubisense 시스템은 보급률이 높지 않고 시스템 비용이 매우 높아 일반적으로 사용하기에는 쉽지 않는 단점이 있다.

17) Zebra Technologies(미국)

Zebra Technologies는 UWB와 RFID 기술 기반의 측위 제품을 공급하고 있으며, UWB기술을 이용한 제품은 위치 정확도 30cm이내, 가시거리에서는 200미터의 거리를 지원한다. RFID기반의 제품은 위치 정확도 1미터 이내 1,750미터 거리를 지원한다.

18) BlinkSight(프랑스)

BlinkSight의 칩은 UWB 임펄스 기술을 사용하여 정밀한 측위가 가능하고 저전력 소모와 간섭에 강하다는 장점을 가지고 있다. 동사는 물류 및 창고의 프로세스 개선에 포커스를 맞추고 있다.

BlickSight의 칩은 다음 두 가지 방법으로 거리를 측정할 수 있다.

- 2-way 프로토콜 : 비콘과 태그는 2-way back-and Forth 프로토콜을 사용. 비콘은 네트워크와 연결될 필요가 없으므로 산업영역에서는 장점으로 작용. 태그는 Wi-Fi와 연결.
- 1-way 프로토콜 : 태그의 배터리 소모량이 적어지는 장점. 비콘이 네트워크와 연결.

19) Catapult(호주)

Catapult는 GPS기반의 태그를 기반으로 무선 비콘 방식을 활용하여 좀 더 나은 성능을 제공한다. 경기장 내에 무선 비콘인 Anchor node를 설치하고 Time of Flight (TOF)와 삼각 측량법을 사용하여 선수나 공에 부착된 태그의 위치를 실시간 추적한다. 태그는 정확도를 높이기 위해 관성센서를 사용하고 있으며, 15~20Cm의 2차원 정확도를 제공한다.

20) Sonitor(노르웨이)

Sonitor는 헬스케어 산업 분야에 특화된 실내측위 시스템을 공급하고 있으며, 벽면에 부착된 비콘을 이용하여 의사, 간호사, 환자 및 주요 기자재의 위치를 추적하는데 사용하고 있다. 동 시스템은 자체 개발된 고성능 초음파 기술과, Wi-Fi와 RFID의 결합으로 증강된 기술을 기반으로 한다. 동사의 초음파 기술을 활용하여 32cm의 측위 정확도와 밀리 초(Mili-second)의 Latency를 제공함으로써 빠르게 측위를 할 수 있다.

21) Pulse Location System(미국)

Pulse Location System(USA)는 UWB 기술을 사용하며 사람과 자산의 위치를 추적하는 목적으로 주로 쓰이고 있다. 소매점, 생산설비 헬스케어 및 병원과 같은 산업 또는 엔터프라이즈 응용분야를 타켓팅 하고 있다.

22) Q-Track(미국)

미국의 Q-Track은 Near-Field Electro Magnetic Ranging(NFER)기술을 사용하고 있으며 30~90cm의 정확도와 20~45미터의 거리를 지원하고 있으며, 호주의 Locata (Australia)은 GPS와 유사한 신호를 공용 주파수를 이용해 송신하는 무선 비콘을 사용하며 수신기는 이러한 신호를 수신하고 위치를 계산한다. 동사의 혁신적인 부분은 피코초(Pico-second) 단위의 무선 송신 기기간의 타이밍 동기화라고 할 수 있다.

1.4 실외 측위 기술동향

1.4.1 위성항법시스템(GNSS, Global Navigation Satellite System)

간단히 위성항법시스템 또는 범지구위성위치결정시스템이라고도 불린다. 이는 인공위성을 이용해 위치를 결정할 수 있게 하는 항법체계이다. 수신자가 지구에서 인공위성을 통해 수신자의 위치(경도와 위도), 주변 지도 등의 정보를 전송받고 목적지로 가는 쉬운 경로 따위를 유추할 수 있도록 도와주는 체계이다. 위성에서 발신된 전파를 수신기에서 수신하여 위성으로부터의 거리를 구하여 수신기의 위치를 결정한다.

최초 미국 국방부에 의해서 개발되었으며, 공식 명칭은 NAVSTAR GPS(NAVSTAR는 약자가 아님. 그러나 종종 NAVigation System with Timing And Ranging 이라고 하기도 한다.)이다. 현재 무기 유도, 항법, 측량, 지도제작, 측지, 시각 동기 등의 군용 및 민간용 목적으로 사용되고 있다. GPS에서는 중궤도를 도는 24개(실제는 그 이상)의 인공위성에서 발신하는 마이크로파를 GPS 수신기에서 수신하여 수신기의 위치벡터를 결정한다. 노후 위성의 교체와 새로운 위성 발사 등 유지와 연구, 개발에 필요한 비용은 연간 약 7억5천만 달러에 이른다. 그러나 현재 GPS는 전 세계에서 무료로 사용가능하다. 또한 러시아의 GLONASS, 프랑스의 DORIS, 중국의 Beidou가 현재 사용 중에 있으며, 유럽의 GALILEO, 인도의 IRNSS 중국의 COMPASS, 일본의 QZSS 등이 개발 중에 있다.

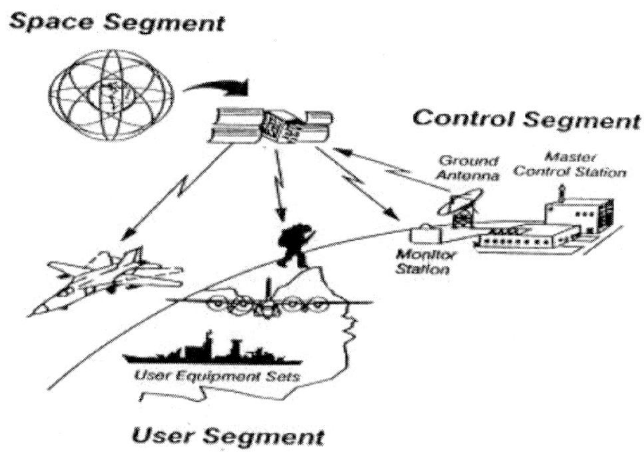

그림 1.18 위성항법시스템의 구성

1) GPS(Global Positioning System, 미국)

1960년대 초, 국방부 NASA(National Aeronautics and Space Administration), 교통부를 포함한 몇몇의 미정부 기관들은 3차원 위치를 측위할 수 있는 위성 측위시스템 개발에 관심이 있었다. 전 세계의 서비스 지역과, 기상에 영향을 받지 않으며, 연속적인 서비스, 높은 정확도를 능력으로 하는 관점에서 접근되어졌다. 1978년 Block-I 위성 발사를 시작으로, 1994년 총 24개의 위성이 발사되어 완전작전능력(FOC)을 구비하게 되었다. 현재, GPS는 총 30개 위성이 운용 중에 있으며, 1960년에 지정된 요구조건을 충족하고 있다. GPS는 정확성과 연속성, 전 세계에 3차원 위치와, 속도정보를 사용자에게 수신기를 통하여 제공하고 있다.

위성항법 시스템은 보통 6개의 궤도에 4개씩 할당되어 총 24개의 위성으로 이루어져 있는데, 지상관제국에서는 위성의 상태와 위치 등을 모니터하고 있으며 위성으로도 다른 데이터를 송신할 수 있다. GPS는 GPS사용자의 수신기만 수신하는 것만으로 작동하기 때문에 사용자의 제한이 없다. GPS는 TOA기반의 측위기법을 사용하고 있으며, 각각의 GPS 위성은 위성의 상태 정보, 위성에 탑재된 시계의 시각 및 오차, 궤도 정보와 이력(Almanac), 천체력(Ephemeris), 오차 보정을 위한 계수 등이 포함된 항법메시지(Navigation message)를 50bps의 속도로 지속적으로 방송한다.

궤도 정보 및 이력에는 모든 GPS 위성의 비교적 장기간 동안 유지되는 궤도 정보가 들어 있는데 이를 완전히 송신하는 데 12.5분이 걸린다. 갓 생산된 GPS 수신기의 초기 구동을 위해서는 궤도 정보 및 이력의 완전한 수신이 필요하다. 즉, GPS 수신기에서 한 GPS 위성으로부터 궤도 정보 및 이력의 수신이 완료된 경우, 다른 위성으로부터의 수신이 진행된다. 천체력(Ephemeris)에는 지상의 제어국으로부터 2시간마다 갱신되고 4시간 동안 유효한 개별 위성의 궤도 정보가 담겨 있다.

이와 같은 항법메시지는 C/A 코드(Coarse/Acquisition code 또는 Standard code)와 P 코드(Precision code)와 함께 반송파(Carrier wave)에 실려 송신된다. C/A 코드와 P 코드는 각각 비트율 1.023 Mbps, 10.23 Mbps로 위성마다 고유한 의사잡음부호(PRN)가 담긴다. C/A 코드는 민간에 개방되어 있으나 P 코드는 군사 목적으로 전용하기 위해 공개되지 않은 W 코드를 이용해 암호화되는데, 암호화된 P 코드를 Y 코드 또는 P(Y) 코드라고 한다. P(Y) 코드를 해독하기 위해서는 특별한 장비가 필요하다. (뿐만 아니라, 암호화 되는 키가 1주일 단위로 갱신되므로 키를 모른다면 해독할 수 없음.)

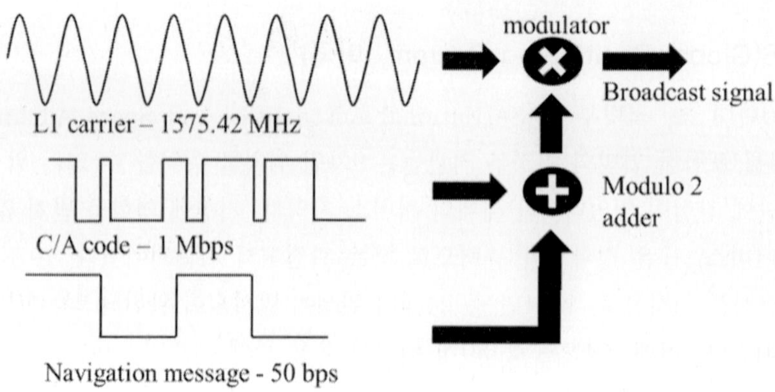

그림 1.19 위성항법시스템의 구성

위성으로부터 송신된 신호를 이용해 좌표를 계산하기 위해서는 정밀한 시계가 필요한데, GPS 위성에는 고정밀의 원자시계가 탑재되어 있으며, GPS 수신기는 필요한 정밀도에 따라서 원자시계 또는 수정발진기를 이용한 시계 등이 탑재되어 있다. 위성으로부터 수신한 항법메시지를 통해 GPS 수신기의 시계와 GPS 위성의 시계를 비교한다. 수신기로부터 여러 위성까지의 의사거리를 동시에 오차 보정해 중첩하면 수신기 위치의 값이 구해진다.

위성으로부터 반송파에 실려 보내진 C/A 코드를 GPS 수신기가 감지하면 똑같은 코드를 생성해 두 코드의 시간차를 측정한다. 측정된 두 코드의 시간차에 전파의 속도를 곱하면 GPS 위성과 수신기간의 거리가 구해진다. 그러나 실제 전파 경로로 인한 오차, GPS 위성과 GPS 수신기에 내장된 시계의 오차, 수신기 내부 회로에서 발생하는 오차 등으로 인해 이렇게 구한 거리는 실제의 거리가 아닌 의사거리(Pseudo Range)

이다. GPS로부터 수신한 신호에는 항법메시지도 들어 있는데 의사거리는 항법메시지에 담겨 있는 각종 계수를 이용해 보정된다. P(Y) 코드를 이용한 거리 계산도 C/A 코드를 이용한 계산과 비슷하다. 그러나 암호화 되어 있기 때문에 허용된 사용자만이 해독할 수 있다. GPS에서 위치는 세계측지계인 WGS84 좌표계에 따라 계산된다. 따라서 각 지역에 맞는 좌표계에 적용하기 위해서는 적절한 좌표 변환이 필요하다.

GPS 수신기에서 위치를 계산하기 위해서는 현재의 시각, 위성의 위치, 신호의 지연양이 필요하다. 위치 계산 오차는 이 가운데 주로 위성의 위치와 신호 지연의 측정으로부터 발생한다.

신호의 지연 시간은 GPS 위성으로부터 수신한 신호와 동일한 신호를 GPS 수신기에서 발생시켜 비교하여 얻는다. 이 비교 과정에서 발생하는 오차는 수신기의 수신 상태가 양호한 경우, 부호 길이의 1% 정도이므로 C/A 코드에서는 약 1~10 ns이다. 전파의 속도를 고려하면 1~3 미터 정도의 오차이다. 이는 신호 지연 측정 과정에서 발생하는 오차의 최소치이다. P(Y) 코드를 해독할 수 있는 경우, 부호 길이의 1%의 오차는 약 30 센티미터에 해당한다. 이 밖에 전리층의 영향이나 천체력 오차 등 다양한 오차가 발생하며, 최종적인 오차는 C/A 코드에서는 약 10~20m, P(Y) 코드에서는 2~8m의 오차가 발생된다.

- 전리층의 영향 : ±5미터
- 천체력 오차: ± 2.5 미터
- 위성의 시계 오차: ± 2 미터
- 전파 경로에 따른 오차: ± 1 미터
- 대류권의 영향: ± 0.5 미터
- 수치 오차: ± 1 미터 이하

위에서 언급하였다 시피 GPS는 측위기법으로 TOA를 사용하고 있으며, 이를 위해서는 3개의 거리측정을 위한 위성과, 시간보정을 위한 1개의 위성 총 4개의 위성이 필요하며, 대략적인 측위 절차는 다음과 같은 7개의 단계로 진행된다.

① 최적 배치의 위성 추적

② 삼면법을 기초로 측위

③ 수신기와 위성간의 거리 측정(위성과 수신기간의 시간 X 광속)

④ 4개 위성을 이용하여 경, 위도 및 고도 계산

⑤ GPS수신기 시간 보정

⑥ 궤도 정보로 위성 위치 확인

⑦ 전리층 및 대류층 오차보정

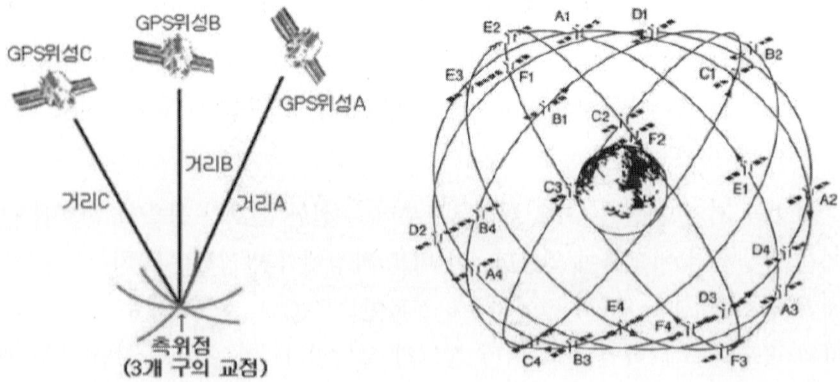

그림 1.20 GPS 측위 원리 및 위성 궤도

또한, 수신기로부터 여러 위성까지의 거리를 동시에 오차 보정하여 그림 1.21과 같이 중첩하면 보다 높은 정확도의 값을 얻을 수 있다.

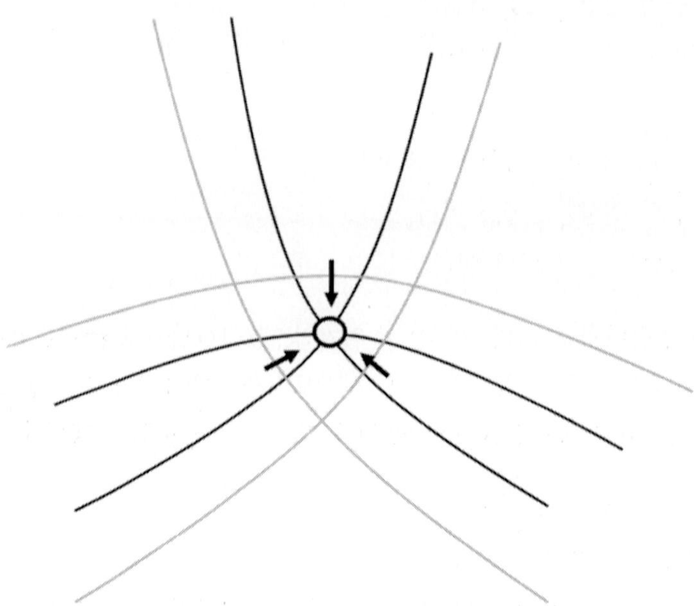

그림 1.21 GPS 거리의 중첩

SA(Selective Availability, 선택적 사용성)는 민간 부문의 사용을 제한하기 위하여 의도적으로 오차를 발생시키는 방법을 의미한다. SA가 적용된 GPS 신호를 사용한 측정에서는 수직방향으로 30 미터, 수평방향으로 10 미터 정도의 오차가 발생한다. 그러나 이와 같은 오차는 매우 빨리 변하지 않기 때문에, 민간 부문에서는 DGPS(Differential GPS) 등의 방법을 사용해 오차를 없앨 수 있었다.

민간용의 GPS 사용을 제한하기 위해 도입된 SA는 아이러니하게도 걸프 전쟁 당시 공급이 충분하던 민간용 GPS 장비와 그에 비해 부족하던 군사용 GPS 장비의 공급으로 인해 제거되는 계기를 맞는다. 또한 미국연방항공청(FAA)은 독자적인 라디오 항법 시스템을 유지하는 데 필요한 재정을 절감할 수 있다는 이유로 SA를 제거할 것을 지속적으로 요구하였다. 결국 빌 클린턴 미국 대통령의 성명에 이어 2000년 5월 1일부터 SA의 오차를 0으로 설정함으로써 SA 기능이 실질적으로 제거되었다. SA 기능은 아직 완전히 제거된 것은 아니므로 오차량을 조정함으로써 언제든지 재도입할 수 있지만 그럴 가능성은 적으며 미국연방항공청에서도 SA를 재도입할 계획이 없다고 밝혔다.

지상의 수신기에 도달하는 GPS 신호는 상대적으로 약하기 때문에 다른 발생원으로부터 생기는 전자파 때문에 감도가 더욱 약해질 수 있으며, 이렇게 되는 경우 GPS 신호를 얻고 추적하는 것이 매우 어렵거나 불가능해진다.

태양플레어는 GPS 수신을 저해할 수 있는 자연적인 원인중의 하나로, 태양 쪽을 향하는 지구의 절반 지역이 태양플레어의 영향을 받게 된다. 지자기폭풍 역시 GPS 신호 수신을 저해하는 원인의 하나이다. 또, 차량 내부에 장착된 수신기는 앞 유리의 결빙을 방지하기 위해 내장된 열선 때문에 GPS 신호를 수신하는 데 장애가 발생할 수 있다.

전파교란 역시 GPS 신호에 영향을 미친다. 미국 캘리포니아 지역에서는 TV 안테나 증폭기의 의도치 않은 오작동으로 인해 항만 지역 전체에서 GPS 신호 수신이 불가능해졌던 기록이 있다. 의도적으로 교란을 통해 수신을 저해하는 것 역시 가능하다.

미국 연방 정부는 2001년 아프가니스탄 전쟁에서 위와 비슷한 전파교란기가 사용된 것으로 여기고 있으며, 미군은 이라크 전쟁에서 GPS 유도 폭탄을 이용해 GPS 교란기를 파괴하였다고 주장하였다. GPS 교란기는 감지하고 찾아내기가 쉽기 때문에 전파추적미사일의 좋은 표적이 된다. 영국 국방부는 2007년 6월 7일부터 이틀간 서부 지방에서 전파교란 시스템을 시험한 바 있다.

몇몇 나라에서는 실내 또는 신호가 약한 곳에서 GPS 신호를 수신할 수 있도록 GPS 중계기 사용을 허가하고 있으나 유럽 연합과 영국 등은 GPS 위성과 GPS 중계기로부터 동시에 신호를 수신하는 경우 교란이 발생할 수 있는 이유를 들어 GPS 중계기 사용을 금지하고 있다.

자연적인 이유(태양플레어 등) 또는 인공적인 이유(전파교란 등)로 발생하는 GPS 수신 장애에 대처하기 위해 많은 방법들이 개발되었다. 한 가지 방법은 항법이나 유도 등에서 GPS만을 사용하지 않고 다른 시스템을 함께 사용하는 것이다. 존 룰리는 "계기 비행을 하는 조종사는 GPS 체계에 문제가 발생할 경우에 대비한 대체 시스템을 갖고 있어야 한다."고 말한 바 있다. RAIM(Receiver Autonomous Integrity Monitoring)이 장착된 일부 GPS 수신기는 전파 교란 또는 다른 이유로 오류가 발생하는 경우 경보를 발생한다. 미군에서는 SAASM(Selective Availability / Anti-Spoofing Module)을 장착한 군용 개량형 GPS 수신기(DAGR, Defense Advanced GPS Receiver)를 사용한다. 홍보 영상에 따르면, 전파 교란이 발생하면 민간용 GPS 수신기는 GPS 신호의 수신이 불가능하지만 DAGR은 전파 교란을 감지하여, 암호화된 GPS 신호의 수신을 지속할 수 있다.

2) Galileo(Galileo project, 유럽연합)

Galileo는 유럽연합에 의해 구축되고 있는 위성항법 시스템이다. Galileo의 시스템의 목적 중 하나는 유럽연합 국가들이 러시아의 GLONASS나 미국의 GPS, 중국의 COMPASS처럼 독립적으로 의지할 수 있는 매우 정확한 측위서비스를 제공하는 것이다.

이에 따라 독일과, 이탈리아에 두 곳에 지상관제국을 설치할 예정이며, 2011년 10월 21일에 4개중 1번째와 2번째 위성이 초기 시스템 구축을 위하여 발사되었다. 다음 두 위성은 2012년에 발사 예정이다. 한번 이 궤도에 진입하게 되면, 추가 위성은 중반쯤 초기 운용 능력에 이르기 위해서 발사되어질 것이다. 30개의 Galileo 시스템의 위성(27개의 운용, 3개 예비)의 모든 완료는 2019년에 완료 되어질 것으로 예상되며 이와 동시에 완전 운용 능력을 갖추게 된다.

기본 항법 서비스는 무료이고, Galileo는 1m이내의 수평, 수직 정확도를 제공하는 것과 다른 어떤 항법 시스템보다 고고도에서의 높은 정확도를 제공하려고 하고 있다. 자세한 Galileo의 성능은 표 1.2와 같다.

표 1.2 Galileo 성능

구분	개방서비스	상업용	구조용	공적
서비스지역	전세계			
위치 정확성	수평 15~24m, 수직 35m(단일 주파수) 수평 4m, 수직 8m(이중주파수)		수평 4m, 수직 8m (이중 주파수)	수평 15_
시간 정확성	30ns			

더욱이, Galileo는 SAR(Search and Rescue)라는 새로운 기능을 제공할 예정이다. 위성은 중계기를 설치하고, 중계기는 사용자 수신기로부터 구조 센터까지 구조 신호를 중계해줄 것이다. 그러므로 재난상황 발생시, Galileo와 연계한 구조작전의 가능해질 것이다. 구조센터가 Galileo의 중계를 통하여 구조신호를 수신하고, 이와 동시에, Galileo 시스템은 사용자에게 응답 신호를 보내고, 이는 사용자의 재난상황이 인지되었고 구조가 진행 중임을 알려줄 것이다. 이 새로운 기술은 사용자에게 피드백을 제공하지 않는 기존의 항법시스템인 GPS와 GLONASS와 비교하여 주요한 기능 향상으로 차별성을 가져갈 것으로 여겨진다.

기본적인(낮은 정확도)의 Galileo 서비스의 사용은 무료로 모두에게 개방될 예정이나, 높은 정확도 서비스는 유료 사용자나, 군용으로 제공될 예정이다. Galileo 시스템은 군의 운용과 사용에 첫 번째 우선권을 둔 미국의 GPS와 달리, 민간사용에 우선권이 있다. 미국은 GPS의 신호세기와 정확도를 제한하거나, 공적 GPS접근을 완전히 차단하여, 미군과 동맹국들과 대립 또는 전쟁 시 사용하게 할 수 있는 능력을 가지고 있다. 반면에 Galileo 시스템은 오직 극한 대립상황에서만 군용에 대해서만 차단할 것이다. 이는 민간과, 군사용자 모두 해당될 것이다.

Galileo는 유럽연합의 모든 사용자들이 사용할 수 있는 상용 위성항법시스템을 추구하고 있다. GPS는 미군 사용자에게 높은 정확도를 가지는 측위신호를 제공하고, 반면에 일반사용자에게는 보다 낮은 정확도를 제공하는 미국의 위성항법시스템이다. GPS는 상용 신호를 막고, 군용신호를 사용할 수 있는 능력을 가지고 있다. 최초 Galileo 프로젝트의 최초 동기는 미국이 정치적인 대립 시에 GPS에 대한 접근권한을 거부할 수 있다는 유럽인들의 걱정이었다.

Galileo는 누구나에게 높은 정확도의 서비스를 제공하기 위해서 설계되었고, 미국은 적대국들이 미국 또는 동맹국에게 Galileo 신호를 사용하여 대항할 것을 걱정하였다. 초기에 미국은 Galileo 적용된 주파수가 미국의 GPS 신호를 간섭할 수 있다고 반대하였다. 특히, Galileo에 대한 중국의 관심이 보고되어졌을 때, 미국 몇몇 관리들은 염려했었다.

한 익명의 유럽의 관리는 미국이 Galileo가 미군에 대항하는데 사용되어지는 주요한 대립에 Galileo 위성을 격추하는 것을 고려할지 모른다는 것을 암시한 미국 관리에게 비판하였다. 유럽연합의 자세는 Galileo는 중립적인 기술이고, 모든 나라 모든 사람들에 이용 가능 하다. 초창기에, 유럽연합 관리는 Galileo에 대한 원래 계획을 바꾸는 것을 원치 않았으나, Galileo가 다른 주파수를 사용 하는 것에 대한 타협에 이르렀다.

이는 다른 누군가에게 영향 없이 미국이 위성항법 시스템 하나의 차단과 재밍을 가능하게 했고, 전자전을 포함한 대립상황에서 미군에게 이점을 가져다주었다. 그렇지만, 주파수 차이는 또한 Galileo에 영향 없이 GPS를 재밍하는 것을 가능하게 했다.

독립적인 시스템으로서 Galileo의 발전에 대해 주어진 한 가지 이유는 미군에 의한 SA(Selective Availability)의 고의적인 기능에 의한 부정확성을 충분하게 만들 수 있는 GPS로부터의 위치정보이다. 이는 2000년 까지만 운영되어졌지만, 언제나 재운용될 수 있다. GPS는 전 세계적으로 상용에 널리 사용되어지고 있다. Galileo의 지지자들은 비행항법과 착륙을 포함한 인프라는 이 취약성이 내재된 시스템을 단적으로 의지해서는 안된다고 주장한다.

3) GLONASS(Global Navigation Satellite System, 러시아)

GLONASS(Global Navigation Satellite System)은 러시아 공군에 의해 러시아 정부를 위해 운용되는 전파 기반의 위성항법 시스템이다. 이는 미국의 GPS에 대하여 대체로 보완하거나 제공될 수 있으며, 이는 현재 오직 전 세계를 커버하고, 비교할만한 정확도를 가진 대체가능한 항법 시스템이다.

소련에서 첫 번째 위성기반 전파항법 시스템은 Tsiklon 이었다. 이는 잠수함과 탄도 미사일의 정확한 위치를 제공할 목적을 가지고 있었다. 31개의 Tsiklon 위성은 1967년과 1978년에 발사되었다. 비록 정지되거나, 느리게 움직이는 배에는 높은 정확도를 보였으나, 위치를 고정시키기 위한 수신시간에 의한 관측시간을 요구되었으며, 새로운 세대의 탄도미사일의 유도와, 많은 항법 목적으로는 부적합한 문제가 있었다. 해군뿐만 아니라 항공과 지상에도 지원이 가능한 새로운 항법시스템이 요구되었다. 공식적인 요구는 1970년에 완료되었고 1976년에 소련은 통합 우주항법 시스템인 GLONASS를 실행하기로 결정하였다. 1982년 10월 시작으로, 위성이 탑재된 많은 수의 로켓이 배치가 완료되는 1991년까지 총 43개의 발사되었으나, 2010년, GLONASS

는 러시아 지역의 100% 서비스지역을 달성하였고, 2011년 10월, 전 세계 서비스를 가능하게 하는 모든 궤도의 24개의 위성이 복구되었다.

원래 GLONASS는 65m의 정확도를 가지도록 설계되었으나, 실제로는 민간용은 20m, 군용은 10m의 정확도를 가진다. 소련이 해체된 1991년, 2개의 수준 안에 12개의 작동 가능한 GLONASS 위성이 운용되어졌다. 이후 러시아가 위성통제와 지속되어 온 개발을 인수 받았다. 1993년, 12개의 위성으로 구성중인 것이 공식적으로 운용가능함이 선언되었고, 1995년 12월, 최적의 24개의 운용위성의 상태로 구성되어졌다. 이는 미국 GPS시스템과 동일한 GLONASS의 정확도를 가져왔고, 이는 완전운용능력을 1년 먼저 달성하였다.

4) Beidou(중국)

Beidou는 위치와, 비행 관제와, 중국 군대와 민간사용자에게 정확한 시간정보를 제공하기 위해 설계된 Multi-stage 위성항법 시스템에 대한 현재의 Beidou는 3개의 위성이 중국 위의 정지궤도 안에 전개되어 일부 운용중인 상태에 있다. 공식적인 중국 기자는 Beidou Navigation Test System(BNTS)으로서 체계를 고안했다. BNTS는 두 종류의 위성 항법 능력을 지원한다. RDSS와 SBAS다. RDSS는 현재 운용중이며, SBAS는 아직 밝혀지지 않았다. BNTS는 중국주변의 제한된 지역과 사용자에게 지원한다. 긴 기간 동안, 중국은 지역적이나 Beidou-2 Program 아래 14~30개의 위성의 집합의 전 세계적 항법을 실행할 계획이다.

중국은 Beidou의 RDSS 능력을 사용하는 통신서비스와 5개의 기본 측위서비스를 계획했다. 중국 서비스 제공자는 현재 이서비스가 운용가능하다고 이야기했다. RDSS 항법과 비행관리의 이동사용자에 대한 측위서비스 이다. BNTS는 시스템이 전송과 수신모드로 실험으로 보정될 수 있는 곳에서 20~100m의 2차원정확도를 제공한다. 왜냐하면 위치는 POC에서 계산되어지기 때문이다. 또한, 시스템은 비행 관리에도 쓰일 수 있다.

Beidou-1는 4개의 위성(3개의 운영위성, 1개의 보조 위성)으로 구성된 실험적인 지역 측위 시스템이다. 중궤도 위성을 사용하는 미국의 GPS, 러시아의 GLONASS, 유럽의 Galileo 시스템과는 다르게, Beidou-1는 정지 궤도를 사용한다. 이는 많은 수의 위성 집합이 필요하지 않는다는 걸 의미하고, 이는 위성이 LOS에 있는 지역으로 커버리지를 제한한다는 것 또한 의미한다. 현재 지금 경도 70°E에서 140°E 위도는 5°N에서 55°N까지 서비스를 지원하며 주파수는 2491.75MHz.이다.

Beidou-1이 수신기를 위치를 계산하기 위해, 다음과 같은 절차를 따른다.

① 수신기에 의해서 신호가 하늘을 향해 전송된다.
② 각 정지 위성은 신호를 수신한다.
③ 각 위성은 신호를 받을 때의 정확한 시간을 지상국으로 보낸다.
④ 지상국은 수신기의 경도와 위치를 계산하고, 지도와 대조하여 고도를 결정한다.
⑤ 지상국은 수신기의 3차원 위치를 위성으로 보낸다.
⑥ 위성은 계산된 위치를 수신기로 중계한다.

그림 1.22 Beidou의 측위 개념도

이런 Beidou 시스템은 최소 0.5미터의 정확도를 가지며 이는 보정되지 않은 GPS 보다는 높다. 또한, 수신기는 지상국과 짧은 메시지를 주고받을 수 있다는 다른 측위 시스템과는 다른 특징을 가지고 있다.

5) QZSS(일본)

일본은 3개의 준천정 위성으로 구성되는 QZSS(Quasi-Zenith Satellite System)를 준비하고 있다. 이 시스템은 수신되는 신호의 고앙각 유지가 가능한 준천정 위성을 이용하여 도심과 같은 GPS 신호의 음영지역을 보완하고 GPS 신호에 대한 보강신호를 방송하는 것을 목표로 한다. 대외적으로 많이 알려져 있지는 않지만 일본 정부에서 발간되는 정책자료 등을 보면 향후 위성을 추가하여 일본 독자의 RNSS(지역위성항법시스템)로 확장하는 것을 계획 중에 있다. 현재로써는 QZSS를 SBAS의 변형된 형태인 또 다른 의미의 보강시스템으로 보아야 할 것이다. 이 시스템의 보강신호는 L1-SAIF

(Submeter-class Augmentation with Integrity Function)라고 하며, SBAS의 기본 메시지 형식을 따르고 있다. 여기에는 일본 내의 대류층 지연값에 대한 보정 정보 등 기존 SBAS에는 없는 새로운 메시지가 추가되어 있다.

QZSS 개발 계획은 민과 관이 공동으로 주관하는 사업 형태로 시작하였으며, 항법뿐만 아니라 통신, 방송까지 아우르는 신개념의 통합위성시스템으로 계획되었다. 그러나 사업추진을 위해 설립된 회사가 2007년 해체되는 등의 우여곡절 끝에 정부가 주도하는 형태로 변경되었고, 통신과 방송을 제외한 항법시스템의 개발만 추진하게 되었다.

QZSS는 당초의 개념 자체가 GPS를 보완/보강하는 시스템이기 때문에, 방송하는 항법신호 역시 GPS의 L1 C/A, L1C, L2C, L5 등을 포함한다. 여기에 L1 SAIF 신호와 Galileo의 E6 대역과 중첩되는 LEX 신호가 추가되어 있다. LEX 신호는 실험용 신호로 계획하고 있는 것으로 높은 전송률로 많은 데이터를 담을 수 있다. 첫 번째 QZSS 위성(일본명 Michibiki, みちびき, 인도, 안내 등의 뜻)은 2010년 9월 11일성공리에 발사되었다. QZSS의 완전운용 목표는 현재 2013년으로 계획하고 있다.

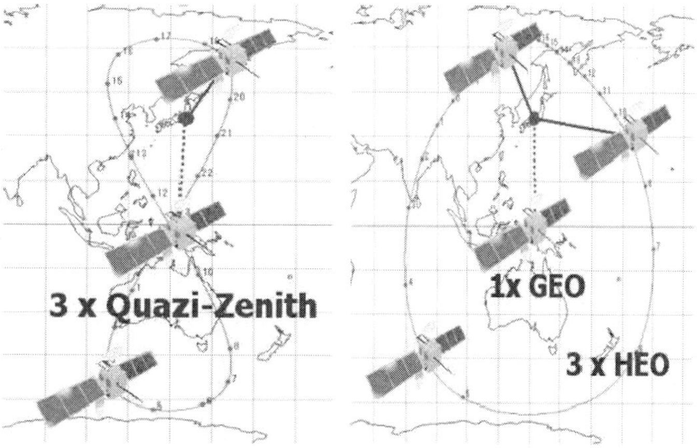

그림 1.23 QZSS의 지역위성항법시스템 개념도

1.5 실내 측위 기술동향

실내 위치측위 기술은 1990년대를 시작으로 현재까지 활발히 연구되고 있으며, AM/FM 라디오, RFID(Radio Frequency Identification), 무선 센서네트워크, 이동통신, Wi-Fi 등 이미 널리 알려진 무선통신 인프라에 기반을 두고 다양한 실내 위치측위 기술이 개발되었다. 스마트폰 및 태블릿PC와 같은 개인 무선단말 보급 이전까지는 별도의 측위 목적용 무선단말을 통한 기술 개발이 중점적이었으나, 보급 이후부터는 상용 단말을 이용한 기술에 대해 많은 연구가 이루어지고 있다. 이에 최근에는 무선통신 기술 외에 상용 단말 내부에 탑재된 마이크/스피커, 관성항법장치(IMU : Inertial Measurement Unit)를 이용한 위치측위 기술에 대한 연구도 진행되고 있다. 본 장에서는 실내 위치측위 기술 동향에 대해 소개한다.

1.5.1 거리정보 기반 기술(삼변측량)

거리정보기반(Range-based) 기술은 무선통신 기반 위치측위 기술 중 가장 널리 알려진 기술로, 자신의 위치가 정확하게 알려진 앵커/기지국/AP(Access Point)와 위치를 모르는 단말 간 거리정보를 바탕으로 삼변측량법을 이용하여 단말의 위치를 찾는 기술이다. 예를 들어, 그림 1.24와 같이 단말로부터 앵커 1까지의 거리가 d_1, 앵커 2까지의 거리가 d_2, 그리고 앵커 3까지의 거리가 d_3이라면, 단말의 위치는 각 앵커를 중심, 각 거리를 반지름으로 하는 원의 교점으로 찾을 수 있다. 삼변측량을 통해 단말의 위치를 찾기 위해서는 2차원 공간의 경우에 최소 3개 이상, 3차원 공간의 경우에 최소 4개 이상의 앵커가 필요하다. 이는 차원의 크기보다 원의 수가 작거나 동일한 경우에는 하나 이상의 교점이 생기기 때문이다. 따라서 거리정보 기반 측위 기술에서는 단말과 앵커 간 거리 정보를 정밀하게 측정하는 것이 가장 중요하며, 단말과 앵커 간 거리는 앵커 혹은 단말로부터 송신되는 무선신호의 세기 및 무선신호의 전파지연시간 측정을 통해 계산할 수 있는 네 가지 방식이 있다.

첫 번째 방식은 무선신호의 세기를 이용한 단말과 앵커 간 거리를 측정하는 방식이 있다. 일반적으로 무선신호의 세기와 거리 간 관계는 수식 (1.1)과 같은 경로감쇠 모델로 정의할 수 있다.

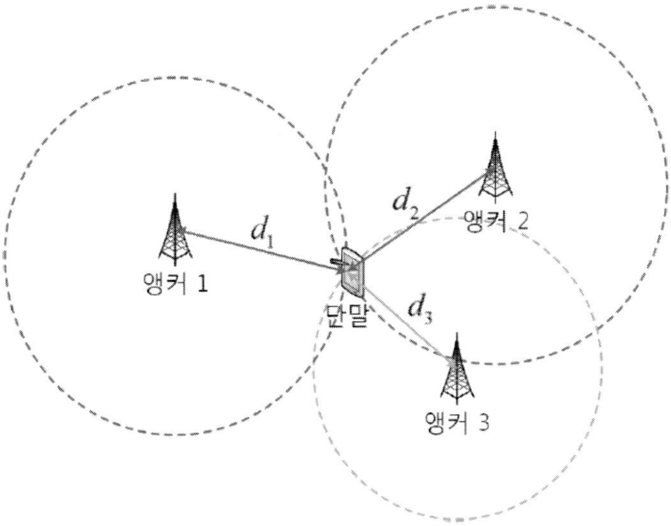

그림 1.24 삼변측량을 이용한 위치측위

$$P_{RX} = P_0 - 10alog_{10}(\frac{d}{d_0}) \tag{1.1}$$

P_{RX}는 수신신호의 세기, P_0는 참조거리 d_0에서의 수신신호 세기, a는 경로감쇠지수, 그리고 d는 단말과 앵커 간 거리다. 실내 측위 시스템 구축과정에서 각 앵커에 적합한 P_0, d_0와 a를 미리 찾고, 이후 단말이 앵커로부터 수신하는 신호의 세기 P_{RX}를 수식 (1.1)에 대입함으로써 해당 앵커까지의 거리를 찾을 수 있다. 2000년대 후반까지 경로감쇠 모델을 이용한 거리 측정에 대한 연구가 활발히 이루어졌다. 그러나 무선신호의 세기는 거리뿐만 아니라, 실내공간의 구조, 사람, 사물, 온도, 습도 등 다양한 요소에 의해 영향을 받기 때문에 경로감쇠 모델을 이용한 거리 측정은 정확도에 한계를 보인다. 이에 현재는 무선 신호 세기를 거리로 환산 후, 위치를 측정하는 거리정보 기반기술보다는 위치에 따른 무선신호 세기의 특성을 고려하여 단말의 위치를 찾는 Fingerprinting 기술을 중점으로 연구가 진행되고 있다. 이에 대해서는 다음 장에서 설명한다.

두 번째 방식은 전파지연시간 측정을 이용한 방식이다. 대기 중에서 무선신호는 빛의 속도(3×10^8m/s)로 이동한다. 따라서 단말과 앵커 간 거리는 무선신호가 송신기(앵커 또는 단말)에서 출발하여 수신기(단말 또는 앵커)까지 도달하는데 소요된(전파지연) 시간과 빛의 속도의 곱으로 계산할 수 있다. 일반적으로 실내공간에서 앵커와 단말 간 무선신호의 전파지연시간측정은 RTT(Round-Trip Time)을 통해 이루어진다. RTT는 송신기에서 무선신호를 전송하는 시점으로부터 수신기가 해당 신호를 수신한 이후에 다시 송출하여 송신기에 도달하는 시점까지의 시간을 의미한다. 무선신호가 동일한 경로를 이동했다는 가정 하에 앵커와 단말 간 전파지연시간은 RTT의 절반으로 계산할 수 있다. 원리가 간단하여 큰 제약 없이 다양한 무선통신 인프라에 적용이 가능한 기술이다. 하지만, 현재 실내공간에서 많이 사용되는 Wi-Fi 네트워크에서는 AP(앵커)의 RTT 측정기능의 부재로 인하여 RTT 기반 기술 적용을 위해서는 네트워크에 별도의 서버를 설치하여야 하며, 정밀한 RTT 측정을 위해서는 측정한 RTT 내 네트워크 지연시간 제거가 필수적이다. 이러한 이유로 인해 Intel 사에서는 RTT 측정 기능이 부가된 AP개발을 통한 기술 연구를 진행하고 있다.

거리정보 기반 측위 기술에는 수신신호의 세기 및 전파지연시간을 이용한 거리 측정 기술 외에도 무선신호가 단말로부터 서로 다른 위치의 두 앵커 혹은 두 앵커에서 동시에 송신된 무선신호가 단말에 도달하는 전파지연시간 차이와 수신신호 입사각 측정을 이용한 기술이 있다. 세 번째 방식인 전파지연시간 차이를 이용한 방식은 단말과 두 앵커사이의 거리 차이로 변환이 가능하며, 두 앵커의 위치와 거리 차 그림 1.24. 삼변측량을 이용한 위치측위 이에 따라 단말의 위치는 두 앵커를 초점으로 하는 쌍곡선으로 정의할 수 있다. 다양한 앵커 쌍으로부터 여러 개의 쌍곡선이 그려지게 되며, 앞서 그림 1.24를 통해 설명한 바와 같이 쌍곡선의 교점을 단말의 위치로 판단한다.

마지막 방식인 입사각 기반 기술은 단말의 위치가 앵커를 지나는 직선으로 정의되며, 마찬가지로 여러 앵커를 기준으로 그려지는 직선의 교점을 단말의 위치로 측정한다. 많은 무선통신 기반 측위 기술이 거리정보에 기반을 두고 개발되었다. 그러나 실내공간에서 무선신호는 벽, 물체 등에 의해 산란, 반사되어 다중경로를 통해 이동하며, 다중경로 신호는 실제 단말과 앵커 간 거리보다 먼 거리를 이동하고, 원 신호와 다른 방향성을 지니기 때문에 정확한 거리정보 획득이 어렵다. 이러한 한계로 인해 현재는 거리정보 기반 실내 측위 기술에 대한 관심이 많이 수그러들었다.

거리정보 기반 실내 측위가 갖는 한계를 극복하기 위한 기술로 UWB 기반 측위 기술이 있다. UWB 기반 측위 기술은 500 MHz 이상의 초광대역으로 무선 신호를 전송하기 때문에 다중경로에 강인한 특성을 지니며, cm단위의 초정밀 위치측위가 가능하다. Ubisense 사의 측위 솔루션[1]은 현재 여러 산업체에서 사용 중인 가장 대표적인 UWB 기반 기술이며, 전파지연시간 차이와 입사각 정보를 사용한다. UWB 기반 측위 기술은 무선통신 기반 실내 측위 기술 중 가장 높은 정확도를 가지지만, 다른 기술에 비해 고가의 장비(센서당 수백만 원, 실내공간 크기와 복잡도에 따라 수십 개의 센서 필요)를 요구하며, 시스템 구축 복잡성이 높다는 단점이 있다. ASSIST[7]는 음향신호를 이용한 전파지연시간 차이 기반 측위 기술로, 음향신호는 무선신호보다 느린 속도(상온에서 약 340m/s)로 이동하기 때문에 다중경로에 의해 야기되는 거리 측정 오차를 완화시킬 수 있다. 이외에도 LRS(Laser Range Scanner)을 이용한 전파지연시간 기반 측위 기술이 있다[8]. 이 기술은 LRS로부터 방출된 고정밀 레이저 신호가 보행자 혹은 이동체에 맞고 반사되어 오는 시간 측정을 통해 이동체의 위치 및 이동경로를 측정한다. UWB 기반 기술과 마찬가지로 cm 단위의 정밀 측위가 가능하지만, 인구밀도가 높은 환경에서 개개인의 위치 구별이 어렵다.

1.5.2 Fingerprinting(패턴인식) 기술

Fingerprinting 기술은 미리 위치를 알고 있는 여러 참조위치에서 Wi-Fi, Bluetooth 또는 AM/FM 라디오의 기지국으로부터 수신하는 신호의 세기를 측정하여 라디오 지도(Radio map)를 구성하고, 이후 단말이 수신하는 신호의 세기와 라디오 지도에서 가장 유사한 신호세기 특성을 갖는 참조위치를 단말의 위치로 판단하는 패턴인식 기술이다. Fingerprinting 기술은 참조위치 간 간격이 세밀할수록, 설치된 무선네트워크 기지국의 수가 많을수록 높은 정확도를 보인다. 이미 실내공간에 많은 수의 Wi-Fi AP가 설치되어 있기 때문에 Wi-Fi 기반 Fingerprinting 기술은 별도의 인프라 또는 장비 없이 상용 단말만으로 위치측위가 가능한 기술로 각광받고 있다. 이에 실내 측위 연구 대다수가 Wi-Fi 기반 Fingerprinting 기술에 중점을 두고 있다.

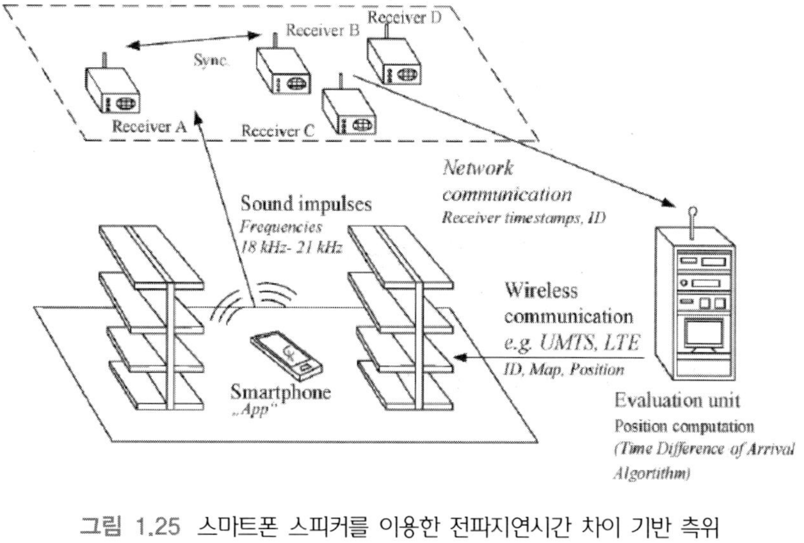

그림 1.25 스마트폰 스피커를 이용한 전파지연시간 차이 기반 측위

그러나 수신신호 세기의 특성(무선통신 환경)은 실내 인구 및 구조물의 이동과 온도, 습도 등 환경요소의 변화, 그리고 무선 단말의 종류와 단말상태의 차이에 따라서 변한다. 그렇기 때문에 동일한 지점에 위치하더라도 라디오 지도에 저장된 수신신호 세기와 현재 단말이 측정한 수신신호 세기는 전혀 다른 특성을 가질 수 있으며, 측위 단계에서 현재 단말의 위치와 무관한 참조위치를 단말의 위치로 판단하게 된다. 그림 1.26(a)와 그림 1.26(b)에서 격자는 참조위치를, 격자 내부 색은 인근 기지국으로부터 수신하는 신호의 세기를 나타낸다. 그림 1.26(c)와 그림 1.26(d)는 신호세기 특성 변화 여부에 따른 Fingerprinting 측위 결과 예제를 보인다. 그림 1.26(c)와 같이 신호세기 특성 변화가 없는 환경에서는 실제위치에 근사한 참조위치를 선택하여 정밀한 측위가 가능하며, 반대로 그 특성이 상이한 경우에는 그림 1.26(d)와 같이 실제위치와 무관한 참조위치를 선택하여 측위오차가 발생한다. 수신신호 세기 변화에 따른 문제를 해결하기 위한 방법은 크게 두 가지로 나뉜다. 현재 여러 단말이 측정한 수신신호 세기를 이용하여 라디오 지도 내 신호세기 정보를 갱신하는 방법이 있으며, 다른 방법으로는 라디오 지도와 현재 측정 신호 세기 간 차이 관계를 도출하여 서로 상호호환이 가능하도록 하는 교정법(Calibration)이 있다. 교정법의 원리는 간단한 1차원 수식으로부터 출발한다. 라디오 지도 내 신호 세기를 x, 현재 단말이 측정한 신호세기 y를 라고 할 때, 두 신호세기 사이의 관계는 다음과 같이 정의할 수 있다.

$$y = ax + b \tag{1.2}$$

수식 (2)에서 a와 b는 환경적 요소, 단말의 종류 및 상태 변화 등에 따른 신호세기 특성 변화를 나타내는 변수이다. 따라서, 세기특성 변화 변수를 도출하면, y를 x로 (또는 x를 y로) 변환 가능하며, 변환된 정보와 라디오 지도를 이용하여 단말의 위치를 찾을 수 있다. 가장 기본적인 교정법은 수동(Manual) 교정법으로, 측위 단계에 앞서 라디오 지도 내 신호세기와 새로 측정한 신호세기를 비교하고, 최소자승법과 같은 추정 기법을 사용하여 신호세기 변화 변수를 찾는 것이다. 그러나 이러한 방식은 많은 양의 측정 데이터를 요구하기 때문에 일반 사용자가 사용하기 어렵다. 수동 교정법의 단점을 해결하기 위한 방법으로 단말의 위치를 찾는 동시에 변환 변수를 도출하는 자가(Self) 교정법에 대한 연구도 진행되고 있다.

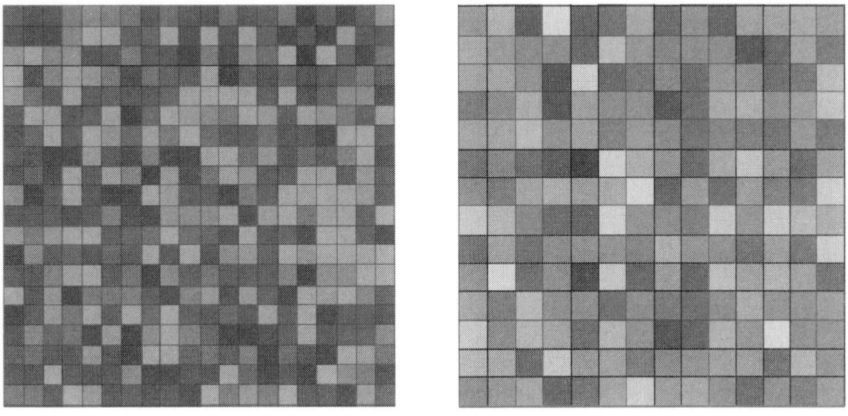

(a) 라디오 지도　　　　(b) 현재 측정 신호세기 특성

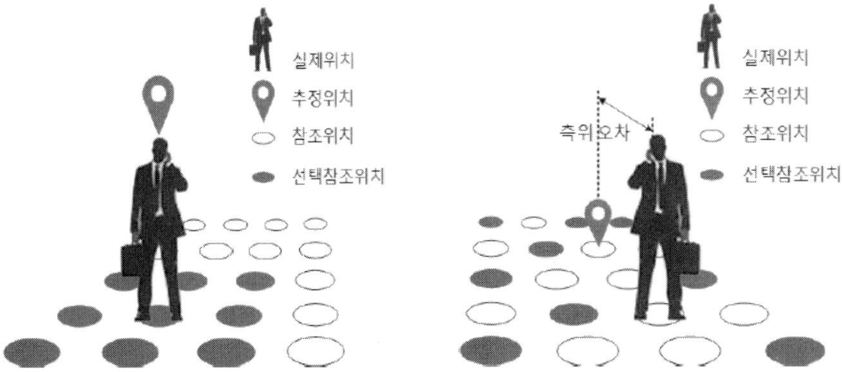

(c) 신호세기 특성 변화가 없는 경우　　　　(d) 신호세기 특성 변화가 있는 경우

그림 1.26 라디오 지도와 신호세기 특성 변화에 따른 Fingerpriting 기반 위치측위 결과

1.5.3 Proximity 기반 기술

Cell ID 기술은 Proximity 기반 기술을 대표하는 기술이다. Cell ID는 무선통신망 내 기지국마다 할당된 고유 번호를 의미하는 것으로, Cell ID 측위 방식은 단말이 접속해있는 기지국의 위치를 단말의 위치로 판단하는 기술이다. Wi-Fi 네트워크의 경우, AP의 인터넷 프로토콜(IP : Internet Protocol) 주소 또는 MAC(Media Access Control) 주소를 Cell ID로 사용함으로써 단말의 위치를 찾을 수 있다. 이 기술은 여러 측위 기술 중 복잡성이 가장 낮은 기술이지만, AP 혹은 기지국 커버리지/셀(통신 가능 영역)의 크기가 클수록 단말의 위치 가능 영역이 넓어지기 때문에 측위 정밀도가 낮아진다는 단점이 있다. 기지국의 커버리지가 수십 m 혹은 그 이상에 이르는 경우에 낮은 측위 정확도로 인하여 Cell ID 기술은 단독으로 사용되지 않고, 다른 측위기술과

융합하여 사용되는 경우가 많다. LED(Light Emitting Diode)의 뛰어난 에너지 효율과 긴 수명으로 인하여 LED 시장은 교통신호, 가로등, 자동차 등 외에 기존 백열등이 자리잡고 있던 실내 조명시장까지 확산되고 있다. 동시에 LED 조명을 통신인프라로 사용하는 가시광 통신도 각광을 받고 있다. 가시광 통신은 사람의 눈이 인지하지 못할 정도로 LED를 빠르게 깜박이도록(on/off) 함으로써 데이터 통신과 조명의 역할을 동시에 수행하도록 한다. 이러한 특징을 이용하여 그림 1.27(a)에서 보이는 바와 같이 각각의 LED 조명에 고유 번호를 부여하고, 가시광 통신 단말이 LED 조명의 고유 번호를 인지함으로써 위치를 찾는 가시광 통신 기반 Cell ID 기술에 대해서도 많은 연구가 이루어지고 있다. 가시광 통신 기반 Cell ID 기술은 빛의 직진성에 의존하기 때문에 하나의 LED 조명이 커버하는 셀의 크기가 기존 무선통신 기지국의 셀에 비해 매우 작다. 그렇기 때문에 무선통신 기반 Cell ID 기술에 비해 cm 단위의 높은 정확도를 갖는다. 이 외에 RFID, 적외선 통신, QR 코드를 이용한 Cell ID 기술도 마찬가지로 cm 단위의 높은 정확도를 보이지만, 반대로 보다 세밀한 인프라 설비 요구가 크다는 단점이 있다. 또 다른 Proximity 기반 기술로 Range-free 방식의 측위 기술이 있다. 본래 Range-free 기술은 무선센서 네트워크에서 사용되는 네트워크 측위 기술로, 아직

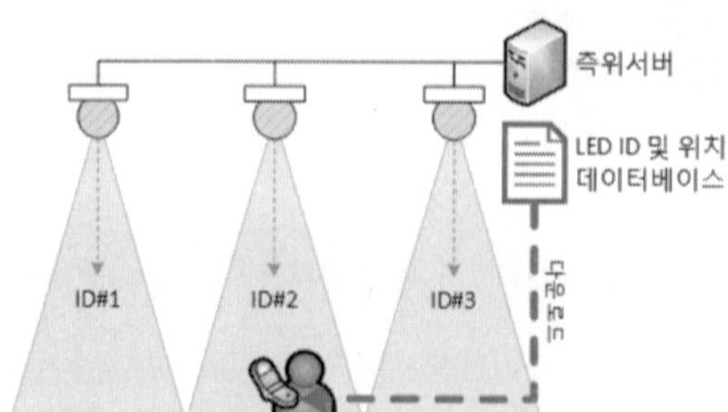

(a) 가시광 통신 기반 Cell ID 측위

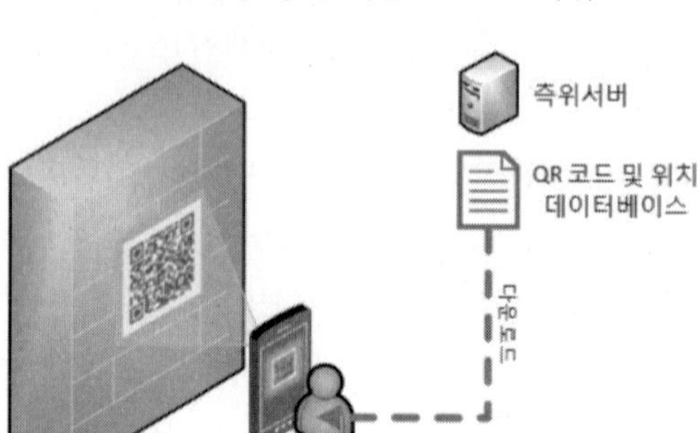

(b) QR 코드 기반 Cell ID 측위

그림 1.27 Cell ID 기반 실내 측위기술

까지 실내 위치측위 분야에서는 생소한 기술이다. 차세대(B4G/5G) 이동통신망에서 Bluetooth 또는 Wi-Fi Direct와 같은 무선단말 간 직접 통신(D2D : Device-to-device) 기술이 표준으로 논의되고 있다. 이에 가까운 미래에는 D2D 기반 무선애드혹 네트워크 환경이 실내공간에 구성될 것으로 전망하고 있다. 또한, Range-free 기술은 인프라 설비에 대한 요구 및 시스템 복잡성이 매우 낮기 때문에 새로운 미래형 실내 측위 기술로 고려되고 있다.

1.5.4 Dead Reckoning(항법장치) 기술과 융합 위치측위 기술

DR(Dead Reckoning)기술은 단말 내부에 탑재된 관성항법장치(가속도, 자이로, 지자기, 기압센서 등)를 이용한 측위 기술로, 이미 로봇시스템 분야에서 오랜 기간 동안 연구되어 온 기술이다. 최근 스마트폰 및 태블릿PC에도 게임 및 유저인터페이스 등의 목적으로 관성항법장치가 탑재됨에 따라 상용 단말을 이용한 DR 측위 기술에 대한 연구가 진행되고 있다. DR 기술의 기본 원리는 관성항법장치를 통해 일정 시간 동안 단말(사용자)이 이동한 거리 및 방향을 측정하고, 이를 단말의 과거 위치에 합함으로써 현재 위치를 추정하는 것이다. 따라서 얼마나 정확하게 이동거리 및 이동방향 정보를 획득하냐에 따라 DR 기술의 성능이 결정된다. 그러나 현재 상용 단말 내부에 탑재된 관성항법장치는 시간의 흐름에 따라 오차가 누적되는 문제를 갖고 있다. 관성항법장치 오차는 곧 위치측위 오차에 반영되기 때문에 DR 기술은 주기적으로 오차를 제거할 수 있는 과정이 필요하다. 최근에는 DR 기술을 단독으로 사용하기 보다 다른 측위 기술과의 융합을 통해 관성항법장치 내부 오차를 제거하고, 동시에 DR 기술을 통해 다른 측위 기술의 단점을 보완할 수 있는 융합 측위 기술에 대한 연구가 진행되고 있다 [24]. 대표적인 예로 Fingerprinting 기술과 DR 기술 융합을 들 수 있다. 현재 상용 단말은 전력소모 문제로 인하여 인근 Wi-Fi AP로부터의 신호세기를 측정하는데 평균 4초 이상의 시간이 소요되기 때문에 실내 네비게이션과 같이 신속성이 요구되는 LBS에 적용이 어렵다. 또한, 신호세기는 주위환경 변화에 매우 민감하여 측위결과 자체가 불안정하다. DR 기술은 Fingerprinting 기술과는 달리 실시간으로 단말의 이동상태 정보를 추출해 냄으로써 지속적인 위치 추적과 상대적으로 안정적인 측위결과 획득이 가능하다. 그러나 DR 기술의 측위 정확성은 시간의 흐름에 따른 관성항법장치의 오차 누적으로 크게 저하될 수 있다. Fingerprinting과 DR 융합 기술에서는 각 기술의 단점을 상호 보완함으로써 신속하면서 주위환경 및 장치 오차에 강인한 특성을 가질 수 있도록 한다. 현재 칼만필터 및 파티클필터와 같은 추정기법을 이용한 기술 융합에 대한 많은 연구가 이루어지고 있다.

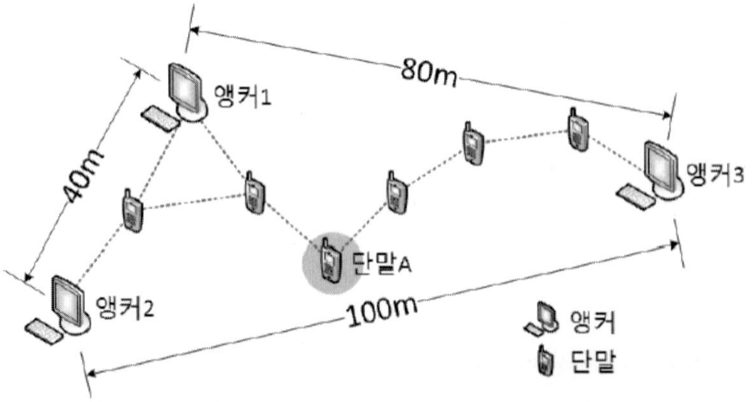

그림 1.28 D2D 통신 기반 Range-free 측위 기술

1.6 위치기반서비스를 위한 모바일 단말기 위치 추적 기술 동향

1.6.1 국외 기술 동향

1) 네트워크 기반 측위 기술 동향

네트워크 기지국을 이용한 측위 기술은 기지국과의 거리에 따라서 최대 위치 오차가 수 km까지 발생한다. 따라서 네트워크 기반 측위 기술은 단독으로 사용되지 않고 다른 기술과 혼합을 통해서 사용되고 있다. 미국의 단말기 회사인 Apple의 iPhone 5s는 위성 기반 측위 기술에 네트워크 기반 측위 기술이 혼합된 Assisted GPS 또는 Assisted GNSS를 지원한다. 미국의 긴급 구조 서비스인 Wireless E911은 GPS와 이동 통신사의 네트워크 기지국을 이용한 Assisted GNSS를 이용한 구조자의 위치를 추정하고 있다.

2) 위성 기반 측위 기술 동향

위성 항법 기술은 현재 수준에서 만족하지 않고 각 나라별로 성능 향상 및 도심지에서의 수신율 저하를 보상하고자 노력하고 있다. 그 일환으로 미국의 GPS 현대화가 있다. 현재 사용 중인 L1 C/A 신호 외에 L1C, L2C, L5 신호가 새로 개발되어 신호를 전송 중인 새로운 민간용 신호로 L2C의 경우 2014년 2월까지 11개의 GPS 위성에서 L2C신호를 전송 중이며 2018년에 24개의 위성에서 신호를 전송하게 된다. L5의 경우 현재 4개의 위성에서 신호를 전송 중이며 2021년에 24개의 위성에서 신호를 전송하는 것을 목표로 하고 있다. L1C 신호는 2016년 발사되는 GPS III에서 신호를 전송할 예정이며 2026년에 24개의 위성신호를 제공할 것으로 계획 중이다. 이 세 개의 신호들은 기존의 L1 C/A 신호에 비해 향상된 신호 세기를 가지며 간섭에 강한 특성을 갖는다. 또한 L1C 신호의 경우 BOC(Binary Offset Carrier) 변조 방식을 이용하도록 설계되었다. BOC 변조 방식은 GPS의 PRN(Pseudo-Random Noise) 코드에 sub-carrier라는 신호를 곱하는 방식으로 신호의 추적 성능 향상 및 다중경로 오차에 강한 특성을 갖는다.

유럽에서 Galileo의 경우 Binary Offset Carrier 변조 방식을 이용하여 측위 성능의 향상 및 다중 경로를 감소시키는 효과를 기대할 수 있다. Galileo는 민간 공개용 신호 외에 유료로 사용 가능한 신호를 생성하여 산업 분야 및 Safty 서비스에 활용할 계획이 있어 위치 기반 서비스에 활용이 될 것이라 예상된다.

일본의 경우 일본우주항공연구개발기구(JAXA)와 측위위성기술주식회사가 QZSS (Qusai Zenith Satellite System)을 이용하는 측위 시스템인 IMES(Indoor MEssaging System)를 운용 중에 있다.

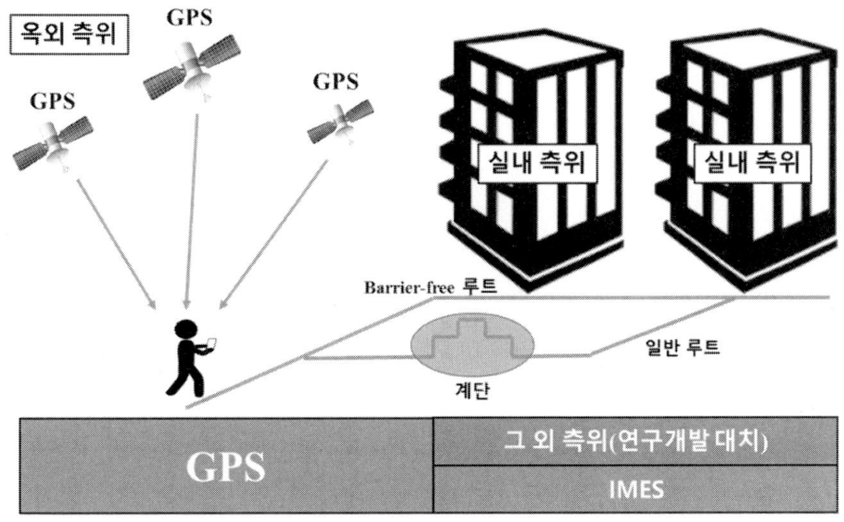

그림 1.29 IMES 구성도

QZSS의 경우 시간에 상관없이 천정 부근에 1개의 위성이 보이도록 배치하여 도심지의 높은 건물에 의해 신호 수신율이 감소하는 것을 목적으로 하고 있다.

3) 무선랜 기반 측위 기술 동향

무선랜 기반의 측위 기술은 도심지나 건물 내에서 측위가 가능한 시스템으로 미국의 긴급 구조 서비스인 911 역시 WLAN을 활용한 구조자 및 실종자 추적을 검토하고 있다. 기존의 911 서비스는 네트워크 기반의 측위 기술과 위성 기반 측위 기술을 혼합한 A-GNSS를 이용하여 위치정보를 얻었다. 하지만 점차 실내 측위의 중요성이 부각되면서 무선 랜을 도입하여 실내까지 서비스의 범위를 넓히려 하고 있다.

이러한 무선 랜 기반의 측위 기술은 Wi-Fi 무선 공유기에 대한 정보를 저장하는 데이터베이스가 있어야 한다. 도심지에서 미국의 대형 포털 업체인 Google은 무선 랜과 이동 통신사의 기지국 네트워크, 그리고 GPS를 이용하는 측위 기술을 Google 사에서 자체적으로 개발한 어플리케이션인 Google 맵에 활용하고 있다. Google 맵에서 제공하는 실내 지도의 경우 Google Maps Floor Plan Maker 라는 어플리케이션을 통해 건물주나 상점 주인에게 직접 건물 내부의 평면도를 받아 업데이트하는 방식을 활용하여 미국뿐만 아니라 영국과 스위스의 박물관, 역, 공항과 같은 시설에 대한 서비스를 수행하였다. 또한 미국의 Skyhook wireless 사는 WPS를 위한 Wi-Fi 무선 공유기 데이터베이스를 구축하기 위해 War-driving 방식을 이용하였다. War-driving 방식은 특정 알고리즘에 의해 산출된 경로를 GPS와 Wi-Fi 수집 장치가 탑재된 차량으로 운행하면서 무선 공유기의 정보를 수집하고 이를 데이터베이스로 만드는 기술이다. 이 War-driving으로 수집되는 정보로는 무선 공유기의 MAC 주소, 신호의 세기, Ap의 ID 등이 포함되어 있다. 그림 1.30은 War-driving의 무선 공유기 정보 수집 방식을 나타낸다. 미국의 Bell-Lab과 모바일 단말기 제조회사인 Apple사 역시 Wi-Fi 맵을 이용한 데이터베이스를 구축하고 무선 랜 기반 측위 기술을 위해 이 정보를 서비스 중이다. 대만의 M-Taiwan 프로젝트 역시 미국의 War-driving과 마찬가지로 Wi-Fi 무선 공유기의 정보를 수집하고 이를 무선 랜 기반 측위 기술에 활용한다. 다만 War-driving과 달리 보행을 통해서 무선 랜 공유기의 정보를 수집한다.

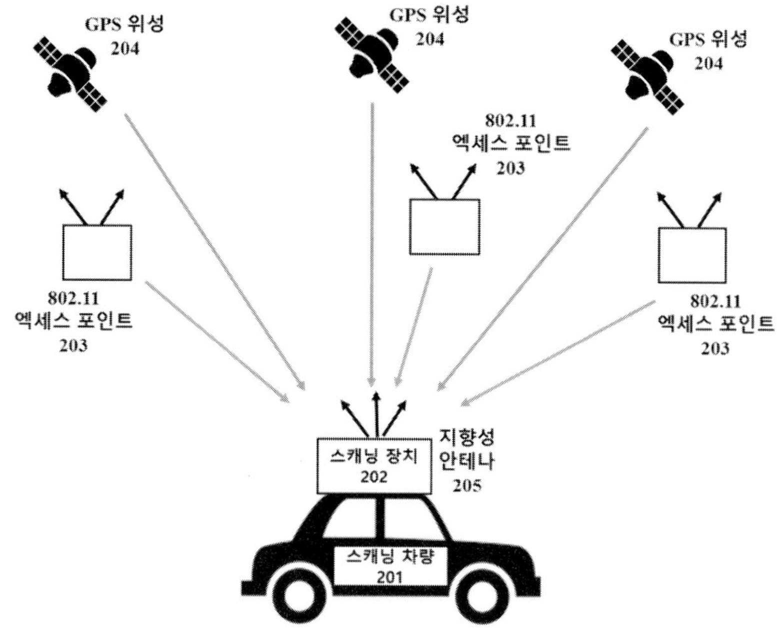

그림 1.30 War-driving 수집 방식

4) 블루투스 기반 측위 기술 동향

무선 랜 기반의 측위 기술 뿐만 아니라 블루투스 기반의 측위 기술 역시 현업에서 적용하여 사용 중이다. 그림 1.31은 2013년도에 Apple사에서 출시한 iBeacon과 iPhone을 연동하는 모습이다.

iBeacon은 실내 측위 및 광고와 위치 정보를 제공하는 블루투스 비콘으로 2013년 9월에 미국 프로야구팀 뉴욕 메츠의 홈 구장 Citifield에 iBeacon을 도입하여 위치 기반 서비스를 제공하고 있다. 또한 미국 백화점 체인인 Macy's에서 현재 100여개의 매장에 설치를 진행하여 위치 정보 및 다양한 상품에 대한 광고를 사용자에게 제공하고 있다. 미국 내 뿐만 아니라 영국 항공사 Virgin Atlantic이 iBeacon을 도입하여 위치 기반 서비스 등 넓은 범위로 활용되고 있다. Apple 사 외에도 Qualcom, Paypal과 같은 회사가 블루투스 비콘을 출시하였다. 이러한 비콘은 사용자에게 위치 정보 뿐 만 아니라 사용자의 위치에 대한 정보를 제공할 수 있어 백화점과 같은 대형 매장에서 도입함으로써 물품 광고와 같은 마케팅 수단으로도 활용되고 있다.

그림 1.31 iBeacon과 iPhone의 연동 모습

그림 1.32 Qualcomm사의 Series 10, Series 20

일본의 NTT 커뮤니케이션 사는 GPS와 블루투스를 이용하여 어린이의 안전을 위한 시스템인 C-Shuttle을 개발하여 운용 중이다. 이 C-Shuttle은 GPS를 이용한 위치 NTT 커뮤니케이션으로 아동의 이동 경로 및 주변에 블루투스 기지국을 설치하여 아동용 단말기와 통신하게 하였다. 그림 1.33은 어린이의 위치를 측위하기 위한 C-Shuttle 단말기의 모습이다. 이 기술은 어린이 뿐 만 아니라 노약자나 장애우와 같이 범죄에 취약한 대상에게도 적용이 될 수 있다. 최근 스마트폰들은 GPS 모듈 및 블루투스 모듈을 탑재하고 있어 다른 하드웨어의 추가 없이 적용이 가능하다.

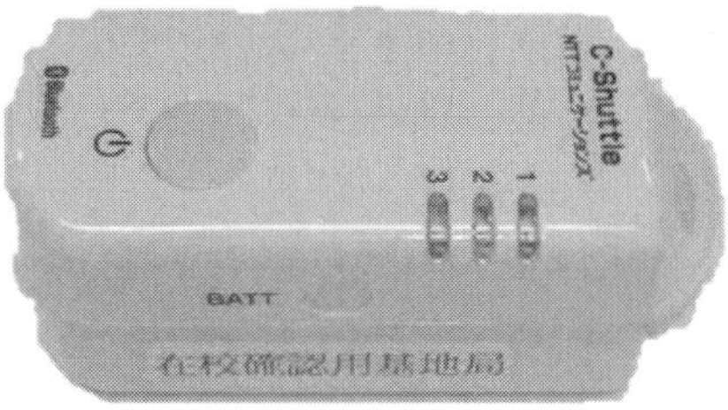

그림 1.33 NTT 커뮤니케이션 사의 C-Shuttle

1.6.2 국내 기술 동향

현재 SKT, KT와 같은 이동통신사에 의해 서비스 중인 T-Map과 쇼내비 등의 내비게이션 어플리케이션은 스마트폰에 탑재되어 있는 GPS 모듈과 이동 통신사의 기지국 네트워크를 이용하여 위치를 측위하고 교통 정보 및 주변 위치 정보를 검색하여 길 안내뿐만 아니라 주변의 주유소나 식당 등의 정보를 내비게이션에 표시해준다. 또한 파인드라이브사에서는 2007년도부터 출시하는 내비게이션에 DMB망을 이용한 Assisted-GPS를 적용하고 있다. 파인드라이브 사에서 제공하는 TurboGPS 기술은 DMB 망으로부터 위성 궤도 정보를 수신하여 이를 이용해 위성 신호의 수신율이 저하되는 도심지에서도 정확한 측위 결과를 제공한다.

이동 통신사인 SKT에서 2011년부터 서비스 중인 복합측위시스템은 실내와 같은 GPS 음영구역에서 무선 랜을 이용하여 사용자의 위치정보를 제공한다. 그림 1.34의 서비스는 측위용 Wi-Fi 무선 공유기를 이용하여 건물 내 또는 지하주차장과 같은 위성항법이 불가한 지역에서 단말기의 위치를 구한다. 그림 1.34는 복합 측위시스템의 개념도이다. 그림 1.34에서와 같이 사용자가 신세계 백화점 내에 진입했을 때 복합측위시스템이 어떤 식으로 사용자에게 위치 정보를 제공하는 지 보여준다. 위의 시스템을 통해서 사용자는 지하주차장에서 본인의 차량을 쉽게 찾을 수 있다.

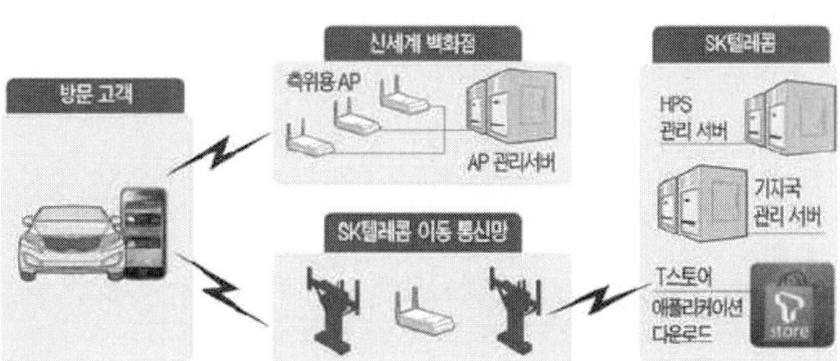

그림 1.34 복합측위시스템 개념도

한국전자통신연구원은 2010년에 Wi-Fi 기반 실내외 위치 찾기 시스템을 개발하였다. 이 시스템은 이미 구축된 Wi-Fi 무선 공유기를 이용하여 사용자에게 위치정보를 제공하는 기술이다. 실외 환경과 같이 WLAN 환경이 취약한 곳에서는 GPS를, 실내 또는 고층 빌딩이 많은 도심지에서는 WLAN을 이용하여 위치 측위가 연속적으로 수행할 수 있도록 하였다.

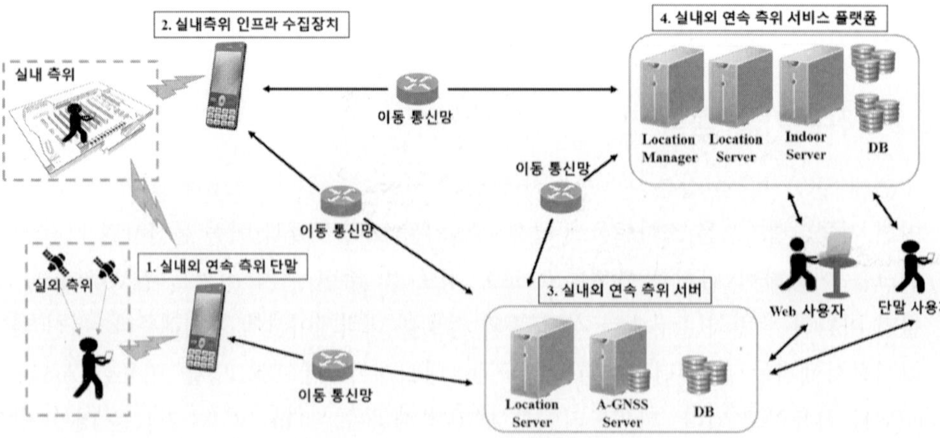

그림 1.35 Wi-Fi 기반 실내외 위치 찾기 구성도

해외에서 뿐만 아니라 국내에서도 블루투스 비콘은 주목받는 실내 측위 기술로, 국내에서도 현재 개발 및 운용을 하고 있다. 이동 통신사인 SKT는 디오 인터랙티브와 함께 비콘을 개발하였고 2013년 2월에 분당 서울대병원에서 220개 비콘을 설치하여 실내 위치 기반 서비스를 제공하였다. 또한 2014년 3월 초에 서울 SK 나이츠 프로 농구단과 함께 SK 나이츠 모바일 어플리케이션을 공개하였다. 블루투스 기반의 이 모바일 어플리케이션을 활용하기 위해 서울 잠실 학생체육관에 블루투스 비콘을 설치하여 체육관 내에서 실시간으로 경기 정보를 제공할 예정이다. SKT 뿐만 아니라 국내 업체인 이케이웍스에서도 2014년 4월에 블루투스 비콘인 BLE 디바이스 디텍터를 출시하였다. 이 비콘은 비콘 모드와 디텍터 모드를 동시에 동작시켜서 기존의 비콘으로는 불가능했던 양방향 통신을 가능하게 하였다. 이러한 기술을 통해 개개인의 사람에게 동일한 정보가 아닌 개인화된 정보를 제공할 수 있다.

1.7 군사적 용도를 위한 위치 측위 기술

1.7.1 위성항법 기반 NCW

NCW(Network Centric Warfare)는 감시정찰(Sensor), 지휘통제(C2), 정밀타격(Shooter) 체계를 효과적으로 네트워킹한다. 전장상황인지(Situation Awareness) 공유 및 신속한 명령전달을 통한 작전 수행하여 실시간 상황파악, 신속한 작전수행, 정밀타격 명중률 증대, 작전동기화, 생존성 향상이 가능하게 한다.

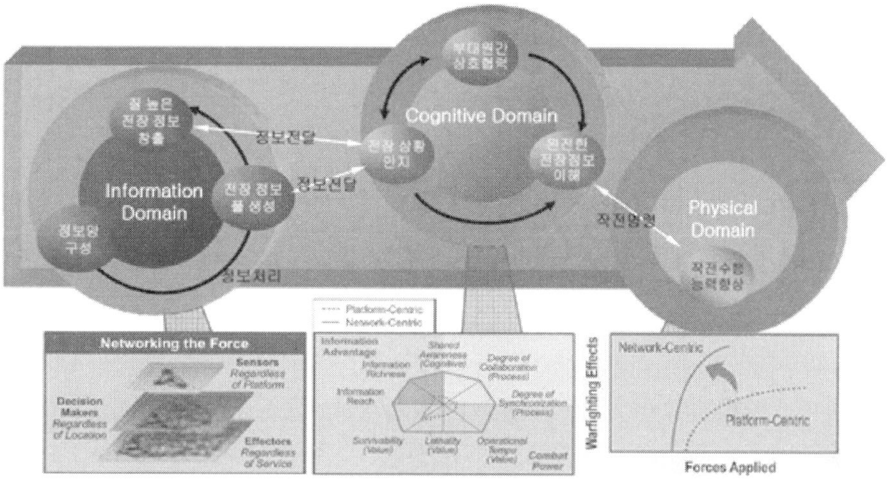

그림 1.36 NCW 시스템 구조

이러한 상황에서 위성항법은 감시정찰(ISR, Intelligence Surveillance Reconaissance), 정밀타격(PGM, Precise Guided Munitions), 지휘통제(C2, Command & Control)를 위한 PNT 정보 제공를 제공한다 이러한 정보를 바탕으로 효과적인 작전수행이 가능하고 육해공 전 플랫폼에 적용이 가능하다.

1.7.2 위성항법시스템의 국방 응용

1) FBCB2(Force XXI Battle Command Brigade and Below)

미 육군 보병 전투제대(여단~중대급) C4I 체계 COP에서 사용되고 있다. 전술통신망과 컴퓨터를 통해 아군 움직임을 실시간으로 파악하고 외부사령부와 상시 상호 교신체계를 갖추고 있어서 즉각적인 명령 하달이 가능하다. 적군과 아군의 위치 및 경로, 위험지역, 지뢰지대 등 다양한 정보를 도식화해서 보여주기 때문에 한눈에 전장을 파악하기가 쉬우며 미국 이라크 공급 시 미 육군 일부와 정찰 및 수송 차량, 아파치 헬기 등에 장착해 처음 사용하였다.

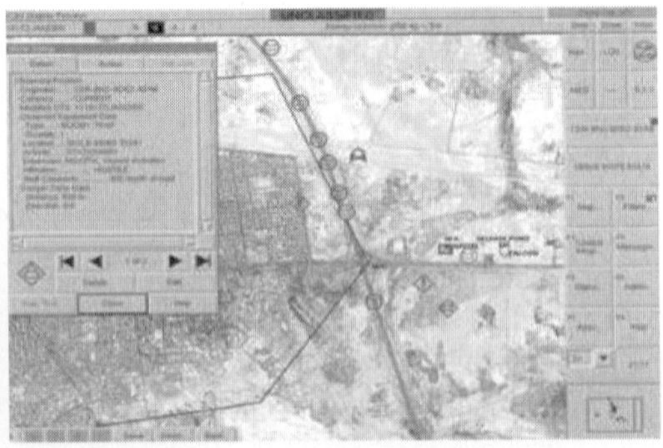

그림 1.37 Humvee 차량에 탑재된 FBCB2(좌), FBCB2 Operations Session(우)

2) BFT(Blue Force Tracking)

위치 추적 및 자동 보고를 위해 GPS와 통신단말기를 통합한 시스템으로 L-band 위성 기반의 BLOS(Beyond Line-of-Sight) 시스템이다. SA(Situation awareness) broadcast와 C2(Command & Control) 기능을 가지고 있으며 미육군 TOC로 전송하여 COP를 작성 후 FBCB2로 전송한다. GIS(Geometric Information System) 형태로 표현된다.

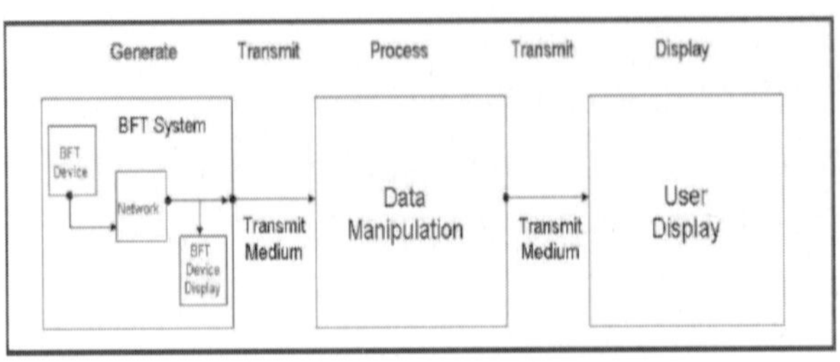

그림 1.38 FBCB2와 연동 과정(좌), 출동 전 Blue Force Tracker 준비 모습(우)

3) GPS-Enabled Tactical Imagery

전술 이미지와 영상 및 GIS를 통합해서 응용한 기술로 전투원, 무인센서, 무인로봇, 무인 항공기 등을 활용한 상황인지 능력을 가지고 있어서 신속하고 정확한 지휘결심을 지원한다.

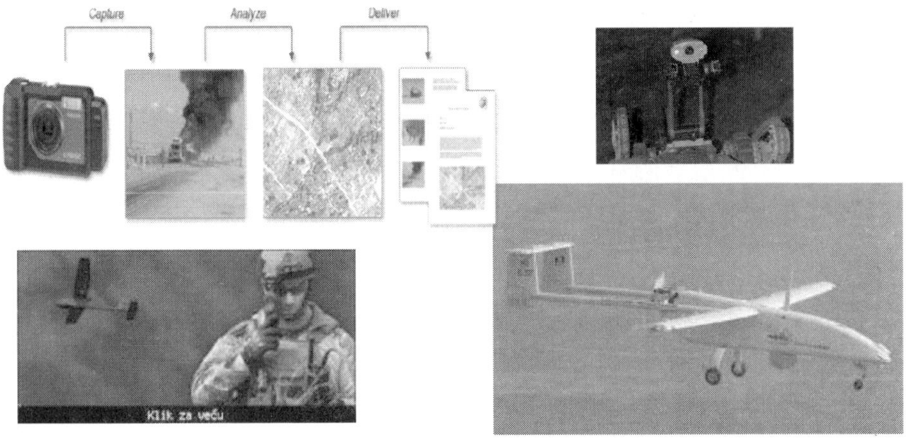

그림 1.39 GPS-Enabled Tactical Imagery 시스템

4) 정밀타격 체계(PGM)

PGM(Precision-Guided Munition)에서는 항법정확도와 신뢰성 향상을 위해 관성항법장치와 함께 장착하였다. 이를 통해 관성항법장치가 가지는 항법 시간과 거리 증가함에 따라 정확도가 저하되는 문제점을 보완하였다. 유도탄이나 공중투하폭탄, 야포, 자주포 등 다양한 미사일 무기에 많이 적용된다.

그림 1.40 GPS 기반 유도무기 JDAM(Joint Direct Attack Munition(좌), GMLRS(Guided Multiple Launch Rocket System)(우)

5) 무인체계 및 병사체계

무인체계의 위치 추적 및 원격 조종 시 항법 정보를 제공한다. 정찰로봇이나 견마로봇, 무인 전투기와 같은 무인 로봇과 같은 보행항법장치에 탑재하여 보조적으로 사용한다. 병사의 경우 센서 기반 PDR과 GPS, 통신 인프라를 결합한 복합보행항법장치를 통해 작전을 수행하도록 한다.

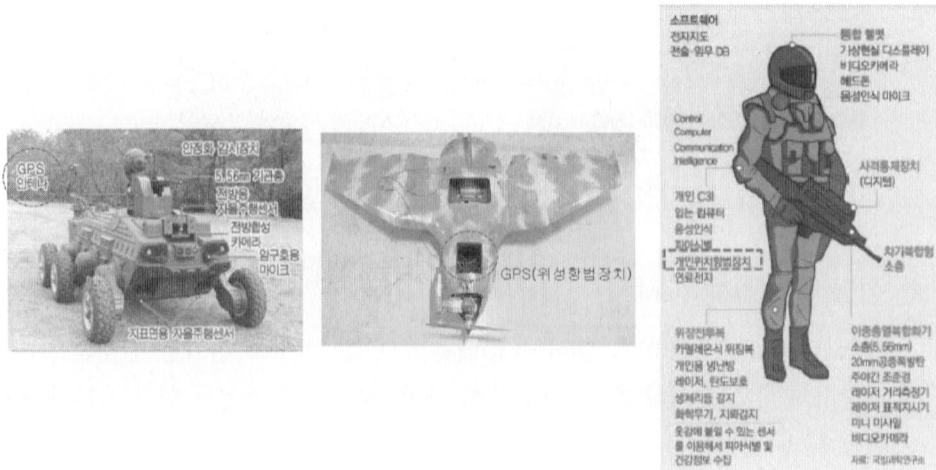

그림 1.41 견마로봇(좌), 북한무인기(중), 병사용 복합보행항법장치를 장착한 미래 보병(우)

6) EPLRS

EPLRS(Enhanced Position Location Reporting System)은 미 보병의 작전을 지원하기 위한 전투체계로(전술 인터넷 구성요소, FBCB2 서비스) SA와 C2에 대한 정보 제공을 위한 데이터 통신 백본을 가지고 있다. TDMA와 LOS 통신기반으로 데이터링크 프로토콜에 전장상황 인식을 위한 GPS 위치정보를 이용한다. 이를 위해 암호화 및 다양한 전송률을 지원하며(최대 525kbps), 항재밍, 저피탐 및 주파수 도약 기능이 있다.

GPS 불능 시 TOA 측정을 통해 단말 간 거리 산출 및 위치 결정을 한다(정확도 15m)

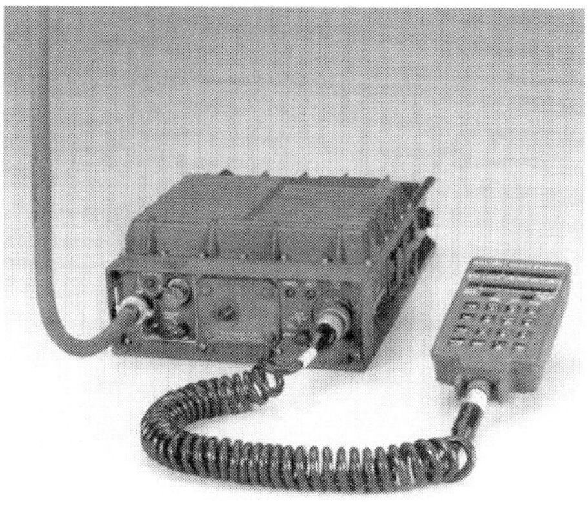

그림 1.42 ESLRS 단말

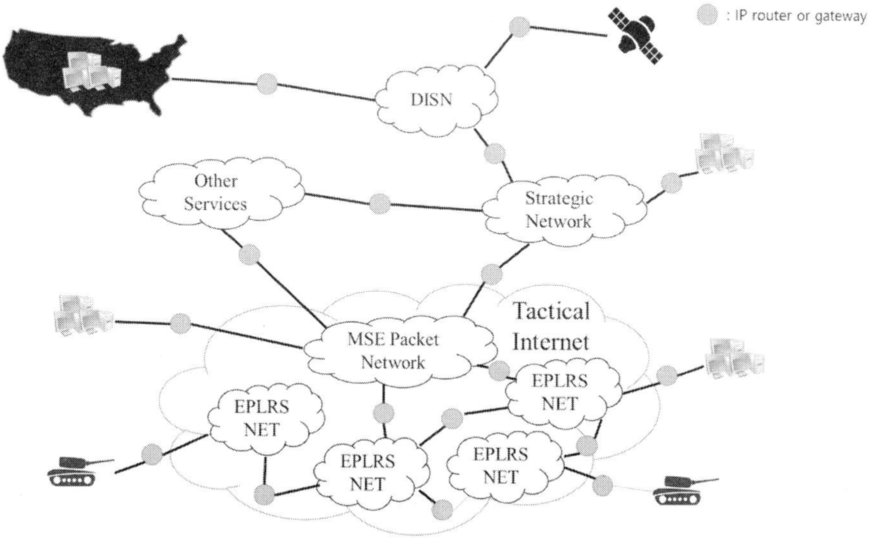

그림 1.43 FBCB2-EPLRS 계층적 구조

7) Link-16 항법

Link-16은 UHF 주파수 대역의 L 밴드(969~1206MHz)와 시분할 다중 접속 방식을 이용하여 미군, NATO 등에서 합동 작전 미 연합 작전용으로 사용하는 디지털 전술 데이터 링크다. 기 정의된 양식의 전술 자료와 음성데이터의 송수신이 가능하며, 항 재밍 및 비화 기능이 우수한 장점을 지니고 있다.

GPS 기반 Link-16 항법은 전체 네트워크 시간의 기준이 되는 NTR(Network Time Reference)은 GPS의 UTC 시간을 이용하여 동기화하고 네트워크에 가입된 노드들은

GPS와 동기화된 NTR을 기준으로 동기화한다. Multi-net 능력의 TDMA 다중 접속 시간동기, PPLI(Participant Location and Identification), SA공유 및 Track 관리 능력이 있다.

상대적 Link-16 항법은 GPS 불능 시 전술데이터 링크를 통해 시각, 위치 정보 수신 및 상대거리를 기반으로 하는 항법이다.

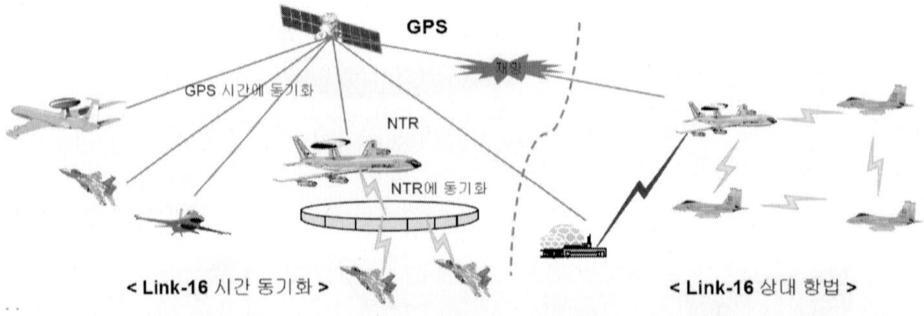

그림 1.44 Link-16 항법

1.8 무인 자율주행차를 위한 위치 측위 기술 동향

최근 전 세계적으로 무인자율자동차에 대한 관심이 점차 커지고 있고 그에 따른 연구도 활발히 진행되고 있다. 미국 도로교통안전국(NHTSA)는 자율주행의 단계를 크게 4단계로 나누고 있다.

1단계는 특정 기능의 자동화 단계로 현재 상용화되어있는 차간거리 제어 시스템인 ACC(Active Cruise Controle)나 차선 이탈 경고 시스템인 LKAS(Lane Keep Assist Sytem), 주차 보조 시스템인 SPAS(Smart parking assist system) 등이 이 단계에 속하는 기술이다.

2단계는 기존의 지능형 기술들이 통합되어 기능하는 단계로, 이를테면 LKAS와 SCC가 결합해 고속도로 주행 시 차량을 인식하며 자동으로 조향하고, 앞차와의 간격을 유지하며 주행하는 것 등이 2단계에 해당한다.

3단계는 부분 자율주행 단계로 목적지 경로 상 일정 부분을 운전자의 조작 없이 자율주행할 수 있는 단계를 의미한다.

4단계는 Door to Door가 가능한 통합자율주행 단계로, 처음 시동을 켠 후 목적지에 도착해 주차가 완료되는 시점까지의 완전한 자율주행 단계를 의미한다.

이런 자동차의 자율주행은 기본적으로 센서를 통해 상황을 인식하고, ECU 등에서 그 상황에 대한 정보를 파악하고 판단해 기계장치들을 제어해 이루어지는 것으로 그 구현원리가 지금의 첨단운전자지원(ADAS, Advanced Driver Assistance System)과 다르지 않다.

자율주행의 요소기술은 크게 세 가지 분야로 나눠지는데, 인지, 측위, 제어 기술이다. 그 중 측위 기술은 정확한 차량의 위치를 산출하는 기술이다. 즉, 실제 차량의 위치와 차량이 스스로 인식하고 있는 차량위치를 디지털 지도상에서 정확히 일치시키는 것을 목표로 한다. 이 때문에 상대적으로 오차가 큰 기존 GPS(Global Positioning System) 보다 더 정밀하게 차량의 위치를 파악할 수 있는 측위기술 확보와 고정밀 지도 구축이 선행되어야 한다.

자동차의 위치를 정확히 알게 되면 이를 통해 획득할 수 있는 사전 지식을 기반으로 주변 환경 인식, 주변 지형에 최적인 차량 제어, 지형에 따른 주행 전략 변경을 통한 연비 향상 등의 다양한 기술을 보다 효과적으로 수행될 수 있게 된다.

측위 기술 중 가장 널리 사용되고 있는 것은 GPS(Global Positioning System) 등의 위성 정보를 활용하는 전파항법 방식이다. 이 방식은 지구 좌표계에서의 절대 위치를 제공하고 위치 오차가 누적되지 않는다는 장점이 있는 반면, 전파 수신 상황에 따라 위치 정밀도가 좌우된다는 한계를 가진다. 이를 보완하기 위해 IMU(Inertial Measurement Unit) 등을 활용하는 관성항법 방식이 활용되고 있다.

이 방식은 전파 수신 상황에 무관하며 짧은 주행 거리에서 정밀한 상대 위치를 제공한다는 장점을 갖지만, 누적 기반 위치 추정 방법의 한계로 인해 시간이 지속됨에 따라 오차가 지속적으로 증가한다는 한계를 가진다.

위와 같은 기존 방법의 한계를 극복하기 위하여 최근 센서 융합 기반 정밀 측위에 대한 연구가 활발하게 진행되고 있다. 일반적으로 센서 융합 기반 정밀 측위 시스템은 기존에 사용되던 GPS, IMU와 함께 환경 인식 센서(카메라, Lidar 등)와 정밀 지도를 융합하여 자동차의 위치를 추정하는 방식을 사용한다. 대표적인 업체로 자율주행 부문의 IT업계 선두 주자인 구글(Google)과 완성차 업계 선두 주자인 다임러(Daimler)가 있다.

먼저 측위와 지도를 응용한 예시를 보여준 후 구글과 다임러의 센서 융합 기반 정밀 측위 시스템에 대해 소개하고자 한다.

1.8.1 측위와 지도의 응용

측위와 지도를 사용하면 차량에 장착된 센서들만을 사용하여 수행하기 어려운 작업들을 효율적으로 수행할 수 있게 된다. 첫 번째 응용 예는 신호등 인식이다. 신호등은 차량과 인프라스트럭쳐 간 통신이 제공되지 않는 상황에서 자율주행을 수행하기 위해서 반드시 인식해야 하는 교통 정보이다. 하지만 신호등은 그림 1.45의 좌측과 같이 크기가 매우 작고 전방 차량의 후미등 혹은 나뭇잎 등의 다른 물체와 유사한 형태 및 색상을 갖기 때문에 카메라만을 사용하여 인식하기 매우 어렵다. 이를 해결하기 위해 구글은 측위와 지도 정보를 활용하였다.

그림 1.45 측위와 지도를 활용한 신호등(위)과 연석(아래) 인식

먼저 정밀 지도에 주행하기 원하는 도로에 존재하는 모든 신호등의 3차원 위치를 미리 입력한다. 주행 시에는 정밀하게 추정된 자동차의 위치 및 자세 정보와 지도상의 신호등 위치 정보를 사용하여 신호등이 촬영될 영상의 대략적인 위치를 추정하게 된다. 따라서 신호등 인식은 신호등이 있을 것으로 예상되는 좁은 영역에서만 수행된다. 이러한 방법으로 구글은 신호등 앞 100m에서 100%에 근접한 신호등 인식률을 달성했다.

두 번째 응용 예는 연석(Curb) 인식이다. 연석은 차선이 존재하지 않는 상황에서 차로와 인도를 구분하는 역할을 하기 때문에 자율주행을 위해서 반드시 인식해야 하는 물체이다. 하지만 연석은 도로와 색상이 유사하고 높이 차이가 크지 않기 때문에 카메라 혹은 lidar만으로 인식하기 어려운 물체이다. 다임러는 이를 안정적으로 인식하기 위해 측위와 지도 정보를 활용했다.

먼저 지도에 연석의 위치를 미리 입력해 놓는다. 주행 시에는 정밀 측위를 통해 자동차의 위치를 추정한 후, 현재 위치에서 촬영된 영상 상에 연석이 존재할 영역을 추정한다. 그 후, 연석이 존재할 영역 인근에서만 높이 정보와 영상 밝기 정보를 활용하여 연석을 인식한다. 다임러는 이를 통해 약 95%의 정확도로 연석을 인식하는 데 성공했다.

세 번째 응용 예는 차량 제어이다. 측위와 지도를 활용하면 지형에 최적인 행동을 효율적으로 생성하여 제어를 수행할 수 있게 된다. 다임러는 측위와 지도를 로터리(Roundabout)에서의 양보 판단 및 제어에 사용했다. 만일, 측위와 지도 정보가 없다면 차량은 자차에 부착된 센서만을 사용하여 전방 로터리 존재 여부, 로터리의 지형, 타차의 움직임 등의 매우 많은 정보를 알아내야 한다.

하지만 측위와 지도 정보를 활용하면 차량은 전방 로터리 존재 여부와 로터리 지형을 사전 정보를 바탕으로 손쉽게 파악할 수 있기 때문에 타차의 위치 및 속도 등의 매우 적은 정보만을 차량에 부착된 센서로 알아내면 된다. 또한, 사전에 로터리에서의 양보와 관련된 이벤트 위치를 지도에 입력해 놓고 해당 위치를 어떤 차가 먼저 통과할 것인가 만을 계산하여 양보 여부를 쉽게 판단하고 이를 제어에 사용할 수 있게 된다.

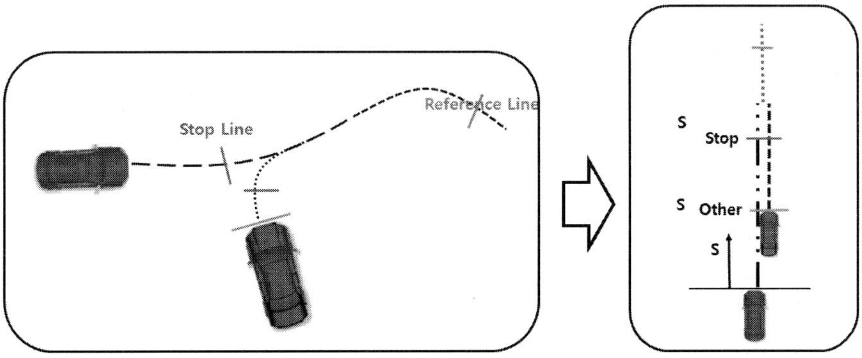

그림 1.46 측위와 지도를 활용한 로터리에서의 제어 계획 수립

그림 1.46은 다임러가 로터리에서 측위 및 지도 정보를 활용하여 차량 제어를 수행하는 개념도를 보여준다. 이 그림을 통해 측위 및 지도 정보를 활용하면 복잡한 로터리를 이동하는 자차와 타차가 일차원 도로를 이동하는 것과 같이 표현할 수 있다는 것을 확인할 수 있다.

이들 응용 외에도 측위와 지도 정보는 전방 도로의 고도를 파악하여 하이브리드 혹은 전기차의 배터리 사용 여부 및 충전 시점 제어 등의 용도로도 사용할 수 있다.

1.8.2 구글의 센서 융합 기반 정밀 측위 시스템

구글의 자율주행 자동차는 전파항법, 관성항법과 더불어 Velodyne lidar의 Infrared reflectivity를 기반으로 미리 생성해 놓은 정밀 지도를 사용한다. 그림 1.47의 좌상단은 구글의 자율주행 자동차이며 빨간색 원은 Velodyne lidar이다. 좌하단은 Lidar에서 획득된 Infrared reflectivity를 보여준다.

차량의 초기 위치는 DGPS(Differential GPS)와 고가의 INS(Inertial Navigation System)로 추정되며 해당 위치에서 실시간으로 획득된 Infrared reflectivity와 미리 생성해 놓은 정밀 지도의 인근 지역 정보를 비교하여 두 정보가 가장 잘 정합되는 위치를 자동차의 위치로 추정한다.

그림 1.47의 우상단은 Velodyne lidar로 미리 생성해 놓은 정밀 지도이며 우하단은 이에서 자동차 위치 인근의 정보를 가져온 결과이다. 자동차의 위치는 좌하단의 현재 측정된 정보와 우하단의 미리 측정된 정보를 정합함으로써 추정된다.

그림 1.47 구글의 센서 융합 기반 정밀 측위 시스템

1.8.3 다임러의 센서 융합 기반 정밀 측위 시스템

구글이 사용하고 있는 Velodyne lidar는 내구성, 디자인, 가격의 문제로 인해 양산 측면에서 한계를 갖는다. 완성차 및 부품 업체에서는 이를 대체할 센서로 스테레오 카메라를 도입하고 있다. 양산 가능한 센서들만을 사용해서 자율주행을 수행한 다임러의 경우, 정밀 측위를 위해서 전파항법, 관성항법과 더불어 스테레오 카메라와 미리 생성해 놓은 정밀 지도를 사용한다.

다임러는 측위를 위해 차선 수준 지도와 특징 수준 지도를 사용한다. 두 지도는 모두 스테레오 카메라, DGPS, 고가의 INS를 기반으로 생성된다. 그림 1.48은 다임러가 사용하는 지도의 예를 보여준다. 좌상단은 차선 수준 지도를 보여주며 이는 스테레오 카메라 영상을 우상단과 같이 조감도로 변형시킨 후 수동으로 차선 정보를 입력해서 획득한다. 좌하단은 특징 수준 지도를 보여주며 이는 스테레오 카메라 영상에서 취득된 특징점과 이의 3차원 위치 및 특징을 저장하여 획득한다. 자동차의 위치는 스테레오 카메라에서 획득된 차선정보와 차선 수준 지도에 존재하는 차선 정보를 정합하고, 후방 카메라에서 취득된 특징 정보와 특징 수준 지도에 존재하는 특징 정보를 정합함으로써 추정된다.

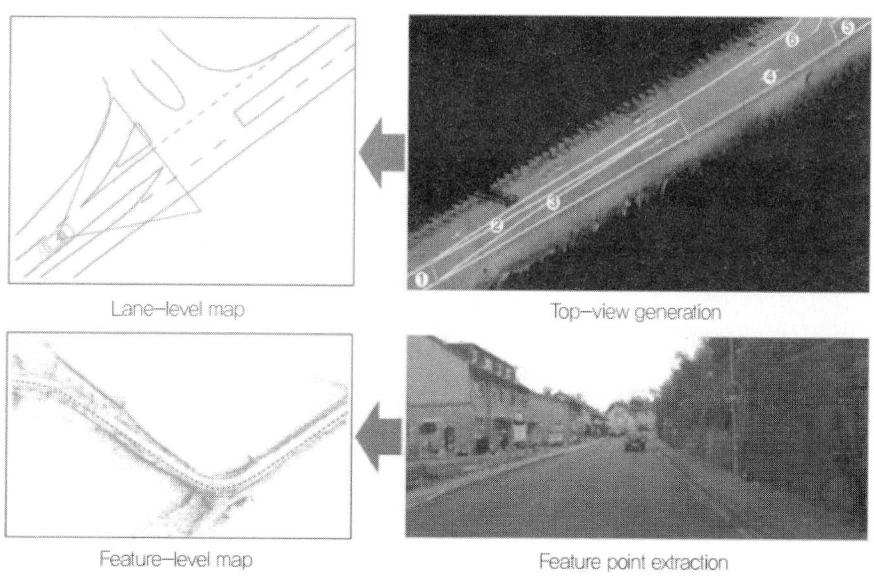

그림 1.48 다임러의 센서 융합 기반 정밀 측위 시스템

1.8.4 현대 모비스

현대모비스도 2014년 9월 말 보행자 인식 및 전방 차량 추월, 상황별 자동제동 및 가감속 기능을 구현하는 자율주행시스템과, 원하는 장소의 빈 곳을 찾아 스스로 주차하는 자율주차시스템을 시연하는 데 성공했다.

현대자동차 남양연구소와 공동으로 자율주행 기술개발 프로젝트를 진행하고 있는 현대모비스는 향후 기술 개발에 박차를 가하고 성능과 신뢰성을 확보해 오는 2020년까지 상용화 준비를 완료하고 자율주행 분야에서 우위를 선점한다는 복안이다.

현대모비스는 자율주행시스템이란 일반적인 주행상황에서 목적지까지의 경로 상 부분 자동화 또는 완전 자율주행이 가능한 시스템을 의미하며, 늘 사람이 탑승한 상태라는 점에서 무인자동차와는 차별화된다고 강조한다.

현대모비스는 자율주행을 가능케 하는 세 가지 기술들(인지, 측위, 제어)을 확보하기 위해 연구역량을 집중하고 있다. 앞서 현대모비스는 차선이탈방지, 차선유지보조, 긴급자동제동, 주차보조시스템, 스마트크루즈컨트롤 등의 ADAS(Advanced Driver Assitance System) 기술을 상용화한바 있다. 이는 자율주행 구현에 근간이 되는 것으로, 현대모비스의 자율주행시스템 기술개발을 뒷받침한다. 현대모비스는 그동안 축적한 ADAS 기술 노하우를 바탕으로 인지 기술과 차량제어 기술의 기반을 확보하고, 선진사가 앞서 나가고 있는 고정밀 인지 기술 및 정밀 측위기술에 집중하고 있다.

제2장

실외측위방식

2.1 위성항법시스템(GPS)

2.1.1 GPS 개발과정

1) GPS의 역사

1950년대 후반과 1960년대 초기에 걸쳐 미 해군은 위성에 기초한 두 종류의 측량 및 항해 체계를 마련하였다. 트랜짓(Transit)이라고 불린 시스템은 1964년부터 가동되기 시작하였고 1969년에 일반에게 공개되었다. 한편 티메이션(Timation)은 위성에 기초한 측량 및 항해 체계의 원형으로만 자리 잡았을 뿐 실행에 옮겨지지 못하였다. 때를 같이하여 시스템 621B 라고 일컬어지는 계획을 미 공군에서 착수하였는데 1973년에 미 국방차관이 해군에서 계획했던 티메이션(Timation)과 시스템 621B를 통합할 것을 지시하였고 이것이 DNSS(Defense Navigation Satellite System)으로 명명되었으며. 후에 Navstar(Navigation System with Timing And Ranging) GPS로 발전되었다.

위성 항해 개념의 검증을 위한 1단계가 1970년대에 착수되었는데 최초로 위성이 제작되고 여러 실험이 행해졌다. 1977년 6월에 최초로 기능을 수행할 수 있는 Navstar 위성이 발사되었고 NTS-2(Navigation Technology Satellite 2)라고 불러졌다. NTS-2는 단지 7달 동안만 운영되었으나 위성에 기초한 항해 이론이 타당함을 입증하였고 1978년 2월 최초의 Block I 위성이 발사되었다. 1979년에 2단계로 전체 규모의 설계와 검증이 행해졌는데 9개의 Block I 위성이 이후 6년 동안 추가로 발사되었다. 3단계는 1985년 말에 2세대의 Block II 위성이 제작되면서 시작하였다. Block I 위성들은 2003년 모두 수명이 다하여 운영되고 있지 않으며, 이들을 대체한 Block Ⅱ, Block ⅡA, Block ⅡR 위성 등 총 28개의 위성들이 운영되고 있다. 현재 4세대 위성인

Block ⅡR 위성들이 새롭게 계획되고 있는데, Boeing사가 12기의 위성을 제작 중에 있다. GPS 신호의 민간 수신은 1983년 소련에 의한 한국 항공기 KAL-007기의 격추 사건을 계기로 1984년 레이건 대통령이 공식 선언하였다.

2) 연도별 GPS 역사

- 1960 : 미 해군은 위성에 기초한 두 종류의 측량 및 항해 시스템인 트랜싯(Transit)과 티메이션(Timation)를 준비하였고 공군에서는 시스템 621B를 착수하였음.
- 1973 : 티메이션(Timation)과 시스템 621B과 통합되어 DNSS(Defense Navigation Satellite System)으로 명명되었고 후에 Navstar(Navigation System with Timing And Ranging) GPS로 발전됨.
- 1978 : 첫 Block Ⅰ위성발사, 78-85년 사이 11개발사, Rockwell사에서 제작.
- 1983 : 레이건 대통령의 선언(KAL-007 피격사건 후 GPS 완성 후 민간에게 무료로 사용 허용
- 1989 : 첫 Block Ⅱ 위성발사 Rockwell사 제작.
- 1990 : SA 오차를 처음 가동.
- 1990 : SA 가동 중지.(91년 6월 1일까지 - 걸프전에서 사용)
- 1991 : SPS 서비스 93년부터 가능하고, 향후 최소 10년간 무료사용 허용 선언.
- 1992 : ICAO와 1991년의 선언을 확인하고 SPS를 변경할 경우 최소 6년 전에 통보하기로 함.
- 1993 : 초기정상가동선언, 24개의 GPS 위성군 완성(Block Ⅰ/Ⅱ/ⅡA), SPS 실시.
- 1995 : 미국 클린턴 대통령 선언, GPS 신호를 국제사회에 제공할 것을 공표.
- 1995 : 정상가동(FOC : Full Operation Capability)선언, 24개의 Block Ⅱ와ⅡA 위성의 정상운행, 군사용 기능 실험종료.
- 1996 : 미 대통령 지시문 발표, 안정적이고 지속적인 GPS 무료사용, 10년 이내 고의 오차 SA제거.
- 1997 : IGEB 결성(미 DoD와 DoT의 공동기구), 민간용 서비스(SPS)를 위한 새로운 신호 추가 및 주파수 할당 계획.
- 1998, 1999 : 미 부통령 고어 발표, L2 주파수(1227.6MHz)에 민간용 C/A-code 신호 추가.
- 1999 : IGEB Working Group 제3의 민간용 GPS 신호를 1176.45MHz(L5)에 할당.

- 2005년까지 제3의 민간용 신호 추가.(인명 구조 용)
- 2000년 미 대통령 SA 해제 발표

2.1.2 GPS 기본개념

1) GPS 기본적인 개념

GPS 시스템 개발은 캘리포니아의 Vanderberg에 위치한 우주 미사일센터의 종합계획본부(Joint Program Office: JPO)가 담당하고 있다. 1973년 JPO는 우주공간에서 운영되는 측위시스템을 설립, 개발, 시험, 취득 및 배치하기 위해 미국 국방성(Department of Defense: DOD)에 의해 지휘 및 감독되었는데, 현재의 NAVSTAR GPS는 이러한 초기의 지휘 및 감독에 의한 성과라고 할 수 있다. GPS는 우주공간 상의 위치를 알고 있는 위성으로부터 지상과 바다, 하늘과 우주상에 존재하는 미지의 지점까지의 거리를 측정하는 시스템이라고 할 수 있다. 위성신호의 전송시각은 실제 연속적으로 기록되므로 위성시각과 동기화된 수신기를 이용하면 특정지점에서 수신된 신호의 이동시간을 측정할 수 있게 된다. GPS의 초기 목적은 항법 등을 위해 연속적인 위치와 속도를 결정하는 것과 전송시간의 결정과 같은 시각의 정확한 정합이었다.

GPS는 미국방성에 의해 초기에 개발되었으므로 실제 GPS의 주요한 목적은 군사용이라고 할 수 있다. 그러나 미국 의회는 대통령의 지시에 따라 GPS가 민간에서 이용될 수 있도록 미국방성에 제안하였으며, 이러한 민간부분의 이용은 측지 측량에 매크로미터가 실제 이용됨으로써 더욱 가속화되었다. 매크로미터는 군이 항법용 수신기를 시험하고 있을 시기에 이미 상업적으로 이용되고 있었으며, GPS의 영리적 목적을 위한 최초의 이용은 고정확도의 측지망을 구축하는 것이었다. 앞서 기술한 바와 같이, GPS는 위성신호에서 도출되는 의사거리를 이용한다. 의사거리는 코드화된 신호의 이동시간을 측정한 후, 이것에 신호의 이동속도를 곱하거나 신호의 위상을 측정하는 것에 의해 도출된다. 두 경우 모두 수신기와 위성의 시각정보를 사용하게 되는데, 이러한 시계의 시각은 물리적으로 완벽하게 동기화되지 않기 때문에 정확한 실제거리 대신 시각동기 오차(또는 시계오차)가 고려된 의사거리가 얻어진다(식 1.2 참조). 따라서 이러한 형태의 방정식은 실제거리 상에서 3개 좌표 및 시계오차를 포함하는 4개의 미지값으로 이루어진다. 이는 4개의 미지값을 구하기 위해서는 4개의 위성이 필요하다는 것을 나타내며, 실제로 GPS는 24시간 지구상 어디서든 4개 또는 그 이상의 위성이 관측 가능하도록 설계되어 있다. 또한 위상 측정값을 이용하는 경우에는 이러한 미지값의 해석은 더욱 복잡하게 된다. 이러한 위상 관측값은 초기의 불확실한 위성신호

파장의 정수 개수에 의하여 해석이 모호하게 되는데, 이로 인해 위상값을 이용하여 해석된 의사거리는 모호정수라 불리는 초기의 편의에 의하여 상당히 증대된 값을 나타내게 된다. JPO에 의해 관리되고 있는 GPS 시스템은 아래의 세 부분으로 이루어져 있다.

- 신호를 송신하는 위성군으로 구성된 우주부분
- 시스템 전체를 제어하는 관제부분
- 다양한 형태의 수신기를 이용하는 사용자 부분

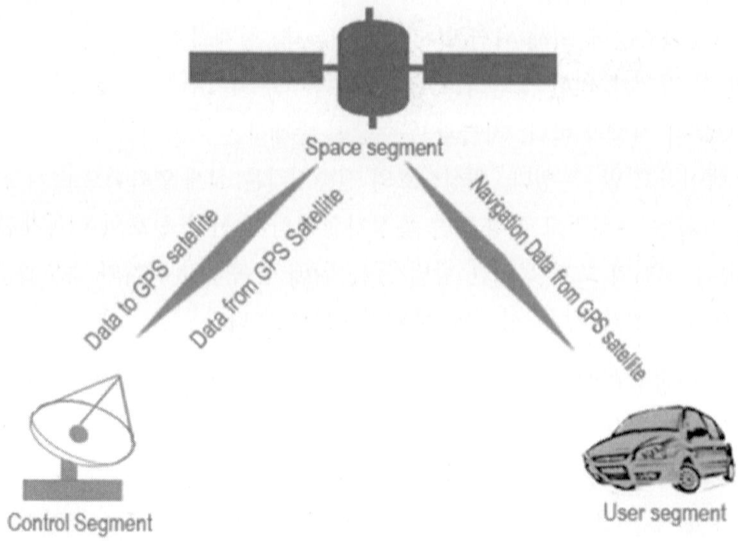

그림 2.1 GPS 시스템 구성

1-1) 우주부분

① 위성

GPS 위성은 라디오파와 송수신기와 원자시계, 컴퓨터 및 시스템의 운용을 위한 다양한 보조기기로 구성되어 있다. 사용자는 각 위성의 전자기기를 통해 위성까지의 의사거리 R의 측정이 가능하며, 또한 각 위성의 방송메시지를 통해 임의의 순간에 대한 위성위치 ρ^S도 결정이 가능하다. 따라서 이러한 의사거리 및 위성의 위치가 주어진다면 지상 또는 상공에서의 위치 ρ_R을 결정할 수 있다. 그 이외의 다양한 보조기기 중 특별한 역할을 수행하는 보조기기로써 전원공급을 위한 태양 전지판, 궤도의 수정이나 자세의 제어 및 안정에 필요한 추진 장치 등이 있다. 또한, 각 GPS 위성에는 발사

번호, PRN(Pseudo Randon Noise)코드, 궤도별 번호, NASA의 목록 번호 및 국제적인 명칭 등과 같은 다양한 식별체계가 있다.

② GPS 위성의 구분

GPS 위성은 6개의 등급 및 형태가 있는데, 이것을 Block I, Block II, Block IIA, Block IIR, Block IIF 및 Block III의 6종류로 구분하고 있다. 위성의 발사일이나 궤도위치, 운용 기간에 관한 상세한 정보는 미국 연안경비대 항법센터의 웹사이트를 통해 얻을 수 있다. 현재 Block I, Block II는 운용되고 있지 않다. 최초의 Block IIR 위성은 1997년에 발사되었으며, 이전 위성들보다 개량된 통신기능과 위성 간의 상호 추적기능을 갖추고 있다. Block IIF 위성의 경우는 2007년 이후부터 발사되어 왔으며, 관성항법시스템과 같은 향상된 기능이 내재되었고 새로운 위성 신호 또한 추가될 예정이다. 현재 미국 국방성은 Block III라 불리는 차세대 GPS 위성에 관한 연구를 수행중이며, 이는 2030년 이후에 본격적으로 운용될 것으로 기대되고 있다.

③ 위성배치

GPS 위성은 약 20,200km 고도 상에서 약 12시간의 주기로 원형에 가까운 궤도운동을 하고 있다(Perreault, 1980; Rutscheidt et al., 1982). GPS 위성의 배치와 수는 궤도 경사가 63°인 3개의 궤도면에 24개의 위성을 배치하는 초기 계획부터 점진적으로 발전되어 왔다(Muelle et al., 1981). 한때 이러한 초기 계획은 재정상의 이유로 6개의 궤도에 각각 3개의 위성, 총 18개의 위성을 배치하는 것으로 축소된 적도 있었지만, 18개의 위성만으로는 24시간 동안 전 지구를 포괄하는 서비스가 불가능한 것으로 검토되어 실행되지는 않았다. 그 후, 1986년경에는 다시 6개의 궤도면에서 각각 3개의 위성을 배치하고, 만약의 고장을 대비한 예비위성 3개를 포함하여 총 21개로 증가한 위성의 배치가 계획되었다(Wells et al., 1987). 현재의 위성배치는 궤도경사 55°로 균등하게 배치된 6개의 궤도면에서 각각 4개의 위성이 배치도니 총 24개의 위성군으로 구성되어 있고, 4개 이상의 예비위성이 운용되고 있다. 이러한 완전한 위성배치를 통해 세계 어디에서든 앙각 15° 이상에서 4개에서 8개의 위성에 대한 동시 관측이 가능하다. 만약 위성 신호 수신 시 앙각을 10°로 한다면 10개 이상의 위성이 관측될 수 있으며, 이를 더욱 낮춰 5°로 한다면 12개 이상의 위성 관측이 가능하게 된다.

1-2) GPS 작동 원리와 위성 신호

① GPS 작동 원리

GPS는 위성에서 보내주는 항법 메시지를 받아 수신기에서 위치를 계산함으로써 위치를 파악하는 위성항법 시스템이다. 수신기가 위치를 계산하기 위해서는 위성으로부터 오는 신호를 받아야 하는 통신 시스템이 필요하다. GPS 위성은 50bps로 항법 데이터를 보낸다. 이때 항법 데이터를 지구까지 보내기 위해서는 이 데이터를 실어 보낼 전파가 필요하게 되는데 이런 전파를 반송파(Carrier)라 한다. GPS는 이러한 반송파로 L대역의 두 주파수 L1(1575.42 MHz), L2(1227.6 MHz)를 사용한다.

수신기에서는 자신이 받은 신호가 어떤 위성으로부터 왔는지를 알아야 하는데 각 위성에서 모두 똑같은 주파수로 각자의 데이터를 실어 보내기 때문에 주파수로 구분이 불가능하며 각 위성마다 부여된 독립적인 ID를 가지고 파악한다. 이러한 방식이 CDMA(Code Division Multi Access)방식이다. 즉 같은 주파수를 이용해서 여러 사용자들이 동시에 송수신이 가능하게 하기 해 ID코드를 할당하여 그것을 가지고 다른 사용자들과의 간섭을 피하는 방식이다. GPS 위성의 ID는 Gold Code라고 불리는 1023bit의 0과 1의 조합으로 이루어져 있다. 이 ID는 1.023Mbps로 보내지며 역시 반송파에 실리게 된다. 수신기는 모든 위성의 ID를 전부 가지고 있으면서 신호가 들어오면 가지고 있는 여러 ID 중 서로 맞는 ID를 찾아낸다. 그렇게 어느 위성으로부터 온 신호인지를 파악하게 되면 항법 데이터를 얻게 되고 위치를 계산하게 된다.

항법 데이터는 간단히 구분하여 시각에 대한 부분과 위성 궤도에 관한 부분, 기타 보정 모델 값 등으로 구성되어있다. 이 데이터를 이용하여 위성의 위치를 계산해 내고 신호가 도착하는데 걸린 시간을 계산하여 위성과 사용자간의 거리를 계산한다. 이 때 계산된 거리는 걸린 시간에 빛의 속도를 곱한 것으로 실제 거리와는 차이가 있다. 우선 위성의 초정밀 시계와 수신기의 일반적인 시계와의 동기가 100% 이루어 지지 않기 때문에 그로 인해 발생하는 오차가 있고 또 신호가 대기권을 지나면서 구성성분의 차이에 의해 지연효과가 발생하게 된다. 빛의 속도(3×10^8/sec)는 실로 엄청난 속도이므로 약간의 시간 지연에도 많은 거리오차가 나게 된다. 그렇기 때문에 단순히 전파의 도달 시간에 빛의 속도를 곱해서 나온 여러 오차들을 포함하고 있는 거리를 의사 거리(Pseudorange)라고 하여 실제 거리와 다르게 표현한다. 이렇게 시각이 중요하기 때문에 위치를 계산하는데 필요한 3차원 좌표 X, Y, Z에 시간 T를 포함하여 계산하게 된다. 미지수의 수가 4개이기 때문에 독립된 4개 이상의 식이 필요하고 보이는 위성 하나에 식 한 개가 만들어지므로 최소 4개 이상의 위성이 사용자를 관측할 수 있어야 한다.

2) GPS를 이용한 항법

항법의 주요 목적은 이동하는 물체의 즉각적인 위치와 속도를 결정하는 것이다. GPS를 이용한 항법을 가능하기 위해서는 먼저 지구상 어디에서든 항상 최소 4개 이상의 위성 신호가 관측될 수 있게 하는 충분한 위성 개수와 궤도에 대한 가장 효율적인 계획이 필요하였다. 이를 위해 초기에 몇 가지 계획이 제안되었는데, 그 중 24개의 위성을 적도면에 대해 55℃의 경사를 가지며 약 12시간의 공전주기를 가지는 궤도상에 균등하게 배치하는 방안이 가장 효율적인 것으로 밝혀졌다. 실제로 이러한 위성배치는 24시간 동안 지구상 어느 곳에서나 최저 4개 이상의 위성 신호를 양호한 기하학적 배치 하에 포착할 수 있게 하였다. 만약 위성 신호의 수신을 위한 최저 앙각을 10℃로 가정한다면 어떤 시간대에는 10개 이상의 위성이 관측되기도 한다.

GPS 위성은 본질적으로 위도, 경도, 높이와 같이 표현되는 이용자의 3차원의 위치를 결정하도록 구성되었는데, 이러한 점단위의 좌표결정을 단독측위라고 부르며 이는 각 위성에 대하여 측정된 거리를 간단한 후방교회법에 의하여 수행된다, GPS 위성이 특정한 순간에 우주 공간상에서 정지되어 있다고 가정하면, 지구중심에 대한 각 위성의 우주 공간상의 좌표 ρ^S는 위성의 방송궤도력으로부터 계산될 수 있다. 만약 지상의 수신기가 GPS 시스템의 시각과 정확히 일치하는 시계를 가지고 있다면 지구중심을 기준으로 한 수신기의 위치벡터 ρ_R는 코드화된 위성 신호가 수신기에 도달하는 시간을 통해 정확하게 측정되는 각 위성과의 물리적인 실제거리 ρ를 이용하여 결정할 수 있다. 이때 각 위성과의 거리는 각 위성의 좌표를 중심으로 하는 하나의 구면으로 표현되며, 이러한 구면의 교점이 바로 수신기의 정확한 위치를 의미하게 된다. 따라서 이러한 방법을 이용하여 3차원의 미지좌표(위도, 경도 및 높이)를 결정하기 위해서는 3개의 위성에 대한 거리만이 필요하며 이는 다음과 같은 3개의 거리방정식에 의하여 결정된다.

$$\rho = || \rho^S - \rho_R || \quad (2.1)$$

하지만 실제적인 경우에는 위의 방법을 그대로 적용할 수 없는데, 이는 GPS 수신기에 필연적으로 발생할 수밖에 없는 시계오차 때문이다. 위 3개의 거리방정식을 이용하기 위해서는 수신기와 GPS 시스템의 시각이 정확히 일치해야하는데 일반적으로 수신기의 경우는 경제적인 이유로 정밀도가 낮은 시계를 사용하여 GPS 시스템과 시간 불일치가 발생하게 된다. 따라서 이러한 불일치는 수신기에서 측정된 위성까지의 거리를 물리적 실제거리보다 다소 길거나 짧게 만드는 오차로 적용하게 된다. 이러한 이유 때문에, 수신기에서 측정된 위성까지의 거리(R)은 실제거리(ρ)와 시계의 오차

(Error) 또는 편파(Bias, δ)에서 생성된 거리의 보정치(거리오차) $\Delta\rho$를 더한 것으로 표현되며, 이를 의사거리라고 부른다. 이 의사거리는 다음과 같이 간단한 모델로 표현된다.

$$R = \rho + \Delta\rho = \rho + c\delta \tag{2.2}$$

여기서 c는 빛의 속도이다. 따라서 위치의 세 가지 성분과 시계의 편의를 포함한 네 가지의 미지수를 구하기 위해서는 동시에 측정된 4개의 의사거리가 필요하며 이는 기하학적으로 각 의사거리를 반지름으로 하는 4개의 구면의 접점을 뜻한다. 각 구면의 중심은 위성의 위치에 해당하고, 각 반경은 보정된 거리와 같다. 이때, 거리오차 $\Delta\rho$는 1개의 관측점에서 측정된 2개 위성의 의사거리 또는 1개의 위성을 2개의 관측점에서 측정해서 얻어진 의사거리를 차분하는 것에 의해 사전에 소거될 수 있다. 후자의 거리오차 제거 방식은 Transit 시스템에서 적용된 관측방식과 동일한 것이다. 또한 두 방식 모두에서 거리오차는 2개의 위성 또는 동일한 위성의 2개의 변동된 위치를 초점으로 하는 쌍곡선으로 정의되는데, 이를 통해 수신기의 기하학적인 위치를 결정하게 된다. 1개의 수신기를 사용하여 결정된 위치 정확도는 각 위성의 위치 정확도, 의사거리 측정 정확도, 위성의 기하학적 배치에 의해 영향을 받는다.

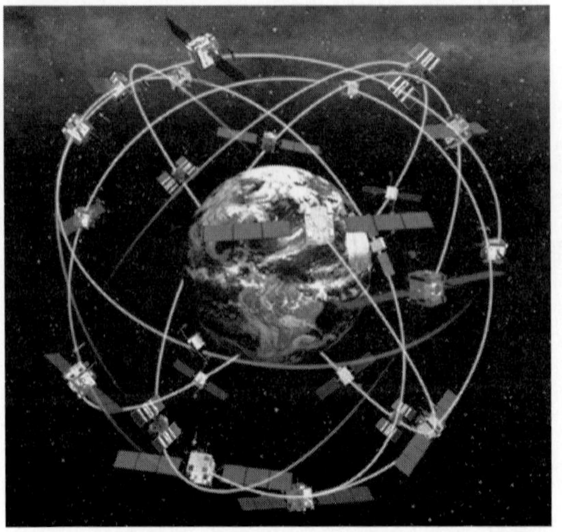

그림 2.2 GPS Constellation

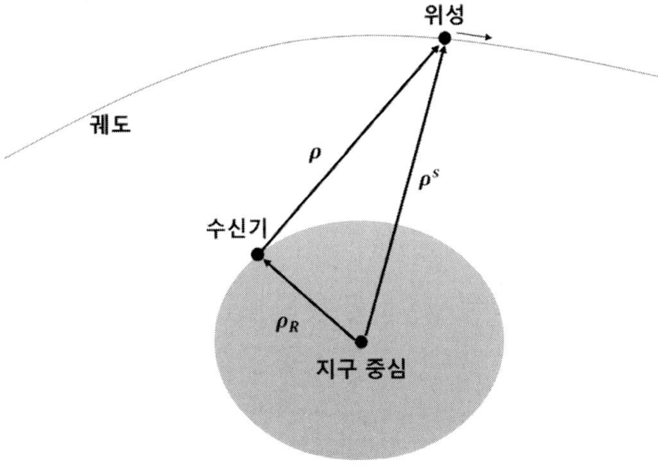

그림 2.3 위성측위 원리

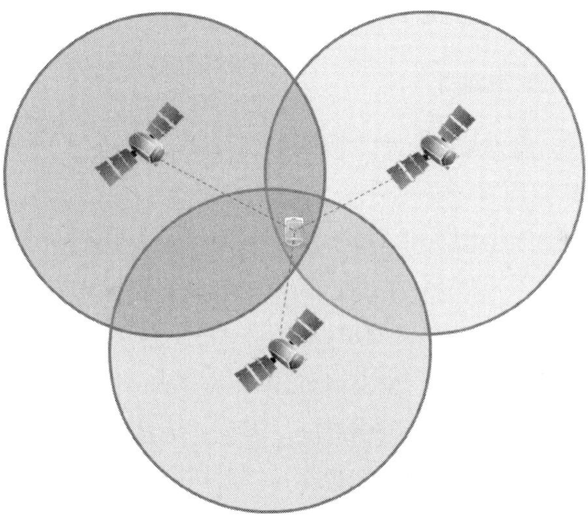

그림 2.4 삼각측량 예시

위성의 위치에 포함된 정오차나 의사거리 관측에 필연적으로 발생하게 되는 위성시계 편의는 2개의 관측점에서 관측된 위성의 의사거리를 차분하는 것에 의해 감소되거나 소거될 수 있다. 이러한 신호간섭을 이용한 방법이 GPS 측량의 기본적인 원리이다. 하지만 위성의 기하학적인 배치가 좋지 않으면 어떠한 차분방정식을 적용하더라도 의사거리 차이의 감소 또는 소거 효과를 기대할 수 없다.

관측점에 대한 위성의 기하학적 배치를 확인하는 척도는 Geometric Dilution of Precision(GDOP)라고 한다. 기하학적인 방법에서 이 요소는 특정한 입체의 체적과 반비례하는데, GPS 관측 시 적용되는 입체는 관측점에서 위성방향으로의 벡터로 이루어진 단위 구면간의 교점으로 형성된다.

3) GPS 측량

3-1) 코드거리와 반송파 위상

전형적인 GPS 관측량은 코드 관측 또는 반송파 위상 관측으로부터 도출된 의사거리이다. 일반적으로 코드 관측의 정밀도는 미터(m) 단위이며, 반송파 위상관측의 정밀도는 밀리미터(mm) 단위이다. 그러나 코드관측의 정밀도는 Narrow 상관기술이나 Smoothing 기술에 의해 개선될 수 있다. 반송파 위상 관측과는 달리 코드 관측에서는 실제적으로 모호성이 존재하지 않는다. 따라서 코드 관측은 사이클 슬립(Cycle slip, 위상 모호정수의 변화)의 영향을 거의 받지 않으며, 관측점에서의 장애물의 영향도 거의 받지 않는다. 위상 관측에 있어서의 모호정수 결정은 GPS 측량에 있어 가장 중요한 사항이다.

3-2) 실시간처리와 후처리

실시간 GPS란, 측위결과를 현장에서 즉시 또는 관측점에 머무는 동안에 얻을 수 있는 방법을 말한다. 만약 측위결과의 계산에 있어 하나의 시점에 대한 관측량만을 사용하고, 그 처리시간(Processing time)이 무시될 수 있다면, 이를 순간(Instantaneous) 측위라 부른다. 초기 GPS의 개념은 Smoothing을 실시하지 않은 코드의사거리를 통해 이동체(선박, 차량, 비행기 등)의 순간측위를 수행하고, 이를 이용한 항법을 목적으로 하는 것이었다. 이와는 달리 실시간(Real-time)이라는 것은 측위결과의 계산에 다소의 지연을 동반하는 것도 허용한다. 현재는 무선데이터링크 기술에 의해 서로 다른 관측점을 실시간으로 결합하는 관측이 가능하다. '후처리(Postprocessing)'은 실제의 관측에서는 자료만 수집한 후, 자료처리는 사후에 이루어지는 것을 의미한다. 일반적으로 관측자료는 현장에서 처리되지 않으며, 서로 다른 관측점에서 측정된 자료가 결합된 후에 처리된다.

3-3) 단독측위와 상대측위

어떤 점의 위치좌표는 통상적으로 4개 이상의 위성에 대한 의사거리를 측정하는 1대의 수신기에 의해 수행되는 단독측위(Point positioning)를 통해 결정된다. 단독측위(Point positioning) 대신에 단일측위(Single point positioning) 또는 절대측위(Absolute point positioning)라는 용어도 사용된다. 절대라는 용어는 상대라는 용어의 반대 개념을 나타내고 있다. 상대측위라는 용어 대신에 차분측위(Differential positioning)라는 용어도 사용되나, 이 두 가지 측위방법은 이론적으로 서로 다른 것이다. 차분측위는 미지점에서의 의사거리에 대한 보정을 실시하는 방법이다. 이 방법으로 기준점에 대해 정밀도가 개선된 측위 해를 즉각적으로 얻을 수 있다.

상대측위는 차분측위와 유사한 방식으로 2대의 수신기를 사용할 수 있고, 두 지점에서 복수의 위성에 대한 코드 또는 위상 관측이 동시에 이루어지면 가능하다. 하지만 두 지점에서의 관측된 결과는 차분측위와는 대조적으로 서로 간에 직접적으로 결합되어 측위 정밀도의 개선이 이루어진다. 하지만 정확한 두 지점에서의 관측된 결과는 차분측위와는 대조적으로 서로 간에 직접적으로 결합되어 측위 정밀도의 개선이 이루어진다. 하지만 정확한 의미에서는 순간적인 측위해를 얻을 수 없다. 일반적으로 한쪽 관측점의 위치좌표를 먼저 알고 있어야 하며, 다른 한 점의 위치좌표는 이러한 관측점을 기준으로 결정된다. 이는 두 점 간의 거리벡터가 결정되는 것이라 할 수 있다. 대부분의 경우 관측점에 설치된 수신기는 관측이 수행되는 동안에 고정된 상태로 있게 된다. 과거에는 단독측위라는 용어는 항법의 개념에 적용되었으며, 상대측위라는 용어는 측량의 개념에 적용되어 사용되었다. 상대라는 용어는 반송파 위상 관측에 사용되는 개념이었으며, 차분이라는 용어는 코드 의사거리 관측에 적용되는 개념이다.

3-4) 정적과 동적

정적(static)이란 용어는 고정된 관측위치를 의미하며, 반면 동적(Kinematic)이란 용어는 움직이는 관측위치를 의미한다. 정적 방식에서는 위성신호 추적에 실패하여도, 동적 방식에서 이러한 현상이 발생되는 것만큼 치명적이지 않다. 정적과 동적이라는 용어는 단독측위나 상대측위와 연관되어 검토되어야한다. 정적 단독측위(Static point positioning)은 많이 높지 않은 측위 정밀도를 필요로 하는 경우에 효과적인 방법이다. SA가 해제된 현재는 짧은 시간의 코드거리 관측을 통해서도 약 10m 정밀도의 측위해를 실시간으로 얻을 수 있다.

동적 단독측위(Kinematic point positioning)는 시간에 따라 변화되는 이동체의 3차원 궤도결정에 사용된다. 동적 단독측위의 전형적인 예가 바로 이동체의 항법이다. 반송파 위상을 이용한 정적 상대측위(Static relative positioning)는 가장 정밀도가 높은 측위기술로써 측량에 가장 자주 사용되는 방법이다. 이 방법을 바로 정적 측량(Static surveying)이라고 부르고 있으며, 그 원리는 2대의 고정된 수신기 사이의 벡터(기선벡터)를 결정하는 것이다. 이러한 벡터는 삼각측량의 기선과 매우 유사하기 때문에, 기선(Baseline) 혹은 간단하게 선이라는 용어로 불리고 있다. 또한, 이 용어를 사용하여 그 처리과정을 단기선(Single baseline) 혹은 다중기선(Multipoint baseline) 결정이라고 부르기도 한다. 다중기선해(Multipoint solution)는 2개보다 많은 관측점을 대상으로 해석이 수행되는 것을 말한다. 정적 측량에서는 1ppm에서 0.1ppm 또는 그 이상의 정밀도를 얻을 수 있다. 이는 수 킬로미터 이상의 기선길이를 mm의 정밀도로 결정하는 것을 의미한다.

동적 상대측위(Kinematic relative positioning)는 기본적으로 고정된 1대의 수신기와 이동하는 한 대의 수신기를 이용하여 수행된다. 또한 2대의 수신기에서 동시에 관측이 이루어진다. 이 방법이 적용되는 분야는 기본적으로 동적 단독측위가 적용되는 분야와 동일하지만 대신에 단독측위의 경우보다는 높은 정밀도(cm급)를 얻을 수 있다. 동적 상대측위 수행 시 각 수신기를 무선으로 연결하면, 실시간 동적(RTK: Realtime kinematic) 측위가 된다. 이 경우, 이동하는 수신기에 실시간으로 전송되는 자료의 종류(위상 및 보정량)에 따라서 각각 상대측위 또는 차분측위로 구분된다.

3-5) 관측기술

GPS 측량에 있어 어떠한 관측기술을 선택할 것인가는 사용에 있어 특정 요건에 따라 결정되며, 이때 요구되는 정확도가 가장 중요한 판단근거로 작용된다.

3-6) 단독측위

수신기가 1대인 경우에는 코드 의사거리를 이용한 단독측위만이 수행될 수 있다. 단독측위의 개념은 매우 간단하며, 이는 우주공간 상에서 이뤄지는 삼변측량이라 할 수 있다. GPS는 단독측위를 위한 두 가지 등급의 서비스를 제공한다. 1)민간용 표준측위 서비스(SPS: Standard point positioning)와 2)허가된 사용자(군용)를 위한 정밀측위 서비스(PPS: Precise point positioning)로 구분된다. SPS에서는 오직 C/A코드만을 이용할 수 있다. 현재 SA가 해제되어 이 서비스를 이용한 실시간 측위 정밀도는 95% 신뢰 수준에서 약 10m 정도이다. PPS는 C/A 코드와 P 코드를 모두 이용하며, m단위의 측위 정밀도를 얻을 수 있다. PPS는 본래 미군용으로 계획된 것이지만, 미국방부(DoD: Department of Defense)와 특별협정을 체결하는 것을 통해 미국의 연방기관 또는 동맹국에서도 미국 정부의 협의 하에 이용할 수 있다.

3-7) 상대측위

현재 최대의 측위 정밀도를 얻을 수 있는 측위 방식은 반송파 위상 관측을 이용한 상대측위 방식이다. 기산벡터를 처리하려면, 기선의 양 끝에서 동시에 관측된 위상이 필요하다. 초기의 상대측위에 있어서는 자료의 후처리만 수행할 수 있었다. 하지만 현재에는 짧은 기선관측의 경우 실시간 자료전송에 의해 기선벡터를 실시간으로 계산하는 것이 가능해졌으며, 이것이 바로 RTK 측위 개념을 탄생시켰다.

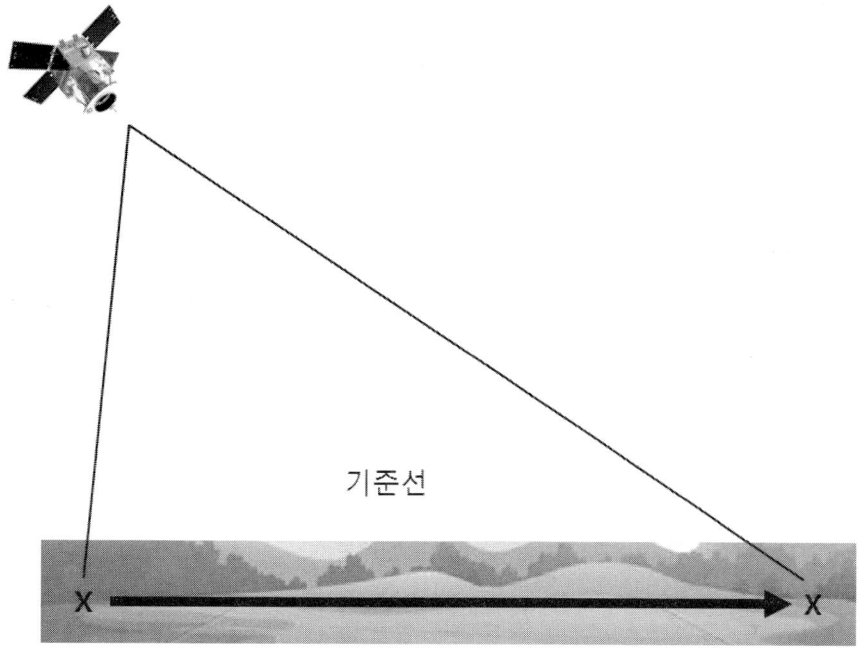

그림 2.5 상대측위의 개념

3-8) 정적 상대측위

정적 측위를 위해서는 관측점의 상공의 장애물이 시계를 제한하지 않아야한다는 기본적인 조건만 만족하면 된다. 따라서 이 방식이 일반적으로 가장 많이 이용되고 있다. 통상적으로 정적 측위를 수행하기 위해서는 기선길이에 따른 관측시간, 가시위성의 수와 기하학적 배치 등을 고려해야 한다. 정적측위는 100km까지의 기선길이에 대해서는 1~0.1ppm보다 좋은 상대정확도를 갖는다. 정적 상대측위에는 빠른 시간 안에 모호정수를 해석하는 신속정적(Rapid static) 측위도 포함된다. 신속정적 측위에서는 일반적으로 2주파 코드와 반송파 위상의 조합이 사용되므로, 관측 시에는 2주파 수신기와 최적의 위성배치가 필수적이다. 이 방식을 적용할 경우 약 20km의 기선길이에 대해 cm급의 정확도를 얻을 수 있다. 정적측위의 수행 시 세션의 길이에 따른 표준적인 관측시간은 표 2.1과 같으며, 이는 특히 20km 이하의 기선길이를 가지는 세션에 보다 적당한 수치이다. 또한 이러한 세션길이별 관측시간은 양호한 기하학적 배치를 가지는 최소 4개 이상의 위성을 일반적인 대기조건 하에서 관측하는 경우에 적용되는 수치이다. 관측되는 위성이 1개 늘어나면, 관측시간은 약 20% 정도 줄어든다. 일반적으로 정적 측위가 사용되는 분야는 국가기준점 측량, 표정점 측량, 경계 측량, 지각변동 측량 등이다.

표 2.1 세션길이에 따른 정적 측위 관측시간

수신기	통상정적	신속정적
L1	30분 + 3분/km	20분 + 2분/km

3-9) 동적 상대측위

동적 측위는 가장 최소의 시간에 가장 많은 관측을 수행할 수 있다는 점에서 생산성이 가장 높은 측량방식이라 할 수 있다. 이 측위의 결점은 한번 초기화된 이후에는 신호의 중단 없이, 최소한 4대 이상의 위성을 연속적으로 관측해야만 한다는 점이다. 반동적(Semi-kinematic) 또는 Stop-Go 측위라고도 불리는 이 기술은 1대의 수신기를 가지고 이동과 정지를 반복하며 관측을 수행하며, 이 수신기의 이동경로를 따라서 위치를 결정한다는 특징이 있다. 이 방법의 수행에 있어 가장 중요한 사항은 정지하는 장소의 관측 자료가 보다 많이 축적되고, 평균화될수록 측위 정밀도가 증가한다는 것이다. 종종 이 Stop-Go 방식의 측위를 간단하게 동적 측위라고 부르기도 한다. 이 측위의 정밀도는 20km 이하의 기선에서 cm 정도이다. 동적 측위에서는 관측을 시작하기 전에 위상의 모호정수를 해석하기 위한 초기화가 필요하다. 현재 이용이 가능한 2주파 수신기를 위한 상용 소프트웨어는 20km 이하의 기선에 대해 1~2분 정도의 관측자료를 가지고도 모호정수를 해석할 수 있다. 또한 측량이 수행되는 동안 최소한 4개 이상의 위성을 계속적으로 포착해야만 한다는 조건을 만족시키기 위해서는 관측점뿐만 아니라, 그 이동경로를 따라서도 장애물이 존재하지 않도록 충분한 사전조사를 수행해야 한다. 따라서 동적 측위를 위한 최적의 장소는 장애물이 없는 넓고 트인 곳이 많다. 도시 근처의 교외에서도 많은 장애물이 도로 위를 덮고 있지 않으면 동적 측위가 가능하다. 실용적인 동적 측위의 적용방법으로써 자동차 등에 수신기를 탑재하고, 특정한 범위를 연속적으로 횡단하여 그 위치를 결정해나가는 방법이 있다. 자동차에 탑재된 수신기의 3차원 좌표가 수 cm의 고정확도로 결정되기 때문에, 그 지역의 정확한 지형도를 신속하게 작성할 수 있다.

3-10) 의사동적 상대측위

의사동적 측위는 정적 측위와 가장 유사한 측량방식이다. 이 방식은 부정적(Intermittent static) 또는 재점유(Reoccupation) 측량이라고도 불린다. 이 방식을 이용하면 1회의 관측시간은 매우 짧아지지만, 후에 동일한 점을 다시 재관측해야 한다. 먼저 최초의 관측점에서 약 5분간 관측을 실시하고, 다른 관측점으로 이동한다. 그 후 대략 1시간

후에 최초의 관측점으로 돌아가 5분간 관측을 재차 실시한다. 통상적인 정적 측위의 경우에 관측시간이 60분 정도가 소요된다고 하면, 의사동적 측위의 경우는 전체적인 관측시간이 10분 정도로 줄어든다는 장점이 있다. 하지만 동일한 점의 재관측을 위해 소비되는 시간을 고려하면 그 장점이 크게 부각되지는 않는다. 의사동적 측위가 최적으로 사용되는 경우는 관측점이 도로를 따라 배치되어 있고, 관측자가 각 관측점 사이를 단시간 내에 이동할 수 있는 경우이다.

의사동적 측위에서는 cm 이하의 고정밀도를 얻을 수 있다. 이는 최초 관측시의 위성배치가 재관측 시에는 변화되는 현상에 의해 정수 바이어스가 갱신되기 때문이다. 의사동적 측위의 가장 큰 장점은 동일한 시간에 대해 동적 측위보다 더 많은 관측을 수행할 수 있다는 것이다. 동적 측위와 비교하면 의사동적 측위에는 신호의 중단도 발생하며, 관측 가능한 위성수도 크게 중요하지 않다. 또한 재관측 시점까지 위성을 연속적으로 관측할 필요가 없다. 하지만 이 방식 최대의 단점은 초기의 관측점에 다시 돌아가야 한다는 것이다. 따라서 이에 따른 이용이 제한적이다. 의사동적 측위와 가장 비교되는 측위 방식은 모든 관측점에 대하여 짧은 시간의 1회 관측만으로도 충분한 정밀도를 확보할 수 있는 신속정적 측위 방식이다. 일반적으로 의사동적 측위가 사용되는 분야는 표정점 측량, 저등급의 기준점 측량, 광산지역에 대한 측량 등이다. 1주파 수신기를 사용하는 경우에는 위의 3종류 측위방식을 조합하여 사용하는 것이 가장 바람직하다. 예를 들어 정적 측위와 의사동적 측위는 광범위한 기준망의 수립, 교량과 같은 대규모 건설을 위한 기준점 설치 등에 이용할 수 있다. 동적 측위는 이렇게 설치된 기준점 등을 바탕으로 다수의 관측점에 대한 좌표를 구하는데 사용된다.

2주파 수신기의 개발과 가격이 내려감에 따라 앞의 일부 측위방식은 사용할 필요가 없어질 것이다. 2주파 수신기를 이용하면 몇 분의 관측만으로도 cm급 이하의 정밀도를 획득할 수 있다. 또한, 현재의 진보된 자료처리 소프트웨어를 이용하면 동적 측위의 연속적인 위성추적 문제가 거의 해결된다.

3-11) 관측기기

관측에서 사용되는 기기는 수신기와 기상센서, 정준대, 삼각대와 같은 보조기기로 구성된다. 어떠한 종류의 수신기를 사용할 것인가는 각 측량의 목적에 따라 달라진다. 20km 이내의 기선을 관측하는 경우는 기선 양끝에서의 관측된 위상의 차분을 수행하여 전리층 굴절의 영향을 거의 소거할 수 있으므로, 단일주파 수신기로도 이중주파 수신기와 동일한 결과를 얻을 수 있다. 태양의 활동이 안정적인 시기에는 몇 시간에 걸친 단일주파 수신기에 의한 관측으로도 약 100km까지의 기선에 대하여 양호한 정확도를 가질 수 있다. 이중주파 수신기에서는 2주파의 반송파 위상을 조합하여 생성되는 "전리층의 영향을 받지 않는 선형조합(Ionosphere-fee combination)"을 사용하며, 전리층 굴절의 영향을 사실상 삭제 또는 보정하고 있다.

Y 코드 수신기는 코드 상관기술을 적용하여 2개의 반송파를 모두 복원하는 것이 가능하다. 따라서 이를 이용하는 경우 가장 강한 신호강도를 이용할 수 있어, 가장 좋은 결과를 얻을 수 있다. 하지만 미국방성은 현재까지 A/S를 중지할 계획을 가지고 있지 않으며, 이에 따라 Y 코드 수신기의 사용은 현재까지 민간 사용자에게는 한정되어 있다. 민간의 사용자가 이용할 수 있는 가장 높은 정확도의 수신기는 P 코드를 이용하는 측량용 수신기이다. 이 수신기를 사용하는 경우, C/A 코드 수신기에 비하여 보다 고정확도로 신속하게 기선벡터를 결정할 수가 있다. 일반적으로 P 코드 수신기를 통해 보다 정확한 코드 의사거리를 획득할 수 있는 이유는 다음과 같다. 첫 번째 이유는 다중경로나 Imaging의 영향이 상대적으로 작기 때문이다. 두 번째 이유는 Quasi-codeless(의사코드리스) 방법을 통해 2개 반송파의 복원을 수행할 수 있기 때문이다. 반송파 L1과 L2의 정확한 위상 관측 자료를 조합하여 wide lane 조합을 만들면, 그 조합의 파장은 약 86cm 정도가 되며, 이를 이용하면 19cm의 짧은 파장을 가지는 원래의 반송파에 비하여 모호정수를 보다 쉽게 해석할 수 있다. 또한 일반적인 측량의 경우 P 코드 수신기에는 다소의 신호강도 손실이 있지만, 실제적으로 Y 코드 수신기와 동일한 능력을 가지는 것으로 간주된다.

최신의 수신기에는 추가적으로 DGPS(Differential GPS) 기능이 제공된다. 또한 대부분의 수신기 제조사는 RTK 기능을 가진 수신기도 제공하고 있다. 하지만 어떠한 수신기를 이용하든지간에 자료의 연결(Data link)이 필요하다. 현재 고정확도의 실시간 측위를 위한 자료의 연결은 매우 중요한 요소로 관주되고 있다. 수신기 설계에서 자료의 취득간격은 중요한 사항이다. 빠른 취득간격은 매우 큰 용량의 자료를 생산하며, 이에 따라 상당한 크기의 기억용량이 필요해진다. 빠른 취득간격은 동적 측우에 있어서 필수적인 사항이며, 정적 측위에 있어서는 사이클 슬립의 검출이나 복원을 보다 간단하게 수행할 수 있도록 한다. 또한, 많은 위성으로부터 충분한 정보를 얻기 위해서는 최저 4채널 이상의 수신기를 사용하는 것이 바람직하다.

수신기의 선택, 특히 동적 측위에 있어서 수신기 선택의 중요한 사항은 추적회로 상의 대역폭을 선택이 가능한지에 대한 것이다. 넓은 대역폭을 사용하면 신호의 손실을 막을 수 있으며, 좁은 대역폭을 사용하는 경우에는 높은 SNR을 얻을 수 있다. 따라서 상황에 맞는 대역폭을 선택할 수 있는 수신기를 사용하면 보다 좋은 측위결과를 얻을 수 있다. 측량 시 서로 다른 종류의 수신기를 사용하게 되면, 채널 수의 차이, 신호처리 기술의 차이와 같은 불일치성에 의한 문제가 발생한다. 또한, 각 수신기에 일관성 있는 정확한 수신시각을 할당하는 것도 매우 중요한 사항이다.

안테나의 위상중심(Phase center)은 안정적으로 작동하여야 하며, 높은 재현성을 가져야 한다. 현재까지 마이크로스트립 안테나는 가장 경제적이면서도 효율적인 해석결과를 제공하고 있다. 서로 다른 종류의 안테나를 사용하는 경우에는 각 안테나의 위상중심을 검정할 필요가 있다. 위상중심은 주파수에만 직접적으로 관련되기 때문에, 반송파 L1과 L2에 대한 위상중심은 서로 다르다는 것에 유의해야 한다. Choke ring 안테나는 작은 크기를 갖지만, 다중경로의 영향은 가장 효율적으로 회피할 수 있는 안테나로 간주되고 있다. 한 점에 대해 안테나를 서로 교환하여 측량을 수행하는 경우에는 높이에 있어서 문제가 발생한다. 일반적인 검정방법으로 100m 정도의 짧은 기선에 대해 서로 다른 안테나를 조합하여 측정하는 방법이 있다. 이를 통해 두 안테나 간의 offset을 결정하는 것이 가능하다. 대부분의 안테나 제조사에서 제공하는 동축케이블은 표준적으로 10m 정도의 길이를 가지고 있지만, 다양한 측량환경을 고려하여 최대 60m 길이까지의 동축케이블도 제공하고 있다.

현재는 모든 기후환경에서도 관측이 가능하고 모든 가시위성을 추적할 수 있는 6~12채널의 이중주파수 수신기가 개발되었으며, 이는 초기의 수신기에 비해 매우 저렴한 가격을 가지고 있다. 수신기의 경우 최종적으로 주요한 사용목적에 따라 최종적인 장비의 결정이 이루어진다. 예를 들어 동적 측위 또는 건물, 나무와 같은 수신 장애물이 많은 지역에서 측량을 수행하는 경우에는, 안테나를 프리즘 폴이나 측량용 장대 위에 설치할 수 있도록 안테나와 수신기가 분리된 수신기를 선택한다. 실제로 안테나가 내장된 수신기라도 추가적인 외부 안테나를 장착할 수 있다. 또한 이동 중에 실시되는 동적 측위를 계획하는 경우에는 경량이고, 저전력을 소비하는 수신기를 선택해야 한다.

2.1.3 GPS 구조

1) 제어부분

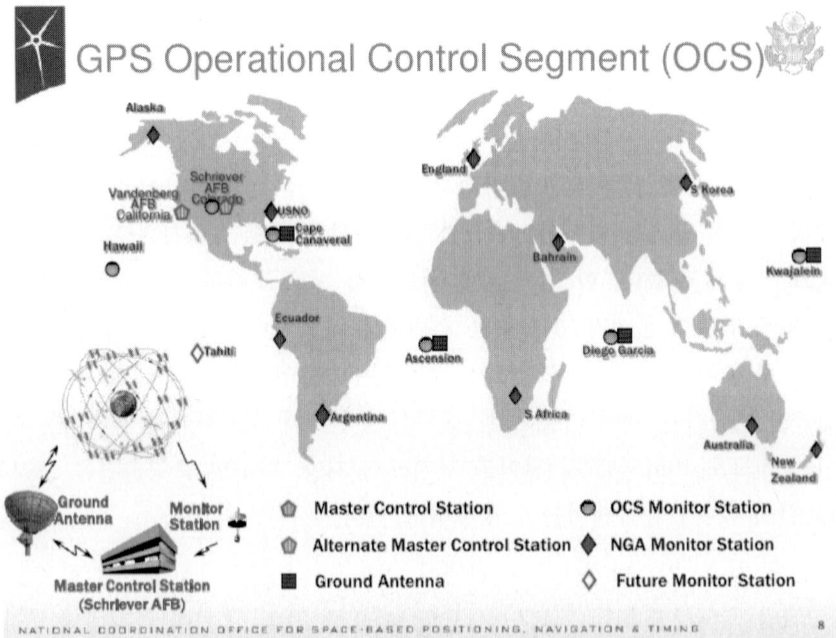

그림 2.6 GPS 운용관리시스템

GPS의 운용관리시스템(OCS: Operation Control System)은 주 관제국과 감시국, 지상관제국으로 구성되어 있다. OCS의 주요 임무는 궤도와 시각의 예측 및 결정을 위한 위성의 추적, 시각동기 및 위성으로의 데이터 전송 등이며, 추가적인 사항으로 위성에 SA를 부과하는 임무 등도 수행하였다. 또한, OCS는 GPS 위성의 직접적인 운용과는 관련이 없는 조달 및 발사와 같은 다양한 활동도 같이 수행하고 있다.

1-1) 주 관제국

최초의 주 관제국은 캘리포니아주 Vandenberg 공군기지(AFB)에 있었지만, 지금은 콜로라도주 스프링스의 팔콘 공군기지에 있는 종합우주운영센터(CSOC: Consolidated Space Operations Center)로 이동되었다. CSOC는 각 감시국의 위성추적 자료를 수집한 후, 칼만 기법(Kalman estimator)을 통해 위성의 궤도 및 시각 파라미터를 계산한다. 그 후 계산된 결과들은 3개 지상관제국 중의 하나로 보내져 다시 위성으로 전송되게 된다. 또한 위성의 관제 및 시스템 운용도 주 관제국이 담당하고 있다.

1-2) 감시국

현재 모두 5개의 감시국이 운용 중에 있으며, 각 감시국은 서대서양의 하와이, 콜로라도 스프링스, 남대서양의 아센션 섬, 인도양 디에고 가르시아, 북태평양 콰잘렌에 각각 위치하고 있다. 각 감시국은 관측 가능한 모든 위성에 대한 의사거리를 연속적으로 측정하고 있으며, 이를 위해 정밀한 세슘시계와 수신기를 갖추고 있다. 모든 의사거리는 1.5초마다 측정되며, 측정된 의사거리는 전리층 및 기상자료를 이용하여 15분 간격의 데이터로 보정된 후 주 관제국에 전송된다. 이러한 감시국 간의 네트워크는 방송궤도력의 결정뿐만 아니라 위성시계의 모델링에 있어서도 공식적인 방법으로 통용되고 있다. 또한 정밀력을 계산하기 위해 이러한 감시국의 자료 이외에도 독립영상지도국(NIMA: National Imagery and Mapping Agency)이 운영하는 14개 관측소의 관측자료가 추가적으로 이용되고 있다. 그 외에도 다양한 GPS 위성추적 네트워크가 존재하지만 이러한 네트워크들은 일반적으로 GPS 시스템 관리에는 이용되지 않고 있다. 1980년대 초반에는 매크로미터 제조회사에 의하여 사설의 위성추적 네트워크가 운영되었으며, 현재에는 전 세계적으로 보다 많은 위성추적 네트워크가 운영되고 있다.

1-3) 지상관제국

아센션 섬, 디에고 가르시아, 콰잘렌에 위치한 감시국과 함께 배치된 지상관제국은 주로 지상 안테나로 구성되어 있고, 이를 위성과 연결하여 통신을 수행하고 있다. 주 관제국에서 계산되어 지상관제국으로 전송된 위성궤도와 위성시계 정보는 S-밴드의 라디오파 연결을 통해 GPS 위성으로 전송된다. 예전에는 위성으로 자료전송이 8시간마다 이루어졌지만, 그 후 하루에 1회 또는 2회로 줄어들었다. 만약 지상관제국의 기능이 정지되면 미리 저장된 위성항법 메시지를 이용하여 위성의 정확한 위치 등을 유지하도록 하고 있으며, 이를 통해 측위정확도가 급격히 감소되는 것을 방지하고 있다.

2) 사용자부분

2-1) 군 사용자

GPS 시스템이 만들어진지 얼마 되지 않아, 미군은 항공기, 선박, 육상차량, 보병 등과 같은 모든 주요 방위시스템에 GPS 수신기를 적용하여 활용하도록 계획하였다. 실제, 1991년 걸프전쟁 당시의 전투 상황에서 많은 GPS 수신기가 보급되어 사용되었다. 그 외에도 다양한 군사적 활용이 있었으며, 4개의 안테나에 접속이 가능한 수신기도 개발되어 사용 중이다. 안테나를 사각형 모서리와 같은 고정된 배열로 배치하면 위치는 물론이며 배열의 자세까지도 결정된다. 즉, 안테나를 배 또는 항공기의 앞, 뒤,

좌, 우로 배치하면 배 또는 항공기의 위치, 상하 흔들림, 좌우 흔들림, 전후 움직임을 파악할 수 있게 된다.

2-2) 민간사용자

GPS의 민간이용은 시스템 설계자의 의도와는 다른 형태로, 그리고 계획도니 시기보다 빨리 시작되었다. 시스템 개발 초기에는 항행 용도의 수신기가 중심이 되었다. 현재 GPS 수신기는 모든 지상 측량과 측지기준점 측량, 항공기의 위치결정에 일반적으로 이용되고 있다. GPS의 민간 이용은 측량 이외의 이용자가 오히려 더 많다. 중요한 이용 사례로써 차량의 관리와 관제를 들 수 있다. 어떤 도시의 긴급차량에선 GPS 수신기와 도로 지도를 탑재한 시스템이 장착되어 있기도 하다. 이러한 시스템은 열차, 화물 수송차에도 사용되고 있으며 향후 모든 항공기, 무인기, 선박에 GPS 수신기가 장착될 것이다. 또한 GPS는 산악 하이킹이나 강, 바다의 보트에서도 사용자의 신속한 위치파악에 따른 재난 발생 시 대처를 위해 수신기가 사용되고 있다.

2-3) 수신기 종류

앞에서 밝힌 측위 부분에서의 GPS 이용은 다양한 GPS 응용분야 중 일부 사례에 불과하며, 현재 GPS 수신기는 여러 분야에서 매우 다양한 용도로 사용되고 있다. 용도에 따른 수신기는 관측값의 형태(코드 의사거리, 반송파 위상)와 코드의 종류(C/A, P, Y)에 따라 4개의 유형으로 분류될 수 있다. 4개의 유형은 다음과 같다: 1) C/A 코드 의사거리 수신기, 2) C/A 코드 반송파 위상 수신기, 3) P 코드 반송파 위상 수신기, 4) Y 코드 반송파 위상 수신기.

① C/A 코드 의사거리 수신기

이 유형의 수신기는 오직 C/A 코드를 이용한 코드 의사거리만을 측정한다. 이 수신기는 대부분 소형배터리를 전원으로 이용하는 휴대 가능한 소형기기이다. 이 유형의 수신기는 보통 1~6개의 독립적인 수신채널을 가지고 있으며, 경도, 위도, 고도 또는 지도투영좌표와 같은 3차원의 위치를 출력하고 표시한다. 수신기의 위치가 계속 이동되는 경우에는, 좀 더 정확한 측위를 위해 4개 또는 그 이상의 의사거리를 동시에 측정할 수 있는 다채널 수신기가 사용된다. 반면, 수신기의 위치가 고정된 경우에는 1채널의 수신기로도 충분한 측위를 할 수 있으며, 이 경우 의사거리는 순차적으로 측정되게 된다. 기본적인 다채널 C/A 코드 의사거리 수신기는 하이킹 장비나 보트, 자동차 등에 많이 사용되고 있다.

② C/A 코드 반송파 수신기

C/A 코드 반송파 수신기의 경우, C/A 코드가 L2 반송파 상에는 변조되어 송신되지 않기 때문에, 오직 L1 반송파에 의한 코드 의사거리와 반송파 위상만을 얻을 수 있다. GPS 초기의 측량용 수신기들은 L1 반송파를 취득하기 위해 대부분 C/A 코드를 이용하였다. 대부분의 수신기는 최저 4개의 독립된 수신채널을 가지고 있으며, 최근의 수신기는 12개의 채널을 가지도록 설계되었다. 이 유형의 수신기는 앞서 언급한 C/A 코드 의사거리 수신기의 모든 기능을 가지고 있으며, 여기에 추가적인 기능으로 특정한 형태의 저장장치에 시각정보가 기록된 코드거리와 반송파 위상을 저장하는 것이 가능하다. 또한 이 유형의 수신기는 Codeless 기술을 사용하여 L2반송파 위상을 측정할 수 있도록 기능이 강화되어 있지만, L2 반송파는 L1 반송파에 비해 열악한 SNR(Signal to Noise Ratio)를 가지고 있다. 보통 L2 반송파 위상은 L1 반송파 위상 관측치와 결합되어 GPS 신호상에 존재하는 전리층의 영향을 감소시키게 되며, 이러한 특성으로 보다 정확한 거리벡터를 결정하기 위해 이용된다. 이 수신기는 정적/동적 측량 그리고 의사동적 측량과 같은 모든 정밀 측량에 이용된다.

③ P 코드 수신기

P 코드 수신기는 P 코드를 사용하며, L1 반송파와 L2 반송파 모두를 포착하는 것이 가능하다. 먼저 복제된 P 코드와 수신된 위성신호 간의 상관관계를 찾는 것에 의해 유도되며, 그 후 수신된 위성신호에서 P 코드를 제거하면 위상을 측정하는 것이 가능하다. 측량이나 항법에 사용된 최초의 P 코드 수신기 중 하나는 1984년에 제작된 IT-4100이었다. 이 수신기는 민간의 이용보다는 군사적 목적에 의해 개발되었으며, 이를 위한 군기술이 적용되었다. 실제로 민간용 수신기 제조사들은 1990년에 이르러서야 P 코드 관련 기술을 취급하기 시작했다. P 코드 수신기 이용 시 A/S(Anti spoofing)이 실행되는 경우, 위성에서 송신되는 P 코드는 Y 코드로 교체된다. 따라서 이 경우 P 코드의 상관관계를 찾는 통상적인 기술을 적용할 수는 없다. 하지만 이 유형의 수신기는 Codeless 또는 Pseudo-codeless 모드에서 작동이 가능하므로, Y 코드에 대한 정보가 없이도 L2 반송파의 위상과 코드 의사거리를 제공할 수 있다. 이러한 L2 반송파 추적은 신호분담, 상호상관, 신호분담에 의한 코드상관 및 Z-tracking 기술이라고 불리는 총 4가지 기술에 의해 수행된다.

④ Y 코드 수신기

Y코드는 A/S 실행 중에도 P 코드로의 접속이 가능하다. 따라서 언제라도 P 코드 상관기술을 적용하여 L1과 L2 반송파 신호에서 코드 의사거리와 위상을 획득할 수 있

다. P 코드로의 접속을 위해서는 각 수신채널에 Y 코드의 해독을 위한 보조출력회로(AOC: Auxiliary Output Chip)을 설치해야 한다.

⑤ A/S

GPS 시스템은 허가된 사람들 이외의 사용자들이 군용 P 코드에 접속하는 것을 차단시키기 위해, 비정상적인 접속이 감지될 경우 P 코드를 중단시키거나 암호화된 코드가 발동되도록 설계되었다. 이러한 접속차단을 실행하는 근본적인 이유는 적들의 허위신호의 송출로 인한 GPS 신호 혼란을 방지하기 위함이다. A/S(Anti-Spoofing)은 P코드의 암호화된 W 코드를 합치는 것에 의해 수행되는데, 이렇게 합쳐진 최종적인 코드를 Y 코드라고 한다. 따라서 A/S가 활성화되면, L1과 L2 반송파 상의 P 코드는 해석이 불가능한 Y 코드로 대체된다. 현재 미군은 2000년대 이후 본격적으로 M 코드를 운용하기 시작했으며, M 코드는 교란전파를 차단하는 항재밍 능력이 더욱 강화되었다.

2.1.4 GPS 시스템 오차

1) GPS 오차 요인

GPS 위성에서 신호가 발신된 후에 수신기에 수신되기까지 사용자는 여러 가지 오차 요인들로 인하여 부정확한 위치 결과 값을 얻게 된다. GPS 위치측정의 정확성을 떨어뜨리는 요소들은 크게 3부분으로 나눌 수 있다. 첫 째, 구조적 요인으로 생기는 오차로는 인공위성 시간 오차, 인공위성 위치 오차, 전리층과 대류층의 굴절, 잡음(Noise), 다중 경로(Multipath)등이 있다. 두 번째는 위성의 배치상황에 따른 기하학적 오차가 있으며 마지막으로 2000년 5월 1일 자정부터 제거된 고의 잡음(Selective Availability: SA) 등이 있다. 이 요소들이 모두 잠재적으로 합쳐져서 매우 큰 오차 결과를 낳는데 이것을 UERE(User Equivalent Range Error)라고 한다. 각 오차들은 시간과 장소에 따라서 매우 크게 변한다. 다음 그림 2.7은 GPS 오차 발생 원인의 종류를 나타낸 것이며 이에 대한 오차크기는 표 2.2와 같다.

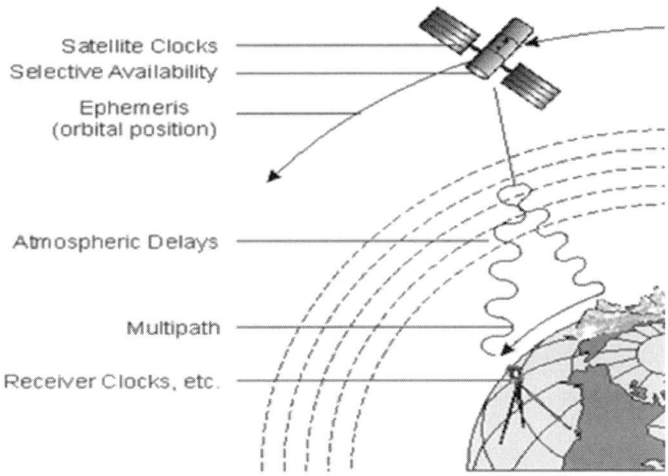

그림 2.7 GPS 오차발생 원인 종류

표 2.2 GPS의 오차요인 및 크기

오차종류	오차	오차요인
궤도	20m	위성오차
시계	10m	
이온층	2 ~ 50m	전파오차
전리층	2~ 30m	
다중경로	0.2 ~ 3m	수신기오차
잡음	0.1 ~ 3m	

1-1) 위성의 시간/위치 오차

위성이 계산한 스스로의 시간/위치와 실제 데이터가 달라 생기는 오차다. 일반적으로 위성이 자신의 위치와 시간을 결정하는 것은 매우 정확한 과정을 거친다. 그러나 100% 확실할 수는 없기 때문에 그에 의한 오차가 존재하게 된다. 시간 오차와 위치 오차는 미 공군에서 계속 감시하여 매 시간마다 보정해주기 때문에 다른 오차들에 비해 상대적으로 적은 편이다. 인공위성이 본궤도에서 이탈하는 경우가 생긴다면 그리고 오차 보정이 되지 않은 자료를 사용했다면 큰 오차를 가진다.

1-2) 이온층/대류층/다중경로 오차

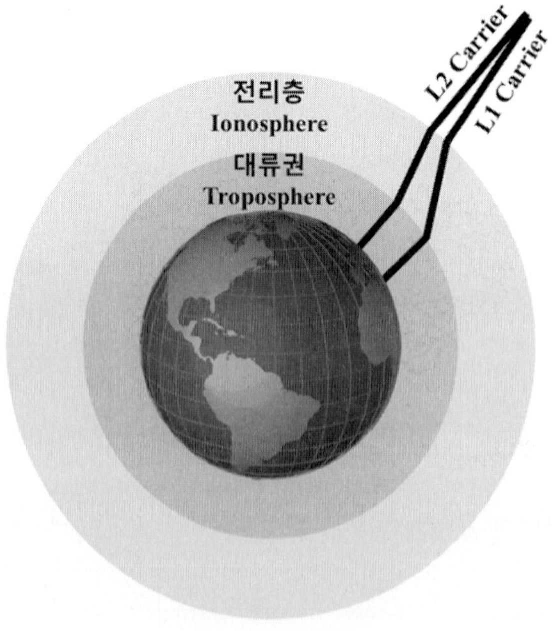

그림 2.8 이온층, 대류층 오차

GPS 위성의 신호가 지상으로까지 오기 위해서는 대기권을 지나게 되는데, 이러한 대기권 중 GPS 오차를 많이 발생시키는 층이 이온층과 대류층이다. 이온층(전리층)은 이온화 되어 전기적 성격을 지닌 입자(Ionized gas) 들이 이루는 층으로 약 50km에서부터 1,000km이상까지 넓게 위치한다. 이 입자들의 전기적 성격 때문에 그 안에서는 전파는 속도가 달라진다. 이러한 오차는 전파가 이온층을 통과하는 시간이 길면 길수록, 이온화 된 입자들이 많을수록 오차가 커지게 되며 위성이 지평선에 가까울수록 전파가 이온층을 통과하는 시간이 길어지고, 태양의 활동이 활발해 지는 낮에 입자들의 이온화가 더 많이 이루어지므로 이온층에 의한 오차는 낮에 수평선에 가까운 위성의 경우가 가장 커진다.

이러한 이온층에 의해 발생하는 오차의 크기는 주파수와 밀접한 관련이 있어 L1, L2 두 전파를 모두 받아 지연효과를 계산하면 이온층에 의한 오차 크기를 상쇄시킬 수 있다. 그러나 두 전파를 모두 받는 수신기(Dual Frequency Receiver)는 상대적으로 가격이 높아 일반적으로 사용되지는 않는다. 조금 더 간단한 방법으로 오차 모델을 이용하는 것이 있는데 이는 간단한 만큼 효과가 크지 않지만 기본적인 보정 모델은 위성 신호에 자체적으로 포함되어 내려오기 때문에 이용하기 쉽다는 장점이 있다.

대류층은 우리가 일반적으로 대기라고 생각하는 층으로 이온층 아래로 위치하고 있다. 대류층에 의한 오차는 이온층에 의한 오차에 비해 상대적으로 작고 대류층에 포함되어 있는 수증기가 그 주요 원인이다. 대류층에 의한 오차는 이온층의 경우처럼 전파의 주파수 등과 상관이 없어 Dual Frequency Receiver를 사용하여 보정할 수는 없으나 변화가 심하지 않고 모델링이 쉬우면서도 정확해서 위성 신호에서 제공되는 모델을 이용해서 상당부분 보정이 가능한 오차이다.

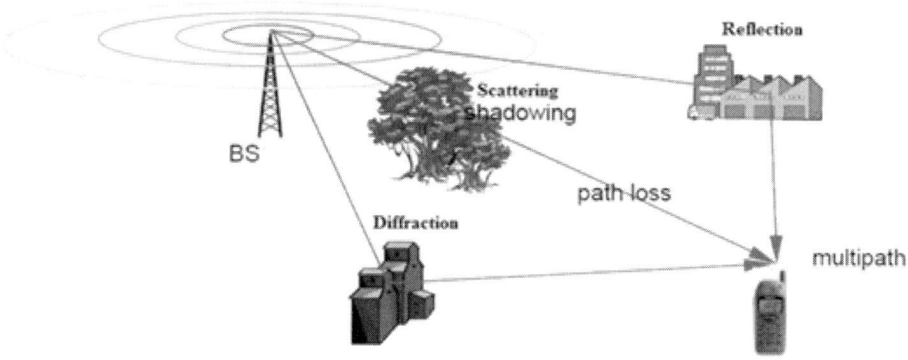

그림 2.9 다중경로 오차 예시

GPS는 위성에서 발사되는 신호가 지상까지 도달하는데 걸리는 시간이 가장 중요한 요인이기 때문에 신호가 일직선으로 들어와야 한다. 예를 들어 빌딩숲에서 여기저기 부딪혀서 들어오면 그만큼 지연시간이 발생하게 되고 오차가 발생하게 된다. 다중경로 신호는 이와 같이 인공위성에서 바로 오는 신호가 아닌 반사되어 들어오는 신호이다. 반사된 신호는 더 길어진 경로를 통해 인공위성에 들어옴으로 결과적으로 틀린 위치를 계산하게 만들고 이렇게 발생되는 오차가 다중경로 오차이다. 다중경로 신호 여러 번 부딪히면서 그 신호의 세기가 약해지는데 일반적으로 수신기에서는 신호의 세기를 비교해서 약한 신호를 제거함으로써 다중경로 오차를 줄인다.

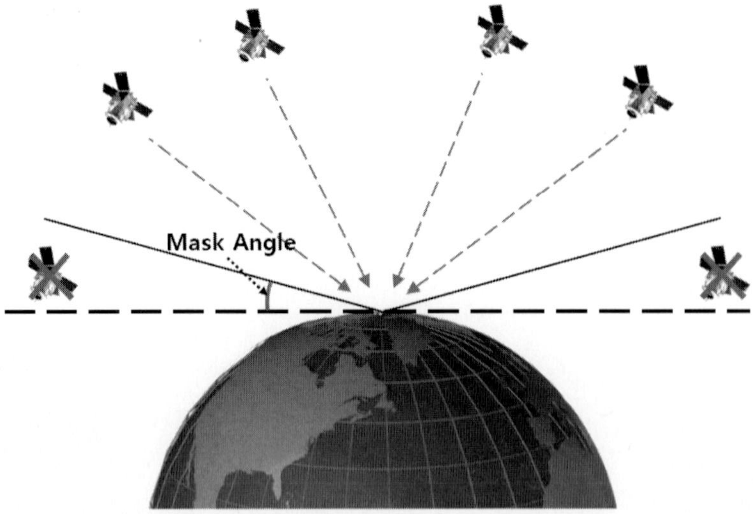

그림 2.10 Mask Angle

앞의 이온층, 대류층 오차와 마찬가지로 다중경로 오차도 위성이 지평선에 가까울수록 그 영향이 커진다. 즉 고도각(Elevation angle)이 낮은 위성일수록 그 신호의 정확도가 떨어지므로 수신기에서는 어느 정도 이상의 고도각을 가지는 위성만 이용하여 위치를 측정한다. 이 고도각을 Mask angle 이라 하며 그 이하의 위성에서 오는 신호는 무시한다. Mask angle은 수신기에서 설정가능하며 일반적으로 상황에 따라 사용자가 변경도 가능하다.

1–3) SA(Selective Availability)

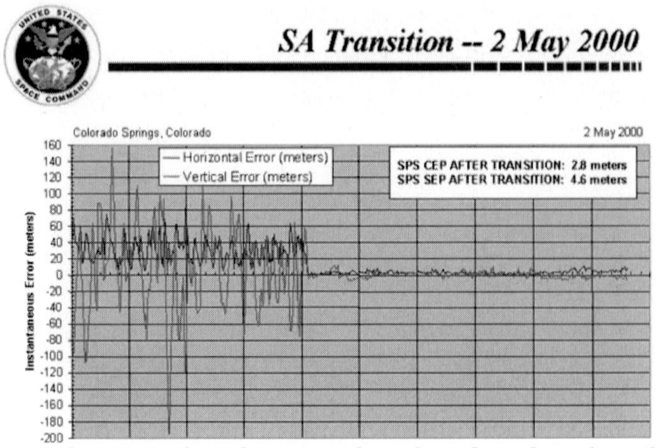

그림 2.11 SA 해제 전,후 정밀도 변화

SA는 이미 2000년 5월 1일 자정을 기해 미국방성에서 공식적으로 해제함을 발표하였고 그 이후로는 더 이상 존재하지 않는 오차요인이다. 그러나 그 동안 가장 극복하기 어려웠고 커다란 오차 요인 중의 하나였던 SA를 이해하여야 GPS 전반을 이해하는데 더 도움이 될 것이다. GPS 초기 디자인 시 예상했던 정확도보다 훨씬 정확한 위치 측정이 가능해지자 이러한 성능이 테러나 범죄조직에게 사용되는 것을 우려한 미국방성에서는 SA라는 고의 잡음을 위성에 넣고 그 SA를 풀 수 있는 암호는 승인된 사람만이 허가된 용도로 쓸 수 있도록 관리하였다. 그러므로 SA는 여러 오차요소 중 가장 큰 오차였고, 다른 시스템의 도움 없이는 풀 수 없는 암호로 인위적으로 구성되어 있어 가장 보정하기 힘든 오차였다. 미국은 SA를 통해 일반 사용자들의 GPS를 이용한 위치 측정 오차 범위를 95% 확률로 최대 100m 까지 발생하게 함으로써 일정 한도 내의 정확성을 얻지 못하게 했다. SA는 미국에 의해 제거되기도 또 부가되기도 하는데 한 예로 지난 걸프전 때 사막의 폭풍 작전을 수행하면서 미 국방부는 SA작동을 중지시켰다. 연합군이 SA를 해독할 수 있는 비싸고 허가가 필요한 수신기 대신 일반 민간 수신기로도 정확한 위치 측정이 가능하도록 했던 것이다. 그래서 그 전쟁기간 동안은 지구 전역에서 GPS 정확도가 현저하게 향상되는 효과를 볼 수 있었다.

1-4) 수신기 시계/잡음(Noise) 오차

수신기 시계 오차와 잡음에 의한 오차는 수신기 자체에서 발생되는 오차 요인이다. 위성에는 매우 정확한 원자시계가 들어있고 또 정확한 여러 원자시계들로 구성되어 초정밀의 시각원을 제공해주는 지상 관제국이 항상 감시를 하므로 문제가 없으나 일반 수신기들은 비싼 원자시계를 쓸 수도 없고 또 누가 항상 시계를 맞게 만들어 주지 못하므로 자체 수신기 시계 오차를 가지게 된다. 또한 노이즈는 매우 약한 신호와 간섭을 일으키는 수신기 자체에서 발생하는 오차로 그리 큰 영향을 미치지는 않는다. 대부분 수신기는 잡음을 최소화하기 위한 내부 필터링 장치를 가지고 있다. 주로 PRN 코드 잡음과 수신기 잡음이 합쳐져서 전체 잡음이 된다.

1-5) 위성 배치에 따른 기하학적 오차

GPS는 많은 위성으로부터 신호를 받을수록 데이터가 많음으로 확률적으로 정확도가 높아지게 된다. 즉 보이는 위성의 수가 많을수록 좋다. 그러나 그보다 더 중요한 것은 위성의 배치이다. 이는 육상에서 독도법으로 위치를 파악할 때 적당한 간격의 기준을 선택하여 독도법을 실시하면 오차 삼각형이 적어져서 위치가 정확해지고, 한곳에 몰려있는 기준을 이용하는 경우 오차삼각형이 커져서 위치가 부정확해지는 원리이다. 마찬가지로 수신기 주위로 위성이 적당히 고르게 배치되어 있는 경우에 위치의 오차가 작아진다. 아주 쉽게 생각해서 물체를 볼 때 여러 면에서 골고루 봐야 그 모양이나 성질을 정확히 파악해 볼 수 있는 것과 같은 이치라고 볼 수 있다. 이러한 보이는 위성의 배치의 고른 정도를 DOP(Dilution of Precision) 이라고 하는데 DOP의 값은 2보다 적은 경우는 매우 우수한 경우이고 2-3값을 가지면 우수, 4-5값을 가지면 보통이고 6이상이 되는 경우의 자료는 효용가치가 없다. DOP은 일반적으로 보이는 위성들과 수신기를 서로 연결해서 생기는 다각형의 체적이 클수록 작아져 정확도가 올라간다. 즉, 위성이 머리 위와 동서남북 골고루 분포되어 있는 경우가 가장 정확도가 높다고 할 수 있다. DOP 에는 여러 종류가 있지만 가장 많이 사용되는 것은 PDOP (Positional DOP)이며, GPS 수신기는 관측된 데이터를 이용하여 PDOP를 계산하고, 이를 거리 오차에 곱하면 측위 오차가 된다.

2) DOP(Dilution of Precision) 개념 이해

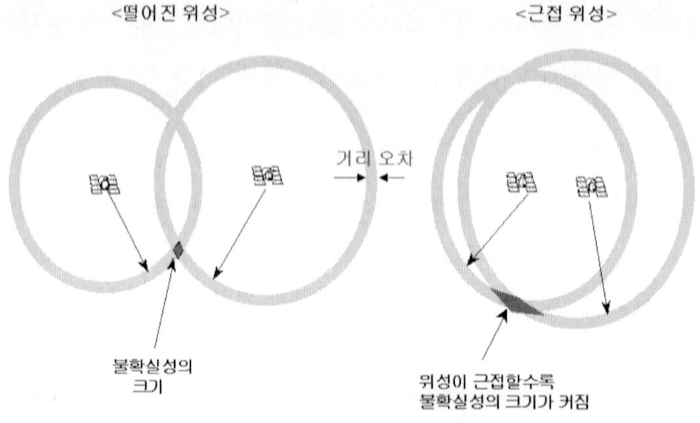

그림 2.12 위성 배치에 따른 기하학적 오차

측위시 이용되는 위성들의 배치상황에 따라 오차가 증가하게 되는데, 이는 육상에서 육안으로(독도법) 위치를 낼때 적당한 간격의 물표를 선택하여 독도법을 실시하면 오차삼각형이 적어져 서 위치가 정확해지고, 몰려있는 물표를 이용하는 경우 오차삼각형이 커져서 위치가 부정확해지는 것과 마찬가지로 수신기 주위로 위성이 적당히 고르게 배치되어 있는 경우에 위치의 오차가 작아진다. 보이는 위성의 배치의 고른 정도를 DOP(Dilution of Precision) 이라고 한다.

아래 그림에서와 같이 일반적으로 위성들간의 공간이 더 많으면 많을수록 수신기에서 결정하는 위치정밀도는 높다고 할 수 있는데, DOP의 종류는 여러가지가 있지만 가장 많이 사용되는 것은 PDOP(Positional DOP)을 들수 있다. PDOP에 RMS UERE를 곱하면 rms 위치오차가 된다. 그 이외의 종류에는 Geometric DOP(GDOP), Horizintal DOP(HDOP), 그리고 Vertical DOP(VDOP)등이 있다. GPS수신기는 관측된 데이타를 이용하여 PDOP를 계산하고, 이를 거리오차에 곱하면 측위 오차가 된다. 즉,(거리오차;Range Error) x(PDOP) = (측위오차)가 된다.

$$\sigma_p = GDOP \times \sigma_{UERE}$$

σ_p = Position Accuracy, σ_{UERE} = Measurement Accuracy

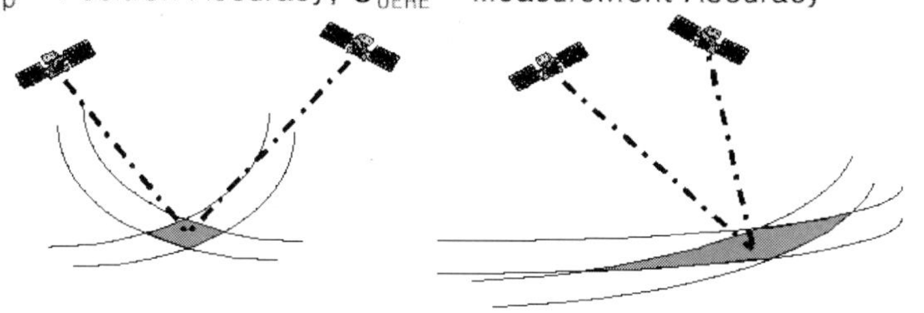

● 좋은 배열 (작은 GDOP값) ● 나쁜 배열 (큰 GDOP값)

그림 2.13 위성의 기하학적 배열 관계

- HDOP(Horizontal Dilution of Precision) : 수평측위값을 추정하는데 대한 기여도.
- VDOP(Vertical Dilution of Precision) : 수직측위값을 추정하는데 대한 기여도.

2-1) DOP의 산술식 정의

GDOP (Geometric DOP) $= \frac{1}{\sigma_{UERE}}\sqrt{\sigma^2_E + \sigma^2_N + \sigma^2_U + \sigma^2_t}$

PDOP (Position DOP) $= \frac{1}{\sigma_{UERE}}\sqrt{\sigma^2_E + \sigma^2_N + \sigma^2_U}$

HDOP (Horizontal DOP) $= \frac{1}{\sigma_{UERE}}\sqrt{\sigma^2_E + \sigma^2_N}$

VDOP (Vertical DOP) $= \frac{\sigma_U}{\sigma_{UERE}}$

TDOP (Time DOP) $= \frac{\sigma_t}{\sigma_{UERE}}$

따라서 대부분의 수신기는 PDOP의 작은 위성 조합을 선택하여 측위계산을 하고 이를 표시하도록 설계되어 있다. 최근 수신기의 성능이 좋아져서 PDOP가 3인 경우 위치오차는 대략 15m CEP(Circular Error Probability), 즉, 50% 오차 확률의 범위에서 평면으로 약 15m정도이다.

2.1.5 GPS 신호 및 신호처리

1) GPS 신호 체계(신호처리에 대한 내용 추가할 것)

각 위성은 두 가지의 다른 주파수의 신호를 동시에 발생시키는데 L1 반송파라고 알려진 1.57542GHz 주파수와 L2 반송파라고 불려지는 1.2276GHz 주파수의 신호로 구성되어 있다. 이러한 반송파에 중첩되는 정보는 PRN(Pseudo-Random Noise) 코드와 항법 메시지로(Navigation Message) 이루어져 있다. PRN 부호는 각 위성마다 유일하도록 서로 다르며 이진 부호로 구성되는데 매우 길고 복잡하기 때문에 신호 자체만 보았을 때는 의미를 파악할 수 없다. 사실상 PRN 코드는 어떠한 정보를 담고 있는 것이 아니라 이름에서 알 수 있듯이(Random Noise) 어떠한 규칙에 의해 만들어지는 불규칙한 이진 수열로써 위성까지를 거리를 측정하는데 사용된다.

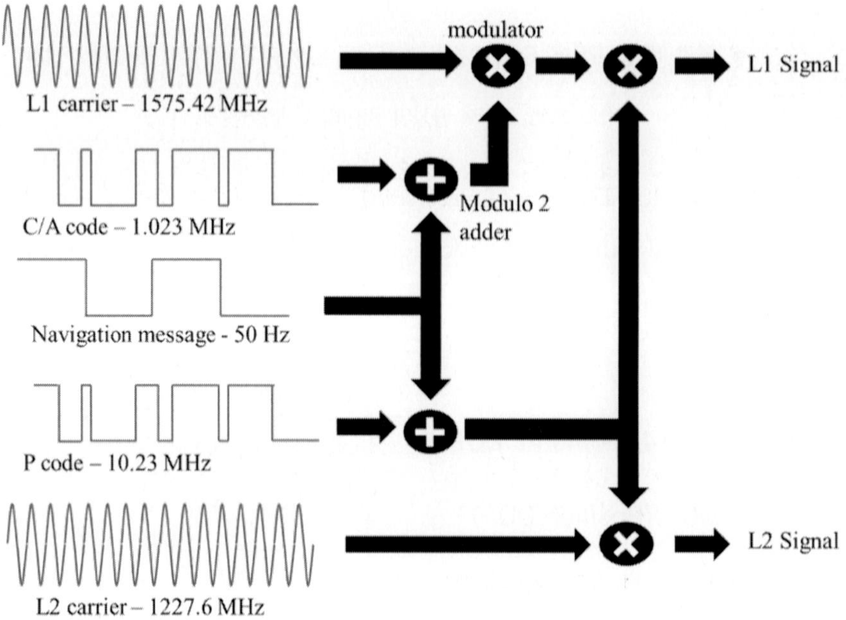

그림 2.14 GPS 위성 신호

이 PRN 코드는 다시 C/A 코드와 P 코드의 두 종류로 나누어진다. Coarse Acquisition 이라고 불리는 C/A 코드는 민간신호라고도 하며 특별히 허락 받지 않은 개인이나 단체도 이용할 수 있으나 P 코드(Precise code)는 암호화가 되어 있어 이용하기 위해서는 허가가 필요하다. L1 반송파에는 C/A와 P코드가 실려 있고 L2 반송파에는 P코드만 실려 있으며, 항법 메시지 신호는 두 가지 반송파에 모두 실려 있다.

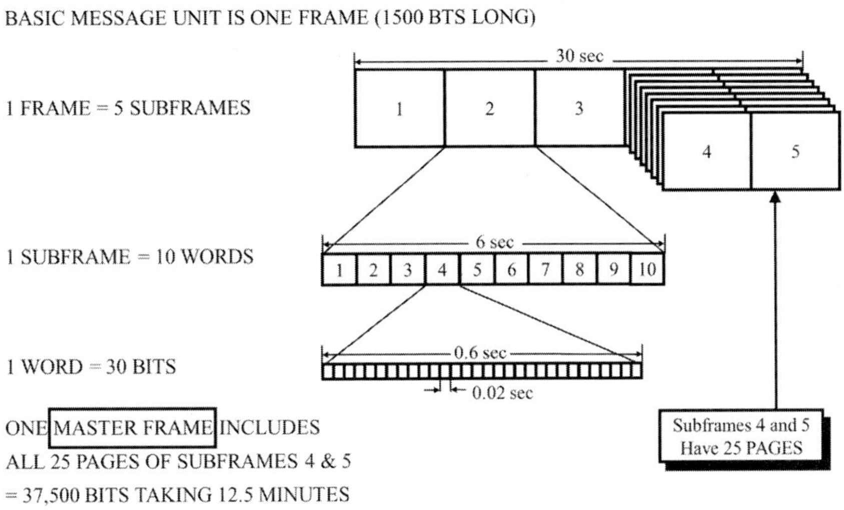

그림 2.15 항법 메시지 프레임

항법 메시지 신호에는 위성의 시각 보정 정보와 궤도정보 이외에 다른 위성들에 대한 대략의 궤도 정보가 함께 수록되어 있다. 하나의 프레임이 15,000 비트의 크기이며, 이것을 50bps의 속도로 송신하고 있다. 50bps로 변조된 항법 메시지는 25개의 프레임으로 구성되어 있으며, 각 프레임은 5개의 하위 프레임(Sub frame)으로 구분되고, 각 하위 프레임은 30비트인 10개의 워드로 이루어져 있다. 최초 3개의 하위 프레임의 내용은 같지만 4번째와 5번째는 위성의 개별 정보(Almanac, 전리층의 보정 계수 등)로 되어 있으며, 프레임마다 내용이 바뀐다. 이것을 페이지라 부르며 하위 프레임 4번과 5번은 같은 형식을 가진 25페이지로 구성되어 있어 하위 프레임 1, 2, 3번의 내용은 변동없이 이들 페이지가 순서대로 25번 반복된 후에 전체 25개 프레임의 항법 메시지가 완성되는데, 이 모두를 마스터 프레임이라 부른다.

1-1) C/A 코드(Coarse Acquisition-Code)

GPS 위성에서 송신되는 코드로 PRN 코드와 같은 계열의 코드로 각각의 위성은 자신만의 고유한 코드를 한 개씩 나누어 가지고 있다. 각각의 코드는 1,023 chips로 구성되어있으며, 초당 1,023Mbps의 속도로 전송되며, 이 코드의 순서는 1/1,000 초마다 반복된다. C/A 코드는 Gold 코드와 PRN 코드로 나뉘는데, 이들은 두 코드 간에 매우 낮은 상관관계를 갖고 있어 구분된다. C/A 코드는 현재 L1 주파수로 송신되며, L1 반송파에 담겨지는 데이터다. 이 코드는 대역폭이 1MHz인 PRN을 반복하게 되는데, PRN은 Noise 같이 보이지만, 실제로는 일정한 규칙성을 나타내는 사람이 만들어낸 신호를 1MHz의 대역폭 내에 분포하고 있다. PRN은 위성마다 달라서 각각의 위성의 고유한 Code로서 위성을 식별할 수 있는 지표가 된다. C/A 코드는 L1 반송파에 변조되어 일반 SPS(Standard Positioning System)에 제공된다.

1-2) P 코드(Precision-Code)

GPS 위성에 의해 송신되는 PRN 코드로 이 코드는 총 1,014 개의 chip으로 구성되어 있고, 초당 10.23Mbps 속도로 보내진다. 이러한 속도로 모두 전송하려면 266일이나 소요되고, 각각의 위성은 고유의 어떤 한 주에 대한 정보를 할당 받으며, 이 정보는 매주 토요일과 일요일 사이의 자정에 재설정된다. 이러한 P 코드는 L1 과 L2에 모두 변조되는 주기가 7일로 매우 긴 10MHz PRN 코드다. 이 코드는 특정한 사용자에게만 쓰일 수 있게 A/S(Anti-Spoofing) 모드로 동작하기 위해서 Y 코드화한 후 보내진다. Y 코드는 사용자의 수신기 채널에서 A/S모드를 분류하여 암호 해독을 한다. 따라서 이 코드는 PPS(Precise Positioning System)에서 사용된다.

이러한 코드는 2진수 값인 0과 1에 해당하는 +1과 −1로 표현되는 일련의 수열로 구성되어 있다. 코드 값의 변화가 발생할 때마다 반송파 위상을 180° 이동시키며, 이를 통해 2위상 변조(Biphase modulation)라고 불리는 변조방식이 수행되게 된다. W 코드는 A/S(Anti-spoofing) 구동 시 P 코드를 Y 코드로 암호화하기 위해 사용된다. 변조되기 전의 반송파를 $L_i(t) = a_i \cos(f_i t)$라고 하고, P 코드, C/A 코드, W 코드 및 항법메시지의 변조수열을 각각 P(t), C/A(t), W(t), D(t)라고 하면, 변조된 반송파는 다음과 같이 표현된다.

$$L_1(t) = a_1 P(t) W(t) D(t) \cos(f_1 t) + a_1 C/A(t) D(t) \sin(f_1 t) \tag{2.3}$$

$$L_2(t) = a_2 P(t) W(t) D(t) \cos(f_2 t) \tag{2.4}$$

위성신호는 주파수 영역에서 대역확산(Spread spectrum)에 의해 그 특성이 결정되며, 이러한 대역확산 방식은 전파방해에 강인하여 많은 통신 분야에서 이용되고 있다.

표 2.3 GPS 신호 코드별 분류

Code	Frequency	Chip Rate	Period	Type	Applications
C/A (Coarse/Acquisition)	L1	1.023Mb/s	1ms	Gold	Moderate Accuracy Benign Environment P-code Acquisition
P (Precise)	L2 and L2	1.023Mb/s	About 1 week	PRN	High Accuracy ECM Environment Secure

1-3) GPS 신호처리

식 2.3, 2.4에 의해 표현되는 위성에서 송신되는 신호에는 3가지 요소가 포함되어 있으며, 이러한 요소를 각각 기호로 표시하면 (L1, C/A, D), (L1, Y, D) 및 (L2, Y, D)로 나타낼 수 있다. 수신된 반송파 L1상의 C/A 코드 신호는 동일한 L1상의 Y 코드 신호에 비해 2배의 신호 강도를 가진다. GPS 수신기에 의한 신호처리의 목적은 위성 시각 정보나 항법메시지를 얻기 위해 반송파를 재구축하거나, 코드를 추출하여 위성 신호의 다양한 요소를 복원하는 것이다. 그림 2.16은 이러한 원리를 표현하고 있다.

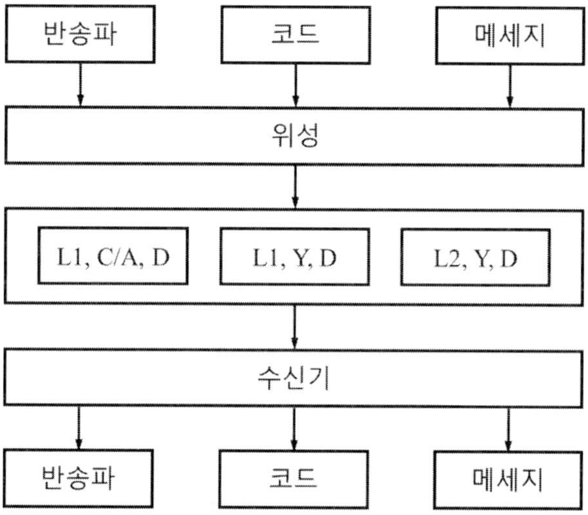

그림 2.16 GPS 위성 신호처리의 원리

2) 수신기의 설계

2-1) 일반적 특성

시중에는 서로 다른 특성을 가지는 다양한 수신기가 그 목적(항법, 측량, 시각동기)을 위해 판매되고 이용되고 있다. 이런 목적 및 수신기의 다양성에도 모든 GPS 수신기는 공통적인 원리를 기반으로 하고 있다. 수신기의 구조는 크게 신호를 수신하는 부분과 신호를 처리하는 두 부분으로 구성되어 있다.

전방향성 안테나(Omni directional antenna)는 수평선상 위의 모든 위성신호를 수신하며, 이를 증폭시켜 수신기의 RF 처리부로 전송한다. 이 때 PRN 코드는 각 위성에 대하여 개별적으로 수신된다. 안테나는 주 반송파 L1에 대해서만 설계되는지, 또는 반송파 L1, L2 모두를 수신하도록 설계 된다. 안테나 설계에서 중요한 기준 중 하나는

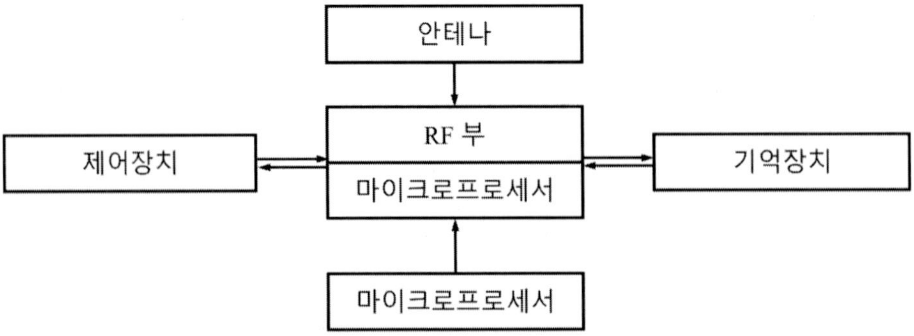

그림 2.17 수신기 구조의 기본적인 개념

위성신호가 수신되는 지점인 위상중심(Phase center)의 감도이다. 전기적인 중심은 기하학적인 위상중심에 최대한 근접하게 설계되어 안테나의 설치 시 발생하는 회전이나 기울기의 영향을 받지 않도록 해야 한다. 이는 관측 시 안테나가 이동되는 경우 측위에 특히 중요하게 작용된다. 또한, 안테나는 저고도 위성의 신호나 다중경로(Multipath) 신호도 제거할 수 있어야 한다. 현재에는 Choke ring 안테나를 이용하여 이러한 상황을 대부분 해결하고 있다.

수신기의 마이크로프로세서는 전체의 시스템을 제어하며, 코드 의사거리를 통한 실시간 항법이나 측량이 가능하도록 한다. 제어부는 수신기와 상호적인 통신을 수행하는데, 특정한 명령어가 입력되면 이에 따른 진단메시지 또는 기타 메시지를 출력하도록 설계되어 있다. 또한, 수신기에는 후처리에 사용될 수 있도록 관측 자료나 항법메시지의 저장을 위한 기억장치가 필요하다. 현재 전원이 끊겨도 자료가 지워지지 않는 비휘발성 메모리 등이 다양한 기억매체로 사용되고 있다.

2-2) RF 처리부

RF 처리부는 수신기의 심장과 같다. 안테나에서 들어온 신호는 RF 처리부로 전송되며, 여기서 각 위성의 개별적인 C/A 코드를 이용하여 위성신호를 식별하게 된다. 위성신호간의 식별을 위한 다른 방법으로 일반적으로 각 위성마다 다르게 나타나는 도플러 이동양을 이용하기도 한다. RF 처리부에서는 입력신호를 채널에 따라 나누어 처리한다. 구형 기종에서는 아날로그 기술이 적용되었지만, 현재의 모든 수신기 채널은 디지털화되어 처리되고 있다. 1주파 수신기는 L1의 신호만을 처리하지만 2주파 수신기에서는 L1과 L2 신호를 모두 처리한다. 2주파 수신기를 통해 얻어진 자료를 종합하여 처리함으로써 전리층 굴절(Ionospheric refraction)의 영향을 제거하는 것도 가능하다. RF 처리부의 중요한 특징은 채널의 수에 의해 나타나는데, 이는 동시에 추적 가능한 위성수를 나타낸다. 구형의 수신기에는 물리적인 채널이 적용됨으로 인해 제한된 채널

수를 가질 수밖에 없었으며, 이에 따라 동일한 채널에서 20m초마다 연속적으로 각 위성을 추적하는 신속분할추적(Rapidly sequencing) 방법이 적용되었다. 그러나 현재의 대부분 수신기는 각 위성에 하나의 채널을 할당하여 연속적인 추적이 가능하도록 하고 있다. 이러한 다중채널 수신기는 정확도가 높으며 신호 손실의 영향을 거의 받지 않지만, 채널 간에 편의(bias)가 발생한다는 단점이 있다. 하지만 최근의 수신기에서는 이러한 편의도 수신기의 조정을 통해 소거가 가능하게 되어있다. 분할추적채널을 가지는 수신기는 가격이 비교적 저렴하지만 반응속도가 느려 측량분야에서는 거의 사용되지 않고 있다. RF 처리부의 기본적인 구성은 기준주파수를 만들어 내는 발진기(Oscillator), 고주파수를 생성하는 배율기(Multiplier), 불필요한 주파수를 제거하는 필터(filter), 그리고 주파수를 혼합하는 혼합기(Mixer)로 이루어져 있다. 혼합기는 서로 다른 진폭 a_1, a_2을 가지는 2개의 진동 y_1, y_2과 서로 다른 주파수 f_1, f_2를 가지고, 이것들을 곱하는 과정을 수행한다. 이를 간단한 형태로 표현하면 다음과 같다.

$$y = y_1 y_2 = a_1 \cos(f_1 t) a_2 \cos(f_2 t) = \frac{a_1 a_2}{2}[\cos((f_1 - f_2)t) + \cos((f_1 + f_2)t)] \quad (2.5)$$

위 식의 결과는 저주파 부분과 고주파 부분으로 구성된 단일한 진동 y가 된다. 이를 저주파 필터에 통과시키면 고주파 부분은 소거되게 되며, 그 후 남아있는 저주파 신호만 처리되게 된다. 주파수 간의 차이는 비트(Beat) 혹은 중간주파수(IF: Intermediate Frequency)라고 불리며, 이는 고주파 신호에 비해 간단히 처리된다.

2-3) 처리기술

실제적인 의사거리 측정은 추적루프회로(Tracking loop circuit)에서 처리된다. 수신된 주파수는 위성의 움직임으로 인해 도플러 편이(Doppler shift)가 발생하므로, 추적루프회로는 그 주파수 범위 내에서 조정되어야 한다. 코드에 의한 의사거리는 코드상관기술(Code correlation technique)을 이용하여 지연추적루프(DLL: Delay Lock Loop) 회로에서 처리된다. 또한, 입력된 신호로부터 PRN 코드를 제거한 후 필터링을 수행하면, 변조되지 않은 반송파르 얻을 수 있다. 그 후 이 반송파는 위상추적루프(PLL: Phase Lock Loop) 회로에 전송되며, 이를 수신기에서 복제된 반송파와 비교하여 두 반송파 사이의 위상차를 구하게 된다.

코드상관기술은 위성시각, 항법 메시지, 변조되지 않은 반송파와 같은 모든 위성신호를 획득할 수 있게 된다. 하지만 이 기술의 단점은 전 과정에 걸쳐 PRN 코드에 관한 정보가 필수적으로 필요하다는 것이다. 코드상관기술은 다음과 같은 여러 단계에 걸쳐 수행된다. 먼저 수신기 내에서 기준반송파가 생성되고, 이는 알려진 PRN 코드의 복제를 통해 위상 변조된다. 두 번째 단계로 생성된 기준신호와 수신된 위성신호는 서로 Correlation 된다. 두 개의 신호를 일치시키기 위해서 각 신호를 시간에 따라 이동시키게 되며, 두 상관기의 상관간격 폭이 작아질수록 상관관계 검출의 정확도는 증가하게 된다. 고성능 C/A 코드 수신기에서는 상관기의 상관간격을 좁히는 Narrow correlator spacing technique를 표준적으로 사용하고 있다. 수신기의 시각오차는 무시한다고 가정하면, 상관기술을 통해 시간의 최적 이동량은 위성신호가 위성 안테나에서 수신기 안테나의 위상중심까지 전송되는 이동시간에 해당한다. PRN 코드를 제거한 후에도 수신된 신호에는 여전히 항법메시지가 포함되어 있지만, 이는 고주파 필터링(High-pass filtering)에 의해 해독(Decode)되거나 제거될 수 있다. 위의 두 단계를 거친 최종적인 결과는 도플러 편이된 반송파로써, 이를 통해 위상의 측정이 가능하다. 코드상관기술에는 PRN 코드가 필요하므로 C/A 코드에 대해서만 이 기술의 적용이 가능하며, 이에 따라 반송파 L1을 재구축하는 것만이 가능하다. 만일 Y 코드의 사용이 가능하다면, 코드상관기술에 의해 반송파 L1, L2 모두가 재구축될 수 있다. 일반적으로 C/A 코드는 위성신호를 추적하고 추적루프를 초기화하는데 사용되는데, 이는 C/A 코드가 1m초마다 반복되고, 계산에 적용하기 간단하기 때문에 단시간 내에 수행된다. 또한 C/A 코드상관기술에 의해 해독된 항법메시지에는 각 서브 프레임마다 HOW(Hand-Over Word)가 포함되는데, 이는 신호를 일치시키기 위해서 Y 코드 내에서 검색을 시작한 지점에 대한 정보를 알려준다.

Y 코드에 대한 지식이 없는 경우, 측정된 기본 반송파의 위상으로부터 변조되지 않은 측정된 기본 반송파의 위상으로부터 변조되지 않은 반송파를 재구축하기 위해서는 Codeless 또는 Quasi-codeless 방법을 이용해야 한다. 대부분 수신기들은 각 상황에 모두 대응이 가능한 합성기술(Hybrid technique)을 갖추고 있다. 이러한 합성기술은 반송파 L1은 C/A 코드를 이용한 코드상관기술에 의해 복원시키고, 반송파 L2의 복원에는 codeless 기술을 적용하는 것을 뜻한다. 이러한 기술은 A/S이 활성화되어 있는 경우에 필수적인 사항이다.

2-4) 처리기술-스퀘어링 기술(Squaring technique)

Codeless 기술은 1981년 최초로 소개되었는데, 이 기술의 과정은 수신된 신호의 Autocorrelation을 근거로 한 것이다. 이는 수신된 신호가 자체적으로 혼합됨으로써 모든 변조가 제거되는 것을 뜻한다. 이런 기술이 가능한 이유는 변조 시에 발생하는 180°의 위상 변화가 신호의 부호가 변화하는 것과 동일하기 때문이다. 이를 통해 도출되는 변조되지 않은 반송파는 2배의 주파수를 가지며, 따라서 1/2의 반파장(Half wavelength)을 갖게 된다. 이 스퀘어링 기술은 PRN 코드가 필요하지 않다는 장점을 가지고 있지만, 처리과정 중 위성시각 또는 위성궤도 정보가 손실되는 단점이 있다. 또한, 이러한 스퀘어링 기술의 처리과정에서는 SNR이 현저하게 감소되는데, 코드상관기술과 비교할 경우 약 30dB 정도의 SNR 저하를 가져온다.

2-5) 처리기술-교차상관 기술(Cross correlation technique)

교차상관 기술은 1985년 처음 발표된 Codeless 기법 중 하나이다. 이 기술은 두 반송파 상의 미지의 Y 코드는 동일하므로, 이를 통해 L1, L2 신호의 교차상관분석이 가능하다는 사실을 바탕으로 한다. 전리층에서 전자기파의 전파속도는 주파수에 의해 좌우되는데, 이에 따라 반송파 L2상의 Y 코드는 L1상의 Y 코드에 비해 조금 느리게 수신된다. 이러한 시간지연(Time-delay)은 L1, L2 신호의 이동시간 차이를 나타내는 측령량으로써, 수신기 내에서 L2 신호를 L1 신호에 일치시키기 위한 필수적인 정보이다. L2 신호의 지연량은 항상 변동되는 양이므로, L1과 L2 신호간의 가장 높은 상관관계를 얻기 위해서는 적절하게 조정되어야 한다. 이러한 교차상관처리 과정에서 얻어지는 관측량은 두 반송파 상의 Y 코드에 대해 발생한 시간지연으로부터 구해지는 거리차 $R_{L2,Y} - R_{L1,Y}$ 이며, 위상차 $\phi_{L2,Y} - \phi_{L1,Y}$ 는 반송파의 비트주파수를 통해 얻어진다. 교차상관기술에서 얻어지는 위의 관측량들은 다음과 같이 L2 신호에 대한 코드 의사거리와 위상을 도출하는데 사용된다.

$$R_{L2} = R_{L1,C/A} + (R_{L2,Y} - R_{L1,Y}) \tag{2.6}$$

$$\phi_{L2} = \phi_{L1,C/A} + (\phi_{L2} - \phi_{L1}) \tag{2.7}$$

여기서 $R_{L1,C/A}$ 및 $\phi_{L1,C/A}$는 각 코드 의사거리나 위상이 L1 신호의 C/A코드를 통해 획득된다는 것을 나타낸다. L1 신호의 강도는 이에 상응하는 L2 신호 강도의 2배가 되기 때문에, L1 신호와 L2 신호에 대한 교차상관기술은 L2 신호에 대한 스퀘어링 기술보다 3dB의 SNR 향상을 가져온다. 하지만 이러한 교차상관기술은 코드상관기술과 비교하면 27dB의 SNR 저하를 갖는다.

2-6) 처리기술-스퀘어링 기술을 통한 코드상관기술의 개선

이 기술은 Code-aided squaring 기술이라 불리기도 한다. 수신된 L2신호 상의 Y 코드를 수신기에서 복제도니 P 코드를 이용하여 상관시키는 기술이다. 이러한 상관분석이 가능한 이유는 본래 Y 코드가 P 코드에 암호화된 W 코드를 중첩하여 생성되는 것이기 때문이다. W 코드의 주파수는 Y 코드 주파수의 약 1/20 정도이므로, 여기에는 원래의 P 코드와 일치하는 Y 코드 부분이 항상 존재하게 된다. 따라서 복제된 P 코드는 위성에서 송신되는 Y 코드 안에 존재하는 P 코드의 부분과 일치하도록 이동된다. 이러한 상관분석을 거친 후에는 작은 대역폭(Bandwidth)를 가지는 저주파 필터를 적용하게 되며, 그 후 연속적으로 코드를 제거하기 위해 신호를 제곱하게 된다. 이 기술은 반파장의 반송파 위상을 제곱하기 때문에, 최종적으로는 코드 의사거리를 제공하게 된다. P 코드와의 상관분석은 전파방해를 보다 효율적으로 방지하며, 다중경로 수신에 있어서 더 개선된 능력을 갖게 한다. 이러한 개선된 스퀘어링 기술은 Y 코드에 대한 직접적인 스퀘어링 기술에 비해 20배 이상 강한 SNR을 가지는데, 이는 제곱된 신호의 SNR이 그 대역폭에 반비례 관계를 가지기 때문이다. 실제로 코드상관기술과과 비교했을 때, 이 기술은 17dB의 SNR 저하를 발생시킨다.

2-7) 처리기술-Z-트래킹 기술(Z-tracking technique)

가장 최근의 Pseudo-codeless 기술은 Z-tracking이라 불리는 기술이다. 현재 이 기술은 A/S 동작 하에서 가장 좋은 성능을 제공하는 것으로 알려져 있다. L1 신호와 L2 신호 상의 각각의 Y 코드는 수신기에서 복제된 P 코드를 이용하여 개별적인 상관분석이 가능하므로, 각 주파수에 대한 W 코드 역시 개별적으로 구해지게 된다. 이 때 신호에 대하여 적분을 수행하게 되면, 각 주파수에 대해 암호화된 신호의 bit가 산출되며, 이는 다른 주파수에 공급되게 된다. 이렇게 산출된 신호의 bit는 신호에서 암호화된 코드를 제거하는데 이용된다. 신호의 적분은 저주파 필터링에 의해 실행되는데, 이 때의 대역폭은 암호화된 W 코드의 대역폭까지 감소되게 된다. 여기서 W 코드는 단지 동기화의 목적을 위해서만 사용 되므로, W 코드에 대한 정보는 필요하지 않다. 이 기술은 암호화된 코드를 제거하기 때문에 A/S가 동작하지 않는 경우와 동일한 신호를 생성하며 따라서 코드 의사거리와 완전한 파장을 가지는 L1, L2 반송파 위상을 획득할 수 있다. 이 기술을 통해 구해진 Y 코드 의사거리는 P 코드 상관기술에 의해 얻어진 의사거리와 정확히 일치한다. 또한 이 기술을 스퀘어링 기술과 비교하면 3dB의 SNR 이득을 얻을 수 있으며, 코드상관기술에 비해서는 14dB의 SNR 저하가 발생한다.

A/S가 동작하는 경우, 반송파 L2를 복원하기 위한 4가지 방식 모두 SNR의 감소에 의한 영향을 받으며, GPS 신호를 코드상관기술보다 뛰어나게 복원할 수 있는 Codeless 방법 또는 Psuedo-codeless 방법은 존재하지 않는다. 또한 약한 신호는 전리층의 활동이나 전파방해를 일으키는 간섭신호에 민감하게 반응하며, 이로 인해 신호단절이 발생하기도 한다. 현재 대부분의 수신기에는 Z-tracking 기술과 같은 신호 처리기술이 적용되고 있다.

2.1.6 GPS 기준좌표계

1) 기준좌표계

1-1) 개요

관측점에서 위성까지의 거리 ρ을 나타내는 기본 방정식은 위성의 순간적인 위치 벡터 ρ^S와 관측점의 위치벡터 ρ_R과의 관계로 정의되며 다음과 같이 표현된다.

$$\rho = || \rho^S - \rho_R || \tag{2.8}$$

위 식 2.8에서 2개의 위치벡터는 동일한 좌표계로 표현되어야 한다. 여기에서 3차원 직교 좌표계를 정의하기 위해서는 원점의 위치와 좌표축의 방향을 결정해야 할 필요가 있다. 위성측지와 같은 범지국적인 부분에서는 적도좌표계를 이용하는 것이 적절하다. 그림 2.18과 같이 우주중심 또는 천구좌표계를 나타내는 X_i^0와 지구중심 또는 지구좌표계를 나타내는 X_i는 서로 구분되어 사용된다. 두 좌표계 모두 지구의 자전축벡터 ω_E를 X_3축으로 하고 있다. 천구좌표계의 X_1^0축의 방향은 춘분점을 향하고 있어, 결국 X_1^0축은 적도면과 황도면의 교선을 나타낸다. 반면, 지구좌표계의 X_1축은 적도면과 그리니치 자오선(Greenwich meridian)과의 교선을 나타내며, 두 좌표계의 X_1^0축과 X_1축 사이의 각 θ_0을 그리니치 항성시라 한다. 마지막으로 X_1축과 X_3축에 직교하는 X_2축을 통해 오른손 기준좌표계가 완전하게 표현된다.

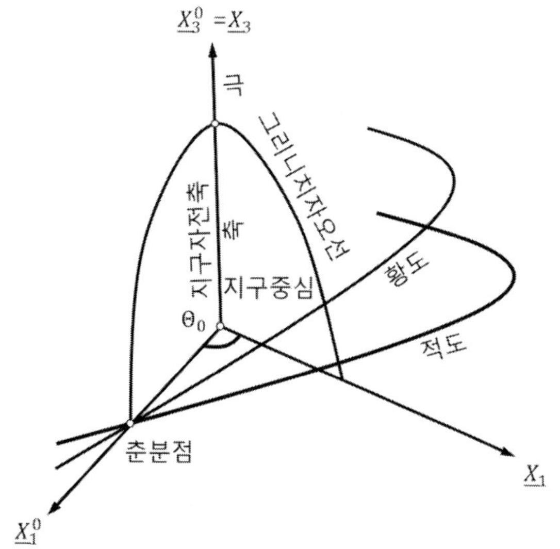

그림 2.18 적도좌표계

태양계에 기준한 좌표계는 그 무게중심, 즉 태양을 원점으로 하는 정지된 좌표계로써 뉴턴역학을 따르는 관성 좌표계이다. 하지만 지구의 무게중심을 원점으로 하는 지심좌표계의 경우는 지구의 공전으로 인한 가속도를 가지게 되므로 일반상대성이론이 고려되어야 한다. 실제로 지구는 자체의 중력장으로 인해 주요한 상대성 효과가 발생하기 때문에, 지구중력장의 영향을 받는 인공위성의 운동을 표현하기 위해서는 지심좌표계가 보다 적절하다고 할 수 있다. 하지만 아직 지구의 운동중 자전을 고려하지 않은 상태이므로, 지심좌표계의 좌표축 방향이 공전중에도 평행한 상태를 유지하고 있다는 점을 유의해야 한다.

ω_E로 표현되는 지구의 자전벡터는 몇 가지 요인에 의해 주기적으로 진동하게 되는데, 이러한 진동을 나타내는 기본적인 미분방정식은 다음과 같이 표현된다.

$$\mathrm{M} = \mathrm{N}\frac{d}{dt} \tag{2.9}$$

여기에서 M은 토크 벡터, N은 지구의 각운동량 벡터를 나타낸다. 토크 벡터는 주로 태양과 달의 만류인력으로 인해 발생한다. 식 2.9는 천구좌표계 X_i^0와 같은 관성계(또는 의사관성계)에서 유효한 관계식이다.

1-2) 자전축의 진동

관성 공간에서 발생하는 지구의 자전벡터 지구의 자전벡터 ω의 전체적인 진동을 장동이라 한다. 이러한 전체적인 진동은 편의상 장기간의 세차운동과 주기적인 장동이라 부르는 2개의 운동으로 구분되며, 지구좌표계 상에서는 이러한 자전축의 변동을 통합하여 극운동이라고 부르고 있다. 아래의 그림 2.19는 극운동의 개념을 간략하게 표현한 것으로 점 P는 ω의 평균위치를 나타낸다.

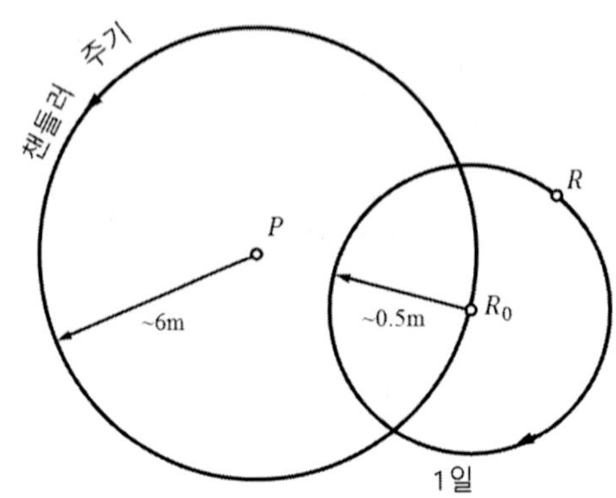

그림 2.19 지구 자전축의 극운동

자전축 운동의 하나인 ω의 자유진동은 그 평균위치(P)를 축으로 약 0.4초의 개구각을 가지는 원추의 형태로 나타나며, 이를 지표상에 표현하면 평균위치 P를 주위로 반경 6m의 원을 그리는 원운동으로 나타난다. 점 R_0는 자유진동 중 임의의 순간의 지구 자전축 위치를 나타내고 있다. 이러한 자전축의 자유운동의 주기는 약 430일로 알려져 있으며, 이를 챈들러 주기라고 부르고 있다. 자전축에 발생하는 강제적인 운동도 역시 원추의 형태로 표현되는데, 그림 2.19에 보이는 점 R_0 주변의 원이 바로 이 원추를 표현한 것이다. 이 원의 반경은 조수의 변동과 밀접한 관련이 있으며, 약 0.5m의 크기를 가지고 있다. 이러한 강제적인 운동의 주기는 대략 일주일이다.

자전축을 기준으로 0.001초 반경 내에서 발생하는 각운동축의 운동들은 매우 유사한 형태를 보인다. 각운동축의 강제적인 운동은 조수에 의한 인력을 모델링하는 것에 의해 제거될 수 있기 때문에, 각 운동축의 자유운동을 특히 주의해서 고려해야 한다. M = 0인 경우에는 식 2.9를 적분하면 N이 상수가 되므로, 극운동의 자유운동은 매우 긴 주기를 가지게 되고, 각운동축의 위치는 공간상에 고정되게 된다. 이 결과는 외력이 작용하지 않는 동안 각운동량이 보존된다는 것을 의미한다. 이러한 특성 때문에, 각운동축은 기준좌표축으로 제공되기 적당하며, 이 각운동축의 공간상 위치를 CEP(Celestial Ephemeris Pole)이라고 한다. 하지만, 지구좌표계를 위한 기준좌표축으로 사용하기 적당한 것은 그림 2.19에 P로 표현된 자전축의 평균위치이고, 이는 CIO(Conventional International Origin)라고 부른다.

1-3) 관용적 천구기준좌표계

일반적으로 천구기준좌표계의 X_3^0축은 지구의 각운동축의 위치를 사용한다. X_1^0축은 춘분점을 가리키고 있는데, 춘분점의 위치는 표준항성들을 관측하여 결정한다. 통상적으로 CRF(Celestrial Reference Frame)라 부르는 이 천구기준좌표계는 관용적으로 결정되며, 그 실제적인 표현에 있어서도 반드시 이론적인 좌표계와 일치시킬 필요는 없다. 하지만 지구가 태양의 주위에서 가속도를 가지는 운동을 하기 때문에 지심좌표계는 실제로 완전한 관성계가 아니게 되며, 이로 인해 이 좌표계에 의사관성이라는 용어가 포함된다. 이러한 천구좌표계의 대표적인 하나가 바로 ICRF라고 부르는 기준계이며, 이는 국제자전서비스(IERS: International Earth Rotation Service)에 의해 결정되었다. ICRF는 500개 이상의 은하계 밖의 물체를 관측하여 실시간으로 결정된다.

1-4) 관용적 기주기준좌표계

지구좌표계의 X_3축 역시 CIO와 같이 이미 정의된 지구 자전축의 평균위치를 일반적으로 사용하며, X_1축은 그리니치 자오선의 평균적인 위치와 관련되어 있다. 이러한 좌표계를 지구기준좌표계(TRF: Terrestrial Reference Frame) 또는 관용적 지구기준좌표계라고 하며, 좌표의 기준을 제공하는 다수의 지상제어국(기준국)에 의해 결정된다. 이러한 기준국의 대부분은 좌표계 기준의 결정을 위해 위성 레이저 거리측량(SLR: Satellite Laser Ranging) 또는 초장기선 전파간섭법(VLBI: Very Long Baseline Interferometry)을 수행하고 있다.

지구기준좌표계의 한 예로 IERS에서 결정된 ITRF(International Terrestrial Reference Frame) 좌표계가 있다. 이 좌표계는 X_3축으로 IERS에서 정의한 IRP(IERS Reference Pole)을 사용하며, X_1축도 역시 IERS에 의해 정의된 기준자오선 IRM (IERS Reference Meridian)을 사용하고 있다. ITRF 좌표계는 지상에 존재하는 수많은 관측점의 좌표결정을 위해 국제적으로 많이 사용되고 있는 좌표계 중의 하나로서, 지각변동이나 조수의 영향과 같은 시간적 변화도 고려하는 좌표계이다. 따라서 ITRF는 정기적으로 갱신되어 발표되고 있으며, 새롭게 갱신되는 ITRF 좌표계의 구별을 위해서 최종적으로 갱신된 연도의 끝자리 두 숫자를 추가하여 이를 표시하고 있다.

ITRF 좌표계 이외에 많이 사용되고 있는 지구기준좌표계로는 WGS84(World Geodetic System 1984) 좌표계가 있다. 지심좌표계 형식인 이 WGS84 좌표계는 TRANSIT 시스템을 통해 계산된 약 1,500개 지상관측점의 좌표를 이용하여 결정되었다. 또한, WGS84 좌표계는 1987년 이후부터 GPS 측위의 기준좌표계로 사용되고 있다. WGS84와 ITRF 좌표계를 비교해보면, 둘 사이에는 다음과 같은 차이가 존재한다.

1. WGS84 좌표계는 TRANSIT 위성의 도플러 관측으로 구축된 반면, ITRF 좌표계는 SLR과 VLBI 관측을 기초로 하고 있다. 이러한 관측방식의 차이로 인해 TRANSIT 기준점의 위치정밀도는 1~2m인 반면, ITRF 기준점의 위치정밀도는 수 cm이다.
2. 양 좌표계를 위해 결정된 파라미터의 수치에는 다소 차이가 있으며, 특히 큰 차이를 보이는 지구 중력상수로 인해 위성궤도에서 상당한 차이가 발생한다.

이러한 두 좌표계 간의 차이를 해소하기 위해 구 국방지도국인 DMA는 WGS84 좌표계의 지구 중력상수 값을 IERS의 표준값으로 대체하였으며, GPS 추적국의 좌표도 새롭게 개정했다. 갱신된 WGS84 좌표계는 1994년부터 사용되고 있으며, 이는 WGS84

라는 명칭으로 표시되고 있다. 그 후 1996년 미국의 국립영상/지도제작소(NIMA: National Imagery and Mapping, DMA의 후속기관)는 WGS84 좌표계를 갱신하여 1996년부터 사용 중이다. 이 좌표계는 아래의 표 2.4와 같은 4개의 파라미터로 정의된다.

표 2.4 WGS84의 파라미터

파라미터와 그 수치	정의
a=6378137m	타원형의 장반경
f=1/298.257223563	타원형의 편평률
$w_e = 7992115 \times 10^{-11} rads^{-1}$	지구의 자전각속도
$\mu = 3386004.418 \times 10^{8} m^{3} s^{-2}$	지구의 중력정수

다양한 지구기준좌표계 간의 좌표변환은 일반적으로는 3차원 상사변환에 의해 이루어진다. 이러한 변환식은 일반적으로 7개의 좌표변환 파라미터를 포함하고 있으며, 다음과 같이 표현된다.

$$\mathrm{X}_{TRF_1} = \mathrm{c} + \mu \mathrm{R}\,\mathrm{X}_{TRF_2} \tag{2.10}$$

여기에서 X_{TRF_1}와 X_{TRF_2}는 동일한 점에서 서로 다른 좌표계 TRF_1 및 TRF_2의 3차원 위치벡터를 각각 표현한 것이다. 또한, $\mathrm{c} = [c_1, c_2, c_3]^T$는 두 좌표계 사이의 평행이동벡터, μ는 축적계수, R은 좌표축에 대한 3개의 회전량(α_i)으로 구성된 정규직교행렬이다. 위치벡터 X는 타원체상의 좌표인 ϕ, λ, h 또는 X, Y, Z와 같은 직교좌표계의 형태로도 표현 가능하다. 직교좌표계는 지구중심·지구고정(ECEF: Earth-Centered-Earth Fixed) 좌표계라고도 불리기도 한다.

2) 기준좌표계(시간체계)

2-1) 정의

현재 몇 가지의 시간체계 이용되고 있으며, 이러한 시간체계는 지구의 자전과 같은 다양한 주기적 현상을 근거로 결정되었다.

표 2.5 시간체계

주기운동	시계
지구자전	세계시(UT) Greenwich 항성시(θ_0)
지구공전	지구역학시(TDT) 태양계중심역학시(BDT)
원자진동	국제원자시(IAT) 협정세계시(UTC) GPS시

2-2) 태양시와 항성시

지구 자전의 척도는 천체의 자오선과 기준자오선이 이루는 각도인 시각이다. 세계시(UT: Universal Time)는 그리니치 시각에 12시간을 더하여 정의되었는데, 이 12시간은 사용상의 편의를 위하여 보정된 값으로 적도면에서 일정하게 궤도운동을 하는 가상의 태양을 고려하여 산출된 것이다. 항성시는 춘분점의 시각에 의해 정의된다. 평균 춘분점을 기준으로 하여 평균 항성시를 계산할 수 있으며, 실제 춘분점을 기준으로 실제 항성시를 구할 수 있다. 그러나 일정하지 않은 지구 자전의 각속도 때문에 태양시와 항성시에서 모두 변동이 발생하게 된다. 태양시와 항성시의 변동은 조수변동과 더불어 지구 내부질량의 이동에 의해 발생하는 지구의 극관성모멘트의 변화 및 지구 회전축 자체의 진동 등에서 그 원인을 찾을 수 있다. 이러한 극운동의 영향을 보정한 세계시가 UT1이다.

2-3) 역학시

태양계의 행성운동에서 유도된 시간을 역학시라 한다. 태양계역학시(BDT: Barycentric dynamic Time)는 뉴턴역학의 개념을 따르는 관성시간계이며, 운동 방정식에서 사용되는 시간변수는 이 시간계를 이용하고 있다. 이사관성계인 지구역학시(TDT: Terrestrial Dynamic Time)는 이전에 천문력(Ephemeris Time)이라 불렀으며, 지구를 회전하는 위성의 궤도운동에 대한 미분방정식의 해석에 적당한 시간계이다. 국제천문연합(IAU: International Astronomical Union)은 1991년 지구역학시(TDT)를 대체하는 용어로서 지구시(Terrestrial Time)를 도입했으며, 일반상대론에 따라 좌표시라는 용어도 도입되었다.

2-4) 원자시

역학시를 제대로 구하기 위해서는 원자시계를 이용하게 된다. 협정세계시(UTC: Universal Time Coordinated)는 절충된 시간체계이다. 이는 시간의 단위로 원자를 이용하여 측정된 초를 사용하지만 UT1과 근사적인 상용시에 근접하도록 특정한 시점에 윤초를 추가하기 때문이다. GPS 시간체계 또한 원자시계와 밀접한 관련이 있다. GPS 시간체계는 미국해군천문대(USNO: U.S Naval Observatory)에서 관리하고 있는 UTC에 기반하고 있으며, 국제원자시(IAT: International Atomic Time)와는 19초의 offset이 존재하고 UTC와는 GPS 표준원기인 1980년에 일치되었다.

2-5) 시간체계간의 전환

지구의 자전으로부터 결정된 시간체계인 극운동의 영향이 보정된 평균태양시 UT1과 실제 항성시 θ_0사이의 전환은 다음 식에 의해 이루어진다.

$$\theta_0 = 1.00273\mathrm{UT1} + \upsilon_0 + \Delta\psi\cos\varepsilon \tag{2.11}$$

위 식 2.11의 우변 첫 번째 항은 태양시와 항성시 간의 비율의 차이를 나타내고 있으며, 두 번째 항인 υ_0는 그리니치 시간의 자정(세계시 UT 0시), 즉 실제 항성시를 나타내고 있다. 마지막으로 세 번째 항은 적도면에 $\Delta\psi$를 투영한 것으로 장동의 영향을 고려하는 것이다. 식 2.11에서 장동에 관계된 항을 무시하면 평균 항성시가 얻어지고, 이것은 GPS 위성에서 방송되는 항법 메시지에 포함된다.

UT1시간계는 UTC시간계에 대해 다음과 같은 관계를 가지며, 이때 dUT1은 시간에 따라 증대되는 양으로서 IERS에 의해 공표되고 있다.

$$\mathrm{UT1} = \mathrm{UTC} + \mathrm{dUT1} \tag{2.12}$$

이러한 dUT1의 절대값이 0.9보다 큰 값을 가질 경우, UTC에 윤초가 삽입되게 된다. GPS에서는 기준시간계로서 역학시 대신 원자시가 사용되고 있으며, 각 시간의 관계는 다음과 같다.

$$\mathrm{IAT} = \mathrm{GPS} + 19.^{s}000(\text{정량 오프셋}) \tag{2.13}$$

$$\mathrm{IAT} = \mathrm{TDT} - 32.^{s}184 \quad \text{정량 오프셋} \tag{2.14}$$

$$\mathrm{IAT} = \mathrm{UTC} + 1.^{s}000n(\text{윤초 삽입에 의한 변량 오프셋}) \tag{2.15}$$

여기서 정수 n은 IERS에 의해 공표되고 있다. 일례로 2000년 6월에 정수 n의 값은 32였으며, 이로 인해 GPS 시간은 UTC와 정확히 13초의 차이를 보였다.

2-6) 책력

① 율리우스 일

율리우스 일(JD: Julian Date)은 BC 4713년 1월 1.5일을 시점으로 그 후 경과된 평균태양일의 수를 이용하여 정의된다. 수정된 율리우스 일(MJD: Modified Julian Date)은 율리우스 일로부터 2,400,000.5일을 차감하면 구할 수 있으며, 여기서 소수점 이하의 수인 0.5를 제외하면 맨 처음 1일의 시점이 율리우스 일과 같이 낮이 아닌 자정이 된다. 표 2.6에는 2개의 표준원기에 대한 율리우스 일의 수치를 나타내고 있으며, 이 수치를 이용하면 GPS 표준원기에 대한 파라미터 T를 계산할 수 있다. 표에 기재된 GPS 표준원기와 현재 표준원기에 대한 율리우스 일 간의 차이를 율리우스 세기(36,525일)로 나누면 파라미터 T = 약 -0.199가 얻어진다.

표 2.6 표준원기

연원일	Julian일	비고
1980년 1월 6.^{d}0일	244244.5	GPS 표준원기
2000년 1월 1.^{d}5일	2451545.0	현 표준원기(J2000.0)

② 율리우스 일의 전환

날짜 전환에 대한 관계식은 Montenbrunk(1984)에 의해 제안된 식을 이용하였는데, 이 식은 1900년 3월부터 2100년 2월 사이의 기간만 적용이 가능한 식이다. 상용시의 특정한 날짜와 시간은 정수값(년 Y, 월 M, 일 D)과 실수값(UT의 시)의 조합으로 표현될 수 있으며, 이를 이용하여 그 날짜의 율리우스 일을 다음과 같이 구할 수 있다.

$$JD = INT[365.25y] + INT[30.6001(m+1)] + D + UT/24 + 1720981.5 \quad (2.16)$$

여기에서 INT는 실수의 정수값 부분을 의미하며 y, m은 다음과 같이 계산된다.

$$M \leq 2\text{의 경우}, \; y = Y - 1, \; m = M + 12$$

$$M > 2\text{의 경우}, \; y = Y, \; m = M$$

율리우스 일로부터 상용시로의 역전환은 다음의 단계를 통해 이루어진다. 먼저 다음과 같은 보조적인 수치들을 계산한다.

$$a = INT[JD + 0.5]$$
$$b = a + 1537$$
$$c = INT[(b - 122.1) / 365.25]$$
$$d = INT[365.25c]$$
$$e = INT[(b - d) / 30.6001]$$

그 후 다음의 관계식을 이용하여 상용시의 각 파라미터들을 구하게 된다.

$$D = b - d - INT[30.6001e] + FRAC[JD + 0.5] \quad (2.17)$$
$$M = e - 1 - 12INT[e/14] \quad (2.18)$$
$$Y = c - 4715 - INT[(7 + M)/10] \quad (2.19)$$

여기에서 FRAC는 소수점 이하의 부분을 의미한다. 또한 다음 식을 통해 율리우스 일로부터 요일을 간단하게 계산할 수도 있다.

$$N = modulo\{INT[JD + 0.5], 7\} \quad (2.20)$$

여기에서 N은 0에서 6사이의 정수값을 가지며, N = 0은 월요일, N = 1은 화요일의 식으로 수치에 따라 요일을 차례대로 나타낸다. 이와 더불어 다음과 같은 관계식을 통해 GPS를 주로 계산하는 것도 가능한다.

$$WEEK = INT[(JD - 244244.5)/7] \quad (2.21)$$

여기에서 주어진 계산식을 통해 표준원기 표 2.6에 기재된 다양한 시간계의 날짜를 직접 확인하는 것이 가능하며, 표준원기 J2000.0은 토요일이고 1,024번째 GPS 주에 해당한다는 것도 증명가능하다. 다만 항법메시지에 GPS 주의 수치를 기록하는데 할당된 데이터 용량이 10비트이기 때문에, GPS 주는 1,024주마다 다시 0에서 시작된다. 2000년에는 'GPS Toolbox'가 공개되었다. 이는 웹사이트(http://www.ngs.noaa.gov/gps-toolbox)를 통해서 무료로 제공되고 있으며, 날짜 전환과 관련된 사항으로는 'Toolbox' 항목 내 B. Remondi에 의해 제작된 날짜 전환 프로그램이 있다.

2.1.7 GPS 수학적 측위모델

1) 단독 수학적 측위 모델

1-1) 코드거리에 의한 단독측위

① 코드거리모델

시점 t에서의 코드 의사거리는 다음의 식을 이용하여 모델링될 수 있다.

$$R_i^j(t) = \rho_i^j(t) + c\Delta\delta_i^j(t) \tag{2.22}$$

여기에서 $R_i^j(t)$는 관측점 i와 위성 j간에 측정된 코드 의사거리이며, $\rho_i^j(t)$는 관측점과 위성간의 기하학적 거리, c는 광속도를 나타낸다. 마지막 항의 $\Delta\delta_i^j(t)$는 시각편의량(clock bias)로서, GPS 기준시각에 대한 수신기 및 위성시계의 편차량을 조합한 것이다. 식 2.22를 살펴보면, 구하고자 하는 관측점의 위치좌표는 이미 거리 $\rho_i^j(t)$에 잠재적으로 포함되어 있으며, 이는 다음과 같은 형태로 표현될 수 있다.

$$\rho_i^j(t) = \sqrt{(X^j(t)-X_i)^2+(Y^j(t)-Y_i)^2+(Z^j(t)-Z_i)^2} \tag{2.23}$$

여기에서 $X^j(t)$, $Y^j(t)$, $Z^j(t)$는 시점 t에서의 위성의 지심위치벡터 성분이고, X_i, Y_i, Z_i는 지심좌표계 상에서 표현되는 관측점의 미지좌표이다. 여기에서 시각편의량 $\rho_i^j(t)$에 대하여 조금 더 상세하게 살펴보면 다음과 같다. 먼저 단일한 시점만을 고려하면, 관측점 i도 하나의 좌표만을 갖게 된다. 이때 각 위성은 각각 하나의 시각편의량을 미지량으로 전송하게 되는데, 이는 시각에 관련된 항에서 위첨자 j에 의해 구별되는 값이다. 이 때 관측점에서 i에서 수신기의 시각편의량이 없다고 가정하면, 최초의 위성에 대한 의사거리방정식에는 4개의 미지량이 포함되게 된다. 이러한 미지량은 관측점의 위치좌표에 대한 세 가지 성분과 이 위성에 대한 1개의 시각편의량으로 구성되어 있다. 관측되는 위성이 하나씩 늘어날 때마다, 동일한 관측점 위치좌표와 새로운 시각편의량을 미지량으로 하는 의사거리 방정식도 하나씩 늘어나게 된다. 이에 따라 관측된 의사거리의 수보다 미지량이 항상 많아지는 현상이 발생한다. 관측시간을 더 확보한다고 하여도, 시각편차(Clock drift)에 의해 발생하는 새로운 위성의 시각편의량이 추가적으로 모델링되어야 한다. 하지만 다행히도 위성의 시각정보는 이미 계산되어 있으며, 이는 항법메시지에 포함되어 전송되고 있다. 이러한 시각정보는 기준시점 t에 대한 3개의 다항식 계수 a_0, a_1, a_2의 형태로 항법메시지에 포함된다. 그러므로 특정한 시점 t에서의 위성의 시각편의량은 다음의 식에 의해 계산되게 된다.

$$\delta^j(t) = a_0 + a_1(t - t_c) + a_2(t - t_c)^2 \tag{2.24}$$

하지만, 이 다항식을 이용할 경우에도 위성의 시각편의량을 완벽하게 제거할 수 있는 것은 아니며, 작은 양의 오차는 남아 있다. $\Delta\delta_i^j(t)$는 위성과 수신기의 시각편의량을 조합한 것으로, 다음과 같은 2개의 부분으로 나눠서 표현될 수 있다.

$$\Delta\delta_i^j(t) = \delta_i(t) - \delta^j(t) \tag{2.25}$$

여기에서 위성에 관계되는 부분인 $\delta_i^j(t)$은 식 x.1을 이용하여 계산될 수 있으나, 수신기에 관계되는 부분인 $\delta_i(t)$는 여전히 미지량으로 남아있게 된다. 식 x.2를 식 x.1에 대입하고, 위성의 시각편의량을 좌변으로 이항하면 다음과 같다.

$$R_i^j(t) + c\delta^j(t) = \rho_i^j(t) + c\delta_i(t) \tag{2.26}$$

이 식에서 좌변은 관측량 또는 기지량으로 구성되어 있으며, 우변은 미지량이 된다.

1-2) 측위의 기초조건

단독측위를 위한 기초적인 조건은 관측수가 미지량의 수보다 최소한 같거나, 많아야 한다는 것이다. 이 조건은 충분조건으로서, 이 조건을 만족했다고 하여 반드시 측위해가 만족했다고 하여 반드시 측위해가 구해지는 것은 아니다. 그 이유는 계산식의 행렬에 계수가 부족하면, 이 행렬은 특이행렬이 되어 해가 얻어지지 않기 때문이다. 관측수는 $n_j n_t$으로 표현되며, 여기서 n_j은 관측된 위성수, n_t은 관측시점의 수를 의미한다.

정적 단독측위의 경우, 관측점 위치좌표의 3성분과 각 관측 시점별 수신기의 시각편의량은 미지량이 된다. 따라서 미지량의 수는 $3 + n_t$가 되며, 이에 따라 단독측위를 위한 기초조건은 다음과 같이 표현된다.

$$n_j n_t \geq 3 + n_t \tag{2.27}$$

따라서 측위해가 얻어지는 최저 관측위성의 수는 $n_j = 2$이고, 이 때 필요한 관측 시점의 수는 $n_t \geq 3$이 된다. 또한 $n_j = 4$인 경우에는 관측의 기본조건은 $n_t \geq 1$이 된다. 이러한 조건은 순간적으로 필요한 GPS 관측성능을 나타내는 것으로서, 최소한 4개 이상의 위성에 대한 관측을 수행할 수 있으면 각 시점에 대한 4개의 미지량을 해석할 수 있다는 것을 의미한다.

동적 단독측위를 위한 기초조건은 다음과 같은 상황을 고려하여 유도된다. 먼저 수신기가 이동하는 것을 고려하면, 관측점 위치좌표의 미지량의 수는 $3n_t$이 된다. 여기에 n_t의 수를 가지는 수신기의 시각편의량을 추가하면, 총 미지량의 수는 $4n_t$가 된다. 따라서 측위해를 얻기 위한 기초조건은 아래와 같다.

$$n_j n_t \geq 4n_t \tag{2.28}$$

이는 최소한 4개 이상의 위성이 관측되면 이동하는 수신기의 위치와 속도를 언제라도 결정할 수 있다는 것을 의미한다. 기하학적으로 이러한 조건은 4개 이상의 의사거리가 이루는 교점을 나타낸다. 이러한 기초조건은 이론적인 관점에서 고려될 필요가 있다. 예를 들어 정적 단독측위에 대한 조건인 $n_j = 2$와 $n_t \geq 3$은 측위해를 구하기 위해서 3개의 관측시점에 대해 2개 위상만을 동시에 관측하는 것이 이론적으로 충분하다는 것을 의미한다. 그러나 실제로 이 조건을 적용하기 위해서는 관측시점 간에 한 시간 이상의 충분한 간격이 있어야 한다. 만약 충분한 관측간격이 확보되지 않으면 정상적인 결과를 얻을 수 없으며, 또는 관측방정식의 잘못된 조건으로 인해 계산 자체를 수행하지 못할 수도 있다. 물론 3개 관측시점에서 2개의 위성관측이 수행되고, 몇 초에 동일한 관측량이 추가적으로 얻어지는 경우에도 측위해를 얻을 수는 있다. 하지만 이러한 관측방법은 거의 사용되지 않으며, 다만 도심지와 같은 특별한 환경 하에서는 그 이용을 고려할 수도 있다.

1-3) 반송파 위상에 의한 단독측위

① 위상거리 모델

반송파 위상 관측에 의해서도 의사거리를 획득하는 것이 가능하다. 이러한 관측에 대한 수학적인 모델은 아래와 같이 주어진다.

$$\phi_i^j(t) = \frac{1}{\lambda}\rho_i^j(t) + N_i^j + f^j \Delta \delta_i^j(t) \tag{2.29}$$

여기에서 $\phi_i^j(t)$는 사이클 단위로 관측된 반송파 위상이며, λ는 파장, $\rho_i^j(t)$는 코드거리 모델에서 표현된 것과 동일하게 위성과 수신기 간의 기하학적 거리를 나타낸다.

N_i^j은 위상의 모호성을 나타내는 값으로서, 시간에 의존되지 않으며 정수 값을 갖는다. 따라서 이를 모호정수(Integer ambiguity) 혹은 미지정수(Integer unknown)라고 부른다. f^j는 위성신호의 주파수, $\Delta\delta_i^j(t)$는 조합된 수신기 및 위성의 시각 편의량을 의미한다.

② 측위의 기본조건

앞의 경우와 동일하게 관측수는 $n_j n_t$로 표현되지만, 미지량의 수는 모호정수로 인하여 n_j만큼 늘어나게 된다. 정적 단독측위에서 미지량은 관측점 위치좌표의 세가지 성분과 n_j개의 모호정수 및 n_t개의 수신기 시각편의량으로 구성된다.

1-4) 도플러 자료를 이용한 단독측위

도플러 자료를 위한 수학적인 모델은 다음과 같이 주어진다.

$$D_i^j(t) = \rho_i^j(t) + c\Delta\delta_i^j(t) \tag{2.30}$$

위 식은 코드 의사거리 또는 위상 의사거리를 시간에 대해 미분한 것으로 고려될 수 있다. 이 식에서 $D_i^j(t)$는 관측된 도플러 이동량으로서 거리비(Range rate)와 비례관계를 가지며, $\rho_i^j(t)$는 수신기와 위성간의 순간적인 시선속도(Radial velocity), $\Delta\delta_i^j(t)$는 조합된 시각편의량을 시간에 대해 미분한 것을 나타낸다. 고정된 시간에 대한 시선속도는 위성의 순간적인 위치벡터 및 속도벡터에 대한 수신기 위치벡터의 미지량과 관계된다. 도플러 방정식에는 코드거리 모델의 수신기 시각편의량 대신에 시각편차량이 사용된다는 점에 유의해야한다.

코드 의사거리와 도플러 방정식은 서로 매우 유사하다. 이로 인해 두 방정식 간의 선형종속(Linear dependence)적인 관계에 대한 의문이 발생한다. 하지만 각 방정식에서 일정한 의사거리를 나타내는 선과 일정한 도플러 이동량을 나타내는 선을 그려보면, 두 선은 항상 직교하게 되어 서로 선형독립적인 관계를 나타낸다.

2) 차분측위

DGPS라고 불리는 차분측위는 2대 이상의 수신기를 사용하는 실시간 측위기술을 말한다. 일반적으로 1대의 수신기를 좌표를 알고있는 기준점 A(기준국)에 고정시키고, 이를 기준으로 이동하는 수신기의 위치 B(이동국)를 구하게 된다. 기준국에서는 의사거리 보정량(PRC: Pseudorange correlation)을 계산하며, 이를 이동수신기에 거의 실시간으로 전송하게 된다. 이동수신기에서는 측정한 의사거리에 전송된 보정량을 적용한 후, 보정된 의사거리를 사용하여 최종적인 위치결정을 수행하게 된다. 이러한 보정된 의사거리를 사용하는 것에 의해 측위 정확도가 향상되게 된다.

2-1) 코드거리에 의한 DGPS

시점 t_0에서 기준국 A와 임이의 위성 j 간의 코드 의사거리는 다음과 같이 표현된다.

$$R_A^j(t_0) = \rho_A^j(t_0) + \Delta\rho_A^j(t_0) + \Delta\rho^j(t_0) + \Delta\rho_A(t_0) \tag{2.31}$$

이 식에서 $\rho_A^j(t_0)$는 기하학적 거리, $\Delta\rho^j(t_0)$는 기준국과 위성의 위치에 의존하는 오차(궤도오차, 대류권 영향 등), $\Delta\rho^j(t_0)$는 위성에 의존하는 오차(위성 시각오차 등), $\Delta\rho_A(t_0)$는 수신기에 의존하는 오차(수신기 시각오차, 다중경로 등)를 나타내며, 우연오차에 대한 항목은 고려하지 않았다. 시점 t_0에서의 임의의 위성 j 에 대한 의사거리 보정량은 다음과 같다.

$$PRC^j(t_0) = \rho_A^j(t_0) - R_A^j(t_0) = -\Delta\rho_A^j(t_0) - \Delta\rho^j(t_0) + \Delta\rho_A(t_0) \tag{2.32}$$

여기에서 $\rho_A^j(t_0)$는 기지의 기준국 위치좌표와 위성의 궤도정보를 이용하여 얻어지며, $R_A^j(t_0)$는 실제 관측에 의해 얻어지는 값이다. 따라서 이 두 값의 차를 계산하면 의사거리 보정량을 얻을 수가 있다. 또한 기지국에서는 이러한 의사거리 보정량 $PRC^j(t_0)$을 시간에 대하여 미분한 값인 거리비 보정량 $RRC^j(t_0)$도 함께 결정된다. 시점 t_0에서 거리와 거리비의 보정량은 실시간으로 이동국 B에 송신된다. 그 후 다음의 식을 이용하여 임의의 관측시점 t 에 대한 B점의 의사거리 보정량을 예측할 수 있다.

$$PRC^j(t) = PRC^j(t_0) + RRC^j(t_0)(t - t_0) \tag{2.33}$$

여기에서 $t - t_0$는 보정량이 전송된 시점에서부터 경과된 시간을 나타낸다. 이를 통해 계산된 보정량의 정확도는 거리비가 작고, 경과시간이 보다 작을수록 좋아진다. 시점 t 에 애하여 관측된 이동점 B의 코드 의사거리는 아래와 같이 표현된다.

$$R_B^j(t_0) = \rho_B^j(t_0) + \Delta\rho_B^j(t_0) + \Delta\rho^j(t_0) + \Delta\rho_B(t_0) \tag{2.34}$$

식 x.20의 의사거리 보정량을 관측된 의사거리 $R_B^j(t)$에 적용하면, 최종적으로 보정된 의사거리는 다음과 같다.

$$R_B^j(t)_{corr} = R_B^j(t) + PRC^j(t) \tag{2.35}$$

이를 정리하면 아래와 같다.

$$R_B^j(t)_{corr} = \rho_B^j(t) + [\Delta\rho_B^j(t) - \Delta\rho_A^j(t)] + [\Delta\rho_B(t) - \Delta\rho_A(t)] \tag{2.36}$$

여기에서 위성에 의존하는 오차(위성 시각오차 등)는 서로 상쇄되어 사라지게 된다. 또한 기준국과 이동국 간의 거리가 서로 가깝다면, 위성과 수신기의 위치에 의존하는 오차(궤도오차, 대류권 지연 등)는 두 지점에서 높은 상관성을 가지거나 동일하게 된다. 만약 보정량의 전송 시 시간의 경과가 발생하지 않으면 차분측위는 상대측위로 간주된다.

이동국 B에서의 측위는 보정된 코드 의사거리 $R_B^j(t)_{corr}$을 사용하여 수행되며, 이를 통해 측위 정밀도가 개선되게 된다. 코드를 이용한 DGPS에 대한 기초조건은 코드를 이용한 동적 단독측위에 대한 기초조건과 동일하다.

2-2) 위상에 대한 DGPS

시점 t_0에서 기준국 A와 임의의 위성 j 간의 위상 의사거리는 다음과 같이 표현된다.

$$\lambda\phi_A^j(t_0) = \rho_A^j(t_0) + \Delta\rho_A^j(t_0) + \Delta\rho^j(t_0) + \Delta\rho_A(t_0) + \lambda N_A^j \tag{2.37}$$

코드거리 관측의 경우와 마찬가지로 $\rho_A^j(t_0)$는 기하학적 거리, $\Delta\rho_A^j(t_0)$는 기준국과 위성의 위치에 의존하는 오차, $\Delta\rho_A(t_0)$는 수신기에 의존하는 오차를 나타내며, N_A^j는 위상의 모호정수를 나타낸다. 따라서 시점 t_0에서 임의의 위성 j 에 대한 위상거리 보정량은 다음과 같이 표현될 수 있다.

$$PRC^j(t_0) = \rho_A^j(t_0) - \lambda\phi_A^j(t_0) = -\Delta\rho_A^j(t_0) - \Delta\rho^j(t_0) - \Delta\rho_A(t_0) - \lambda N_A^j \tag{2.38}$$

또한 기준국 A에서 거리비 보정량과 이동국 B에 대하여 예측되는 위상거리 보정량은 코드 의사거리의 경우와 동일한 방법으로 계산된다. 따라서 시점 t 에 대한 이동국 B의 보정된 위상 의사거리는 다음과 같이 표현될 수 있다.

$$\lambda\phi_B^j(t)_{corr} = \rho_B^j(t) + \Delta\rho_{AB}(t) + \lambda N_{AB}^j \tag{2.39}$$

여기에서 $\Delta\rho_{AB}(t) = \Delta\rho_B(t) - \Delta\rho_A(t)$이고, $N_{AB}^j = N_B^j - N_A^j$는 위상 모호정수의 단일 차분을 의미한다. 이동점 B에서의 측위는 보정된 위상 의사거리 $\lambda\phi_B^j(t)_{corr}$을 이용하여 수행되며, 이를 통해 측위 정밀도가 개선된다. 위상 의사거리를 이용한 DGPS는 가장 정확한 RTK 측량에 사용되지만, 모호정수를 해석하기 위해서는 OTF 기법을 적용해야 한다. 따라서 기준국과 이동국에서 최소한 다섯 개의 위성을 동시에 관측할 수 있어야 한다. RTK 방법을 종종 반송파 위상 차분기술(Carrier phase differential technique)이라고도 부른다. 만약 여기서 경과시간(Latency)가 0이 되면, 이러한 차분측위는 상대측위로 간주된다.

3) 상대측위

상대측위의 목적은 기지점의 위치좌표(대부분 고정된 좌표)를 기준으로 하여 이에 대한 미지점의 위치좌표를 상대적으로 결정하는 것이다. 좌표를 알고 있는 기준점을 A, 미지점을 B, 두 점간의 기선벡터를 b_{AB}라고 하고, 각 점의 위치벡터를 X_A, X_B라고 표기하면 이는 다음과 같은 관계를 만족한다.

$$X_B = X_A + b_{AB} \tag{2.40}$$

여기서 기선벡터 b_{AB}의 성분은 다음과 같이 표현된다.

$$\underline{b}_{AB} = \begin{bmatrix} X_B - X_A \\ Y_B - Y_A \\ Z_B - Z_A \end{bmatrix} = \begin{bmatrix} \Delta X_{AB} \\ \Delta Y_{AB} \\ \Delta Z_{AB} \end{bmatrix} \tag{2.41}$$

또한 WGS84 좌표계에 준거한 기준점의 위치좌표가 주어져야 하며, 이러한 위치좌표는 대부분 코드거리 해법에 의하여 근사화된다. 상대측위는 코드거리 또는 위상거리를 이용하여 수행되지만, 여기에서는 위상거리를 이용한 상대측위에 대해서만 고려하기로 한다. 상대측위를 수행하기 위해서는 먼저 기준점과 미지점 양쪽에서 동시에 관측이 이루어져야 한다. 2개의 관측점 A, B에서 위성 j와 k를 동시에 관측하면, 이들 관측량으로부터 단일차분, 이중차분 및 삼중차분이라 불리는 선형조합이 형성된다. 이러한 관측량의 차분을 만드는 방법으로는 2개의 수신기 간의 차분을 수행하거나, 2개의 위성 간의 차분을 수행하거나, 2개의 서로 다른 시점 간의 차분을 수행하는 세 가지의 서로 다른 방법이 존재한다. 먼저 단일차분이란 하나의 위성에 대한 수신기

간의 차분을 의미하며, 이중차분이랑 서로 다른 위성에 대한 수신기 간의 차분을 의미한다. 마지막으로 삼중차분이란 서로 다른 시점에서 이중차분을 수행한 것을 의미한다. 대부분의 후처리용 소프트웨어에서는 이들 세 가지 차분이 모두 사용된다.

3-1) 위상차분

① 단일차분

단일차분에서는 2개의 관측점과 하나의 위성이 관계된다. 각 관측점을 A, B로 표기하고, 관측되는 위성을 j로 표기한다. A와 B에서 위상의 관측방정식은 아래와 같이 표현된다.

$$\begin{aligned} \phi_A^j(t) + f^j \delta^j(t) &= \frac{1}{\lambda}\rho_A^i(t) + N_A^j + f^j \delta_A(t) \\ \phi_B^j(t) + f^j \delta^j(t) &= \frac{1}{\lambda}\rho_B^i(t) + N_B^j + f^j \delta_B(t) \end{aligned} \tag{2.42}$$

따라서 이 두 방정식의 차, 즉 차분은 다음과 같이 표현된다.

$$\phi_A^j(t) - \phi_B^j(t) = \frac{1}{\lambda}[\rho_B^i(t) - \rho_A^i(t)] + N_B^j - N_A^j + f^j[\delta_B(t) - \delta_A(t)] \tag{2.43}$$

위의 식을 단일차분의 방정식이라 부른다. 이러한 방정식은 우변의 미지량에 대한 해석에만 관련된다. 또한 이 방정식의 행렬은 매우 많은 Redundancy가 존재할 경우에도 계수부족을 발생시키게 되며, 이러한 현상은 모호정수의 계수 및 수신기 시각편의량의 계수에서 모두 나타나게 된다. 두 경우 모두 계수의 절대값은 두 관측점에 대해 동일하다. 이는 조정을 위한 설계행렬이 열 성분과 선형관계를 가지며, 이에 의해 계수부족이 발생한다는 것을 의미하고 있다.

② 이중차분

2개의 관측점 A,B에서 동시에 관측된 2개의 위성 j, k를 고려하면, 다음과 같은 2개의 단일차분이 형성된다.

$$\begin{aligned} \phi_{AB}^j(t) &= \frac{1}{\lambda}\rho_{AB}^j(t) + N_{AB}^j + f^j \delta_{AB}(t) \\ \phi_{AB}^k(t) &= \frac{1}{\lambda}\rho_{AB}^k(t) + N_{AB}^k + f^k \delta_{AB}(t) \end{aligned} \tag{2.44}$$

이중차분은 이러한 단일차분을 다시 차분하는 것에 의해 얻어진다. 이때 두가지 위성 신호가 동일한 주파수 $f^j = f^k$를 가진다고 가정하면, 이중차분은 다음과 같이 표현된다.

$$\phi^k_{AB}(t) - \phi^j_{AB}(t) = \frac{1}{\lambda}[\rho^k_{AB}(t) - \rho^j_{AB}(t)] + N^k_{AB} - N^j_{AB} \tag{2.45}$$

위성 j,k에 대해 간략화된 표기를 적용하면, 최종적인 이중차분 방정식은 다음과 같이 얻어진다.

$$\phi^{jk}_{AB}(t) = \frac{1}{\lambda}\rho^{jk}_{AB}(t) + N^{jk}_{AB} \tag{2.46}$$

이러한 이중차분에서는 수신기 시각편의량에 의한 영향이 소거되기 때문에, 상대측위를 위해서 가장 자주 사용되고 있다. 단, 이러한 영향의 소거는 두 위성의 신호가 동시에 관측되며, 그 신호의 그 신호의 주파수가 서로 동일할 경우에만 가능하다. 이중차분을 위해서 다음과 같은 표기가 상징적으로 사용되고 있는데, 여기서 기호 $*$는 상황에 따라 기호 ϕ, ρ, N로 바꾸어 표현될 수 있다.

$$*^{jk}_{AB} = *^{k}_{AB} - *^{j}_{AB} \tag{2.47}$$

또한 각 항들은 2개의 아래첨자와 위첨자로 구성되는 총 4개의 세부항으로 이루어지며, 다음과 같이 표현된다.

$$*^{jk}_{AB} = *^{k}_{B} - *^{j}_{B} - *^{k}_{A} + *^{j}_{A} \tag{2.48}$$

이러한 상징적 표기는 이중차분 방정식의 각 항들에 대해 특정화되어 사용되며, 이를 표현하면 다음과 같다.

$$\begin{aligned} \phi^{jk}_{AB}(t) &= \phi^k_B(t) - \phi^j_B(t) - \phi^k_A(t) + \phi^j_A(t) \\ \rho^{jk}_{AB}(t) &= \rho^k_B(t) - \rho^j_B(t) - \rho^k_A(t) + \rho^j_A(t) \end{aligned} \tag{2.44}$$

$$N^{jk}_{AB}(t) = N^k_B - N^j_B - N^k_A + N^j_A \tag{2.50}$$

③ 삼중차분

단일차분과 이중차분에서는 1개의 관측시점만을 고려한다. 하지만 이러한 차분법들은 시간에 의존하는 모호성을 소거하지 못하기 때문에, 2개의 관측시점 간의 이중차분을 다시 차분하는 방법, 즉 삼중차분이 제안되었다. 2개의 시점을 각각 t_1, t_2라고 하면, 각 시점에 대한 이중차분은 다음과 같이 표현된다.

$$\begin{aligned}\phi_{AB}^{jk}(t_1) &= \frac{1}{\lambda}\rho_{AB}^{jk}(t_1) + N_{AB}^{jk} \\ \phi_{AB}^{jk}(t_2) &= \frac{1}{\lambda}\rho_{AB}^{jk}(t_2) + N_{AB}^{jk}\end{aligned} \tag{2.51}$$

따라서 이를 다시 차분한 삼중차분 방정식은 다음과 같이 나타낼 수 있다.

$$\begin{aligned}\phi_{AB}^{jk}(t_1) &= \frac{1}{\lambda}\rho_{AB}^{jk}(t_1) + N_{AB}^{jk} \\ \phi_{AB}^{jk}(t_2) &= \frac{1}{\lambda}\rho_{AB}^{jk}(t_2) + N_{AB}^{jk}\end{aligned} \tag{2.52}$$

따라서 이를 다시 차분한 삼중차분 방정식은 다음과 같이 나타낼 수 있다.

$$\phi_{AB}^{jk}(t_2) - \phi_{AB}^{jk}(t_1) = \frac{1}{\lambda}[\rho_{AB}^{jk}(t_2) - \rho_{AB}^{jk}(t_1)] \tag{2.53}$$

이를 다시 간략화하여 표현하면 다음과 같다.

$$\phi_{AB}^{jk}(t_{12}) = \frac{1}{\lambda}\rho_{AB}^{jk}(t_{12}) \tag{2.54}$$

삼중차분의 장점은 모호성, 즉 모호정수에 의한 영향을 소거시킬 수 있다는 것이며, 이에 따라 모호정수의 변동으로 인한 영향을 회피할 수 있게 된다. 이러한 모호정수의 변동을 사이클 슬립이라고 한다.

④ 정적 상대측위

관측점 A와 B 사이의 단일한 기선(단기선)에 대한 정적 측위에서는 모든 관측이 수행되는 동안 2개의 수신기가 고정된 상태로 있어야 한다. 이 정적 측위에서 발생하는 관측방정식의 수 및 미지량에 대한 단일차분, 이중차분, 삼중차분을 각각 살펴보도록 한다. 먼저 두 관측점 A,B에서는 동일한 시점에 대하여 동일한 위성이 관측된다고 가정하자. 여기에서 위성신호 수신방해와 같은 실질적인 문제는 발생하지 않는 것으로 고려한다. 또한 앞의 내용과 동일하게 관측시점의 수는 n_t, 관측위성의 수는 n_j로 각각 표기하기로 한다.

차분되지 않은 위상은 미리 가정된 위성의 시각편의량을 이용하여 산출되는 것이지만, 여기에서는 관측점 A와 B가 서로 연결되지 않기 때문에 이를 포함하지 않는다. 따라서 두 점의 관측자료는 서로 개별적으로 해석되며, 이는 단독측위의 해석과 동일하게 된다.

각 시점별로 모든 위성에 대한 단일차분이 각각 생성되며, 이에 따라 총 관측량의 수는 n_j, n_t가 된다. 다음은 생성된 단일차분 방정식과 방정식의 각 항에 해당하는 미지량의 수를 나타낸 것이다.

$$\begin{aligned} \phi^j_{AB}(t) &= \frac{1}{\lambda}\rho^j_{AB}(t) + N^j_{AB} + f^j\delta_{AB}(t) \\ n_j n_t &\geq 3 + n_j + (n_t - 1) \end{aligned} \tag{2.55}$$

이때 미지의 시각편의량의 수는 $n_t - 1$개인데, 이것은 1의 계수부족이 발생한다. 정적 단독측위의 경우와 마찬가지로 위의 식으로부터 다음의 관계식을 얻을 수 있다.

$$n_t \geq \frac{n_j + 2}{n_j - 1} \tag{2.56}$$

이 식을 통해 측위해를 얻기 위한 최소의 필요조건을 이론적으로 찾아낼 수 있다. 먼저 1개의 위성을 관측하는 경우를 살펴보면, 만약 관측되는 위성이 2개라면 $n_t \geq 4$가 되며, 일반적인 관측조건인 4개의 위성에 대해서는 $n_t \geq 2$가 되는 것을 알 수 있다.

이중차분의 경우에도 총 관측량의 수와 미지량의 수 사이의 관계에 이와 동일한 논리가 적용된다. 하나의 이중차분을 만들려면 2대의 위성이 필요하기 때문에, n_j개의 위성을 관측할 경우 각 시점마다 $n_j - 1$개의 이중차분이 생성된다. 따라서 모든 시점에 대해서는 $(n_j - 1)n_t$개의 이중차분이 생성된다. 다음은 생성된 이중차분 방정식과 이 방정식의 각 항에 해당하는 미지량의 수를 나타낸 것이다.

$$\begin{aligned} \phi^{jk}_{AB}(t) &= \frac{1}{\lambda}\rho^{jk}_{AB}(t) + N^{jk}_{AB} \\ (n_j - 1)n_t &\geq 3 + (n_j - 1) \end{aligned} \tag{2.57}$$

역시 위의 조건으로부터 아래의 관계식이 얻어지며, 이는 위 식 2.57의 관계식과 동일하다.

$$n_t \geq \frac{n_j + 2}{n_j - 1} \tag{2.58}$$

따라서 측위해가 얻어지는 조건도 동일하다. 여기서는 이중차분을 생성할 때 방정식간에 선형적으로 독립된 관계를 갖지 않도록 기준위성을 사용하게 되는데, 이를 기준으로 다른 위성에서 얻어진 관측량과의 차분이 수행되게 된다.

삼중차분에 대한 수학적 모델은 3개의 위치좌표 미지량만을 포함한다. 하나의 삼중차분을 만들기 위해서는 2개의 시점에 대한 관측이 필요하며, 이에 따라 n_t개의 시점에 대한 관측량을 이용하면 $n_t - 1$개의 선형적으로 독립된 삼중차분을 만들 수 있다. 따라서 최종적인 삼중차분의 관계식 및 관측조건은 다음과 같이 표현된다.

$$\begin{aligned} &\phi_{AB}^{jk}(t_{12}) = \frac{1}{\lambda}\rho_{AB}^{jk}(t_{12}) \\ &(n_j - 1)(n_t - 1) \geq 3 \end{aligned} \tag{2.59}$$

정적 상대측위에서도 단일차분, 이중차분 및 삼중차분의 수학적 모델이 모두 이용되고 있다. 관측방정식의 수와 미지량의 수 사이의 관계는 동적 측위의 경우에서도 동일하게 다루어진다.

3-2) 동적 상대측위

동적 상대측위에서 기선벡터 상의 기준점 A에 위치한 수신기는 고정된 상태가 된다. 두 번째 수신기는 이동하며, 임의의 시점에 대하여 그 위치가 결정되게 된다. 이 경우 단일차분, 이중차분, 삼중차분에 대한 수학적 모델에는 기하학적 거리의 변화로 나타나는 수신기의 운동이 잠재적으로 포함되게 된다. 이동점 B에서 위성 j 를 고려하면, 정적 측위의 경우 위성 j 와 수신기 간의 기하학적 거리는 다음과 같이 주어진다.

$$\rho_B^j(t) = \sqrt{(X^j(t) - X_B)^2 + (Y^j(t) - Y_B)^2 + (Z^j(t) - Z_B)^2} \tag{2.60}$$

이를 시간에 따라 변하는 이동점 B를 고려하여 동적 측위의 경우로 표현하면 다음과 같다.

$$\rho_B^j(t) = \sqrt{(X^j(t) - X_B(t))^2 + (Y^j(t) - Y_B(t))^2 + (Z^j(t) - Z_B(t))^2} \tag{2.61}$$

이러한 수학적 모델에서는 각 시점에 대한 3개의 위치좌표가 미지량으로 간주된다. 따라서 n_t개의 시점에 대한 관측을 수행할 경우 미지 위치좌표의 총 수는 $3n_t$가 된다.

동적 측위의 경우에 수행되는 단일차분, 이중차분을 위한 관측량의 수와 미지량의 수 사이의 관계는 다음과 같이 표현된다.

$$\begin{aligned} \text{일중차: } & n_j n_t \geq 3n_t + n_j + (n_t - 1) \\ \text{이중차: } & (n_j - 1)n_t \geq 3n_t + (n_j - 1) \end{aligned} \tag{2.62}$$

동적측위의 경우, 이동수신기의 연속적인 움직임으로 인해 이동수신기의 위치 결정에 사용이 가능한 관측량이 하나의 시점에 대한 것으로 제한되지만, 위의 식의 수학적 모델 모두는 $n_t = 1$에 대해 효율적인 측위해를 제공하지 못한다. 따라서 동적 측위를 위한 이러한 모델들은 미지의 모호정수를 제거하는 것을 통해 미지량의 수를 감소시키도록 수정된다. 단일차분에 이러한 수정을 수행할 경우 다음과 같은 두 가지의 효과가 발생한다. 먼저 총 n_j개의 모호정수가 소거된다. 두 번째로 총 n_t개의 수신기 편의량이 결정되어 계수부족의 문제가 해결된다. 따라서 수정된 단일차분 모델의 기초조건은 $n_j n_t \geq 4n_t$이 되며, 단일 시점에 대해서는 $n_j \geq 4$가 된다. 이와 동일하게 이중차분 모델에서 $n_t - 1$개의 모호정수를 제거하게 되면 이에 상응하는 조건식은 $(n_j - 1)n_t > 3n_t$가 되며, 이에 따라 단일한 시점에 대해서 $n_j \geq 4$의 조건을 가지게 된다. 즉, 동적 측위에 대한 단일차분 및 이중차분 모델을 위해서는 모두 동시에 4개 이상의 위성을 관측할 필요가 있다는 것을 알 수 있다.

동적 측위에서 삼중차분은 매우 한정되어 이용된다. 실제로 동적 측위의 경우 이동수신기의 위치좌표가 매 시점마다 변동되기 때문에, 두 관측점에서 동시에 2개 이상의 위성이 2개 시점에 대하여 관측되어야 한다는 삼중차분의 원리가 원칙적으로는 적용되지 않는다. 그러나 기준시점에 대한 이동수신기의 위치좌표를 알 수 있다면, 삼중차분을 적용할 수 있다.

단일차분과 이중차분에서 모호정수를 제거한다는 것은 이러한 모호정수를 이미 알고 있다는 것을 의미한다. 따라서 이동수신기의 위치좌표 중 하나라도 알고 있다면, 모든 관측방정식을 풀 수가 있다. 또한 이러한 기지의 위치좌표로는 가급적이면 출발지점의 위치좌표를 선택하는 것이 바람직하며, 이러한 출발지점과 고정된 기준점 사이의 기선을 출발기선(Starting vector)이라 부르고 있다. 모호정수는 이러한 출발기선을 이용하여 결정되며, 이후 모든 이동점에서 위성신호의 추적에 단절이 발생하지 않고 최저 4개 이상의 위성이 연속적으로 관측되는 동안에는 전 측정에 걸쳐 동일하게 사용된다.

3-3) 의사동적 상대측위

의사동적 방법은 커다란 자료의 공백이 발생한 정적 측위와 동일한 개념으로 간주할 수 있다. 예를 들어 이중차분을 위한 수학적 모델에서는 관측점이 서로 다른 시간에서 재관측되기 때문에, 일반적으로 2조의 위상 모호정수가 해석되어야 한다. 자료의 처리는 먼저 관측점에 대한 두 번의 재관측 동안에 수집된 몇 분간의 자료에 대하여 삼중차분 해석을 수행하는 것에 의해 실행된다. 그 후 해석된 삼중차분에 기초하여, 2조의 모호정수 간의 연결이 수행된다. 모호정수 간의 연결이 성공적으로 수행된 후에는 통상적인 이중차분이 수행된다. 두 번의 재관측 사이의 시간간격은 정확도에 영향을 미치는 중요한 요소이다.

2.1.8 세계 GNSS 현황

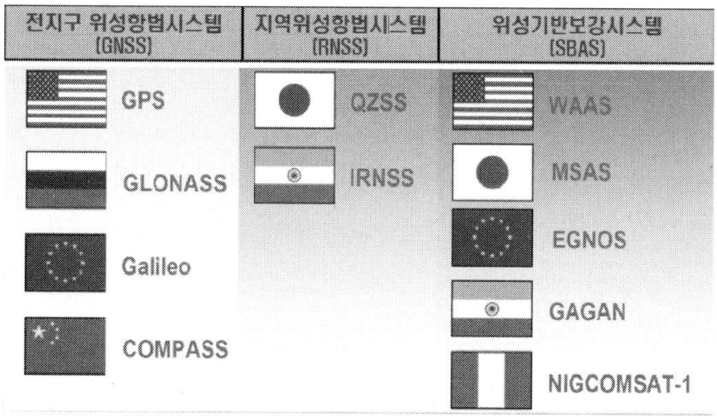

그림 2.20 세계 GNSS 현황

표 2.7 Galileo, GLONASS, GPS 비교

	Galileo	GLONASS	GPS
위성수	30(2011)	19(2007.03)	30(2007.03)
궤도면수	3	3	6
위성고도	23,616km	19,100km	20,180km
위성주기	14h4m	11h15m	11h58m
다중접속방식	CDMA	FDMA	CDMA
코드 주파수	E1 : 1.024MHz E5 : 10..23MHz E6 : 5.115MHz	C/A : 0.511MHz P : 5.11MHz	C/A : 1.023MHz P : 10.23MHz

표 2.8 GNSS 활용분야

응용 분야	활용 분야
항공우주	위성자세 및 궤도 결정, 비행항로관리
과학분야	자원탐사, 지각변위 관찰
군사분야	군사훈련, 미사일 유도항법
육상교통	차량추적, 철도운행관리, ITS
복지분야	미아/노약자 위치 추적
해양분야	정밀접안, 수로항로안내
환경토목	시설물관리, GIS(측지/측량)
스포츠	운동경로기록, 경로 안내
레저분야	낚시, 캠핑, 등산

1) GLONASS

1976년 구소련은 미국 GPS에 대항하기 위하여 독자적 전파 위성 항법 시스템인 GLONASS를 구축하려고 했다. 그러나 구축에 필요한 위성을 모두 발사하기 전에 소련이 붕괴되어 예산의 축소로부터 위성 발사가 좌절되었다. 러시아가 되고 나서 계획이 재개되어 2005년에는 재개 후 첫 위성을 쏘아 올려 현재 24개의 위성이 운용되고 있다.

GLONASS는 GPS와 유사하나 위성 신호 구별 방법, 궤도면 수, 표준시간계, 반송파 주파수, 궤도표현방식이 다르며 미국의 GPS는 CDMA방식을 사용하고 상업용, 군사용 2가지 모드로 구분 할 수 있지만 GLONASS의 경우 FDMA방식으로 각각의 위성들이 같은 의사 잡음 코드(Pseudo random code)를 위성마다 할당된 다른 주파수대에 실어 전송한다. 또한 GLONASS는 상업용 단일 모드라는 특징을 가지고 있다. GLONASS의 경우 GPS와 같이 지구중심 고정좌표계를 사용하여 위성자신과 사용자의 위치를 파악하며, 사용하는 좌표계는 PZ-90으로써 GPS에서 사용하는 WGS-84 좌표계와는 차이가 있다. GPS에서 사용하는 좌표계는 미국을 중심으로 정확도가 높으며, PZ-90 좌표계의 경우 러시아를 중심으로 구 소련연방과 동유럽, 그리고 아시아 지역에서 비교적 정확도가 높다. 최근 러시아는 GLONASS 운용에 필요한 지상 기지 수를 54개로 확대하여 2016년까지 L1 SBAS 범위의 신호로 러시아 영토를 지속적으로 커버할 수 있도록 하는 계획과 2018년까지 러시아의 중앙 지역에서 L1 SBAS 범위의 신호를 2배로 늘리는 목표를 갖고 있다. 2018년까지 L1/L3 GLONASS 범위의 신호를 이용하여 매우 정확한 내비게이션 서비스를 제공할 예정에 있다.

2) GALILEO

GALILEO는 러시아의 GLONASS와 마찬가지로 미국의 GPS 의존도를 낮추기 위해 EU와 유럽우주국이 2003년부터 추진해온 프로젝트로서 프랑스와 독일을 중심으로 2019년까지 위성 30기 발사를 목표로 우리나라도 참여하고 있다. 이 프로젝트는 2003년부터 추진됐지만 재원 확보 문제 등에 부딪혀 어려움을 겪다가 2007년 11월 EU 교통장관회의에서 당초 계획보다 3년 늦은 2013년 개통을 목표로 공적자금 투입을 결정하면서 프로젝트의 진행이 원활해졌다. GALILEO는 이중 주파수로 이뤄진 신호체계를 기반으로 GPS보다 정확도와 안정성이 뛰어난 서비스를 제공할 것으로 기대되고 있다. 2020년 이전 완전 개통을 목표로 자동차 내비게이션과 항공기 경로안내, 모바일 위치기반 서비스 등 다양한 분야에서 서비스될 예정이다.

3) Bei Dou

중국은 GPS가 상업적 용도 외에 군사적인 용도로도 사용된다는 점에서 독자적인 시스템이 필요하다고 보고 1994년부터 Bei Dou 시스템 개발을 진행했고 2007년 4월 14일 Bei Dou 위성 1호 발사에 성공했다. 현재 Bei Dou는 수평 10m 수직 10m의 위치 확인 정확도, 0.2m/s의 속도 측정 정확도의 서비스와 특히 쌍방향 고정밀도 천문시간서비스와 통신서비스를 동시에 제공할 수 있는 특징을 갖고 있다. Bei Dou 의 발전단계를 총 3단계로 이루어져 있다. 1단계는 Bei Dou 1호 위성의 위치시스템으로 지역적 항법시스템을 구축하여 중국과 주변지역에 대한 위치시스템 구비, 2단계는 2012년까지 2세대 Bei Dou 위성 배치 완료, 마지막인 3단계는 오는 2020년까지 Bei Dou 위성 35기(정지위성 5기, 궤도위성 30기)를 모두 발사하여 전 세계적인 범위에서 GPS 서비스를 실시한다는 계획을 세워놓고 있다.

4) QZSS

일본은 도심이나 산악지역과 같이 높은 빌딩 및 나무에 의해서 GPS 신호가 차단되는 지역에서 성능향상을 목적으로 QZSS(Quasi-Zenith Satellite System)를 개발하였다. QZSS는 동아시아와 오세아니아를 서비스 지역으로 하는 지역 위성항법 시스템으로 GPS 신호와 높은 상호 운용성(Interoperability)과 호환성(Compatibility)을 갖고 있다. QZSS 위성은 높은 앙각을 갖고 있어 도심지역에서 가용성과 정확도를 증가시킨다. 일본은 2010년 9월 11일 "안내자"라는 뜻을 갖는 첫 번째 위성 MICHIBIKI를 발사한 이래로 위성궤도와 송출신호 검증 실험을 수행하였다. 6월 22일과 7월 14일 각각 L1 C/A, L2C 신호와 L5 그리고 L1C 신호에 대한 Alert flag를 해제하고, 실제 항법해 계산에 이용할 수 있는 신호를 송신하고 있다.

QZSS 위성은 경사각을 갖는 정지궤도(Inclined Geosynchronous Satellite Obit, IGSO) 위성과 경사각이 없는 정지궤도(Geosynchronous Orbit, GSO) 위성 4~7개로 구성될 계획이다. IGSO 위성은 8자 형태의 렘니스케이드 궤적을 갖고 있으며, 현재 첫 번째 위성 MICHIBIKI가 위성궤도와 송출신호 검증을 마치고, 항법신호를 송신하고 있다. IGSO 위성의 공전 주기는 지구자전 주기와 같은 약 23시간 56분이다. 아래의 그림 2.21은 MICHIBIKI 위성의 궤도 지적선을 나타내고 표 2.9는 궤도의 주요 변수를 나타낸다.

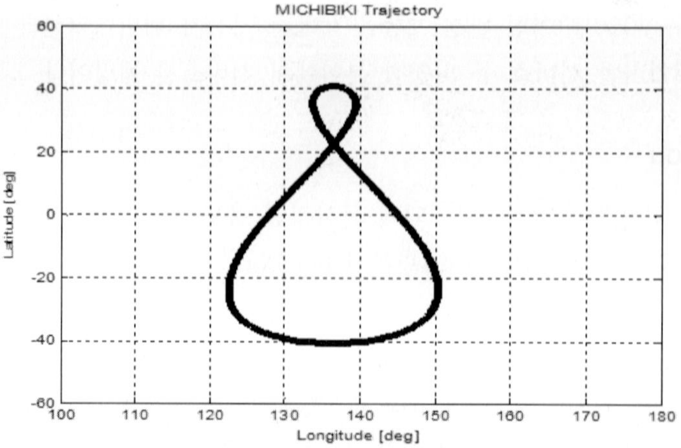

그림 2.21 MICHIBIKI 위성 궤도 지적선

표 2.9 MICHIBIKI 궤도 변수

항목	내용
궤도	준천정궤도
고도	원지점 : 40,000km
	근지점 : 32,000km
경사각	41도
주기	23시간 56분

일반적으로 이종의 위성항법시스템은 서로 다른 시각 시스템과 좌표 시스템을 갖고 있으므로 측정치를 통합하기 위해서는 그 차이를 보정해야 한다. 아래에 QZSS의 GPS와의 시각 시스템과 좌표 시스템 차이에 대해서 나타내었다.

QZSS 시각 시스템(QZSST)은 UTC(NICT)를 따르며, GPS 시각 시스템(GPST-UNSO) 사이의 차이는 위성항법메시지에 포함된 위성시계 오차 변수를 이용해서 보정한다. 1초의 길이와 주 번호(Week Number)의 시작점은 GPS와 동일하다. 따라서 QZSS는 GPS 시각과의 차이를 보정하기 위해서 Galileo와 같이 별도의 보정 변수 제공 하거나 추정하는 알고리즘이 필요하지 않다. GPST와 QZSST의 Offset은 2.0m(약 6.67, 95%)를 넘지 않도록 설계되었다.

QZSS의 좌표시스템 JGS(Japan Satellite Navigation Geodetic System, JGS)는 세계 기준 좌표계(International Terrestrial Reference System, ITRS)를 따라서 정의되어있다. QZSS 좌표 시스템과 GPS 좌표 시스템 WGS84와의 차이는 0.02m 보다 작도록 설계되었다. 좌표 시스템 차이는 측지학을 연구하는 분야를 제외하고는 무시할 수 있는 값이므로 시각 시스템과 동일하게 두 좌표계 일치를 위한 보정정보를 제공하지 않는다.

2.1.9 DGPS

1) DGPS란?

DGPS(Differential GPS)는 GPS에 의해 결정한 위치 오차를 줄이는 기술이다. 이미 위치를 정확하게 알고 있는 수신기의 위치를 기준으로 사용한다. 대게 DGPS는 기준국에서의 항법메세지, 항법력 그리고 위성의 시계오차를 포함한 효과를 결정하는 것과, 일반 사용자에게 실시간으로 보정된 의사거리(Pseudo range)를 송신하는 일이 포함된다.

일반 GPS 사용자들이 보다 유사한 정확도를 달성하거나, PPS로 설비된 군대의 장치들에 유용하다. 위치가 알려진 고정된 장소에 GPS 기준국을 설치하여 이곳에서 수신된 신호로부터 계산된 위치와 정확한 위치와의 차이를 주변의 사용자들이 수신하도록 하여 정밀도를 향상시킬 수 있는 시스템이다. GPS 기준국에서는 보이는 모든 위성을 추적하며, 이들 위성의 위치 데이터를 수신하여 위치 보정량을 계산 한다 적절히 설비된 모바일 GPS 리시버들은 오류보정 메시지를 사용함으로써 2~10m 이내의 정확한 위치를 계산 할 수 있다. DGPS 기준국은 지구표면에서 평행선으로 전해지는 저주파 라디오 웨이브(Wave)가 방송된다. DGPS는 제한된 거리를 가진 지역 시스템이다. 기준국은 신뢰할 수 없는 위성 신호와 보정 메시지를 구별한다. 이 과정은 사용자에게 자동적이고 보이지 않는다. 보정 신호는 위성 신호보다 다른 주파수로 방송하기 때문에 분리된 리시버와 안테나를 필요로 하게 된다.

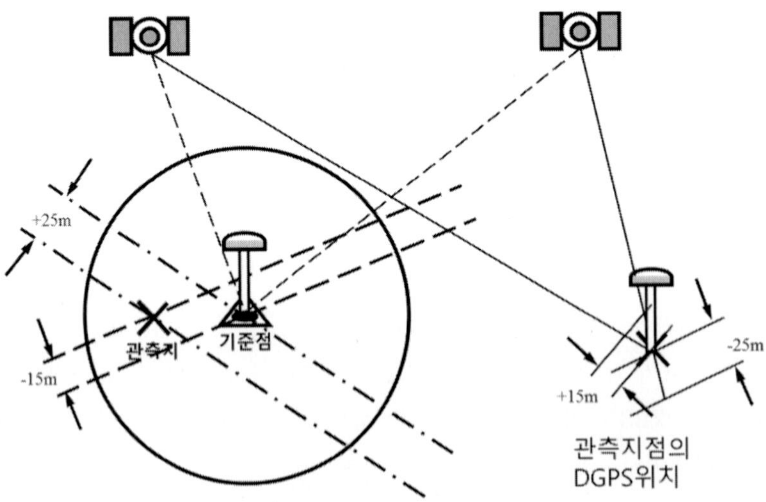

그림 2.22 DGPS 개념도

1-1) DGPS 개념

C/A 코드 하나만 사용할 경우 ~10m 이내의 정밀도로 위치를 결정하는 것은 현실적으로 불가능한데 이것은 수신기가 결정하는 위성까지의 거리자료에 여러 가지 오차 요인이 복합적으로 영향을 미치기 때문이다. 특히 미 국방성에서 고의로 민간 GPS 이용의 정밀도를 저하시키기 위한 SA(Selective Availability)가 시행 중일 때는 이보다 더욱 정밀도가 떨어지게 되는데 단독으로 작동되는 수신기가 자신이 계산하고 있는 위치 정보가 틀린지 맞는지를 판단 할 수 있는 방법이 없다. 만약 어떤 제 2의 장치가 수신기 근처에 존재하여 지금 현재 수신받는 자료가 얼마만큼 빗나간 양이라는 것을 수신기에게 알려줄 수 만 있다면 위치결정의 오차를 극소화시킬 수 있는데 바로 이 방법이 Differential GPS 또는 DGPS라고 불리는 기술이다. DGPS(Differential GPS) 기법은 단독측위 기법의 정밀도를 향상시키기 위해 개발된 것으로 2대 이상의 수신기와 통신매체가 필요하다. 기준점에 설치된 1대의 수신기에서는 이미 알고 있는 기준점의 위치 정보를 이용하여 관측된 각 위성에 포함된 오차량을 계산할 수 있다. 이것을 위성마다의 거리오차 보정치(Range Correction)로 환산하여 국제 표준 형식인 RTCM SC-104 자료 형태로 전환한 후, 통신매체를 통해 이동체에 탑재된 수신기에 전달하면 이동체에서는 저가의 항법용 수신기를 가지고도 차량 등의 이동체에 대해서는 수 m , 정지한 대상에 대해서는 1미터 이내의 실시간 위치 측정이 가능하다. 이 기법은 주로 ITS와 GIS 분야에 활용되고 있다. DGPS용 통신매체로는 FM 부가방송 서비스나 비콘 통신망, 이동통신 혹은 위성 통신망 등이 사용될 수 있다. 현재 후처리 DGPS 서비스 차원에서 인터넷을 이용한 보정 값 전송 방법에 대한 연구도 활발히 진행되고

있다. DGPS의 위치의 오차는 항법장비의 경우, 대략 10m내외, GIS 데이터 취득용 장비 또는 해양측량용 장비의 경우는 1m가 된다.

2) DGPS의 등장배경

GPS는 현재까지 개발된 전파에 기반을 둔 항법 체계 중 가장 정확한 정보를 제공하는 시스템 중의 하나이다. 현재 실제로 많은 응용분야에 있어서도 기본적인 GPS만으로 충분한 정밀도를 제공하기는 하지만 좀 더 향상된 정확도를 가지는 체계를 마련하기 위해서 Differential GPS라는 방법이 고안되었다. DGPS 체계는 기본 GPS에 수반하는 여러 오차요인을 제거함으로써 움직이는 물체에 있어서는 수 m, 정지한 대상에 대해서는 1 m 이내의 위치 측정을 가능하게 만들어준다. 기본 GPS에 비해 괄목할만한 정밀도를 제공하는 DGPS는 GPS가 배나 비행기의 항법에만 사용될 수 있을 뿐만 아니라 자동차 및 정밀성이 요구되는 측지 등에까지 응용될 수 있는 길을 마련하였다.

2-1) 시기성에 따른 DGPS 종류

① 후처리(Post Processing) DGPS

모든 DGPS 응용분야에 있어서 실시간으로 정밀한 위치측정을 수행해야 하는 것은 아니다. 이를테면 새로 건설한 도로를 지도에 삽입하고자 할 때는 관측이 먼저 행해지고 이때 저장했던 측량자료를 후처리하여 위치를 계산할 경우도 있다. 이때 이동하는 수신기는 위성 신호의 수신 자료와 시간만 저장하며 기준국은 동시에 보정 값들을 계산하여 저장한다.

측량이 종료된 후 자료를 보정 값을 이용하여 후처리하면 정밀한 위치정보를 획득할 수 있다. 이럴 경우 기준 수신기와 이동 수신기간의 전파를 이용한 연결(Radio Link)은 필요하지 않으며 근처에 직접 보정 값을 받을 수 있는 기지국이 없어도 가능하다. 현재 인터넷을 이용한 보정 값 전송방법이 활발한 연구 가운데 있다.

2개의 수신기는 같은 시간에 같은 인공위성으로 부터 자료를 수신 받아야 한다. 이동 수신기에서 자료가 다 모아지면 기준 수신기는 작동을 멈추고 두 수신기에서 모아진 자료는 컴퓨터로 다운로드 된다. 이때 다운로드 된 자료는 수신기 제작 회사별로 형식이 다름으로 각 회사의 다른 형식에 상관없이 이용 할 수 있는 RINEX(Receiver INdependent EXchange) 표준형식으로 바꿔서 전송된다. 후처리를 하여야만 DGPS 위치를 얻을 수 있기 때문에 GIS용 데이터 취득에 이용되며, 수도관, 가스관, 전신주 조사 등에도 손쉽게 이용할 수 있다.

② 실시각(Real-Time) DGPS

때때로 실시각으로 보정되어진 자료들은 그 즉시 이용해야 될 경우가 있다. 현장에서 정확한 위치를 구할 수 있기 때문에 해양측량, 도로보수공사, 지하매설물 보수공사 등의 분야에 응용된다. 기본적 개념은 후처리 DGPS와 같지만 차이점은 후처리에서 2개의 수신기에서 수신된 데이터가 나중에 프로세싱을 위해 다운로드 되는 것과 달리 수신기가 수신을 받는 즉시 기준 수신기는 보정 값을 계산해서 바로 이동 수신기로 전송을 한다.

이때 기준 수신기에서 이동 수신기로 전송방법은 라디오 수신기를 통하거나 전송시간은 빠르나 비용이 많이 드는 셀룰라 전화선을 통해서 전송하는 방법이 있다. 실시각 DGPS에서 가장 널리 사용되는 표준형식을 RTCM SC-104(Maritime Service Special Committee 104) 또는 간단히 RTCM 이라고 한다.

* 후처리(Post processing)DGPS

- 반송파를 이용: 고 정밀도
- 무료 DGPS 보정자료를 이용하면 하나의 수신기만 필요함으로 비용이 적게 든다.
- 기준 수신기를 따로 구입하면 비용이 많이 든다.

* 실시각(Real time)DGPS

- 일반적으로 후처리 DGPS에 비해 정밀도 떨어짐
- 보정 자료를 즉각 제공할 수 있다
- 필드에 인력이 필요없다.
- RTCM 자료를 전송해 주기 위해 통신 시스템이 필요하다

2-2) 정확성에 따른 DGPS 종류

① 지역 보정 위성 항법 시스템(LADGPS : Local Area DGPS)

LADGPS는 가장 기본적인 항법시스템으로 높은정밀도를 필요로 할 때 쓴다. 지역 보정 위성 항법 시스템은 기본적으로 기준국과 기준국용 GPS 수신기, 그리고 사용자용 GPS 수신기로 구성되어 있다. 위치가 정확히 측지된 지점에 설치된 기준국에서는 기준국용 GPS 수신기를 사용하여 위성 데이터를 수신한다. 기준국에서는 모든 가시 위성에 대한 실제 거리를 계산할 수 있으므로 오차가 포함된 코드 정보에 의한 의사 거리(Pseudo range)로부터 의사 거리(Pseudo range)오차를 계산할 수 있다. GPS 위성은 지상으로부터 매우 먼 거리에 있으므로 기준국과 사용자 간의 거리가 비교적 가

까울 경우(150km 이내), 기준국의 의사 거리 오차와 사용자 의사 거리 오차는 거의 같기 때문에 기준국에서 계산한 오차항으로 사용자의 의사 거리를 보정하면 의사 거리 오차가 감소하여 m 수준의 위치 정확도로 사용자의 위치를 계산할 수 있다. 보정 항법 시스템에서는 보정치 전송을 위해 부가적으로 통신망이 구축되어야 하며 이러한 통신망이 구축되면 보정 정보를 수신할 수 있는 모든 사용자는 m 수준의 위치 정확도로 위치를 측정할 수 있다. 지역 보정 위성 항법 시스템은 가장 기본적인 DGPS로 좁은 영역에서 높은 정확도가 필요한 경우에 쓰인다. LADGPS는 기준국과 일반 수신기 사이에 공통된 오차값을 적용할 수 있는 지역적 범위마다 기준국을 설치해야 하는 지역적 한계로 인하여 비용이 많이 드는 단점이 있다. 따라서 주로 정밀한 측정이 필요한 공항 활주로나 항만 등에 주로 사용되고 있습니다.

② 광역 보정 위성 항법 시스템(WADGPS – Wide Area DGPS)

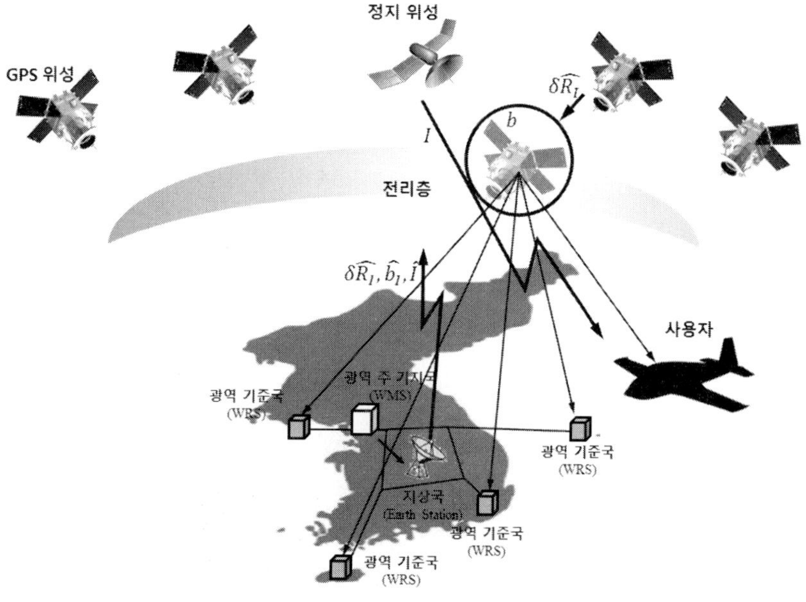

그림 2.23 광역 보정 위성 항법 시스템 개념도

광역 보정 위성 항법 시스템은 각 지역마다 배치되어있는 광역 기준국을 관장하는 광역 주기지국을 두어서 지역 보정 위성항법 시스템에 가지는 지역적, 비용적 한계를 극복하는 방식입니다. 넓은 지역을 훨씬 적은기지국으로 커버하는 시스템인 반면 지역보정 항법시스템 보다는 정확도가 약간 떨어지는 약점이 있습니다. 광역 보정 위성 항법 시스템은 GPS 위성 및 통신 기능을 담당하는 정지 위성과 기지국으로 구성된다.

기지국은 세 가지로 구분되며 광역 기준국(Wide area Reference Station), 광역 주 기지국(Wide area Master Station), 그리고 지상국으로 구성된다. 광역 기준국은 지역 보정 위성 항법 시스템에서와는 달리 오차 항을 각 성분으로 구분하여 계산하며 이러한 오차 항을 사용자에게 직접 전송하지 않고 광역 주 기지국으로 전송한다.

광역 주 기지국은 널리 분포된 여러 개의 광역 기준국으로 부터 각 성분별 오차 항에 관련된 데이터를 수신한 후 통합 처리하여 최종적인 보정 데이터를 벡터적으로 산출한다. 광역 주 기지국에서 처리된 보정 데이터는 지상국으로 송신되며 지상국은 이러한 보정 데이터를 GPS 위성 궤도 및 위성 시계에 대한 보정 데이터와 함께 정지 위성으로 송신한다. 정지 위성은 통합 처리된 보정 데이터를 사용자에게 전송하며 사용자는 보정된 의사 거리로 위치를 구하게 된다. 이와 같이 광역 보정 위성 항법 시스템은 지역 보정 위성 항법 시스템에서보다 적은 기준국으로 넓은 지역을 포괄할 수 있고 기준국 간의 상호 무 결성 감시도 용이하므로 지역 보정 위성 항법 시스템보다 훨씬 경제적이고 안정적이다.

③ 반송파 보정 위성 항법 시스템(CDGPS - Carrier-phase DGPS)

반송파 위상(Carrier-Phase) GPS라고 불리는 이런 GPS 응용분야는 일반인들이 사용하는 부호 위상(Code-Phase) GPS보다 매우 정밀도가 높은 반면에 장시간의 측정이 필요하고 특별한 소프트웨어가 필요하다는 단점이 있다.

[부호 위상과 반송파 위상의 비교]

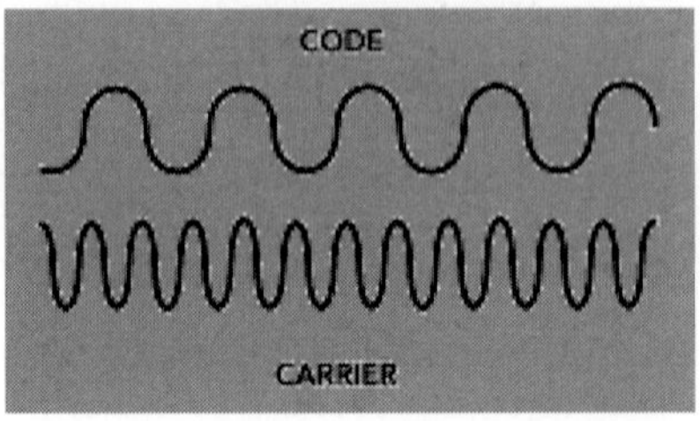

그림 2.24 부호 위상과 반송파 위상 비교

부호-위상이니 반송파-위상이니 하는 말은 우리가 타이밍(Timing)측정을 위해 이용하는 신호를 가지고 구분하는 용어이다. 반송파-위상의 파장이 좀 더 짧기 때문에 더 정밀한 위치측정이 가능하다. 일반적인 GPS 수신기는 수신기 자체에서 의사 난수 부호(Pseudo Random Code)를 발생시키고 그것을 수신된 위성신호와 비교함으로써 위성신호의 전달시간을 측정한다.

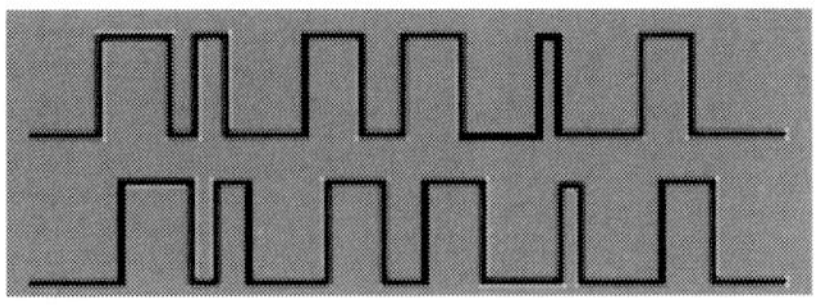

그림 2.25 부호 위상과 반송파 위상 비교

위성으로부터 받은 신호를 얼마만큼 이동시켜야 수신기 신호와 겹치는가를 측정하면 신호가 전달되는 시간을 계산할 수 있다. 여기서 문제는 의사 난수 부호의 분해능(Resolution)이 약 1/1000 초로써 거리로 환산할 경우 약 300m의 오차를 유발시킨다는 것이다. 실제로 성능이 좋은 수신기들은 이보다 좀더 작은 오차로 의사거리(Pseudo-range)를 계산하는데 약 3-6m의 오차범위를 가진다. 측지학자들은 이러한 문제점을 의사 난수 부호대신에 반송파의 위상을 측정함으로 해결하였다.

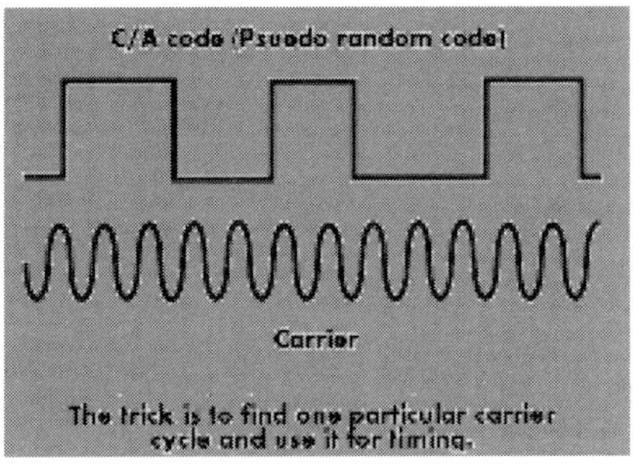

그림 2.26 부호 위상과 반송파 위상 비교

위의 그림에서 볼 수 있듯이 반송파의 진동수가 부호보다 높기 때문에(파장이 짧기 때문에) 좀 더 정확히 의사 거리를 측정할 수 있도록 도와준다. 실제로 의사 부호 코드는 1MHz의 신호로 볼 수 있고 반송파는 GHz 1000배나 조밀한 단위이다. 빛의 속도 300000km/s를 이용하여 반송파의 파장을 계산하면 약 20cm 정도인데 만약 수신기가 한 파장의 1% 까지 감지할 수 있다면 의사거리의 정밀도는 3-4mm까지 높아질 수 있다.

실제로 이용에 있어서 반송파를 이용하는 방법은 위성과 수신기간에 존재하는 반송파 파장의 갯수를 세는 작업이다. 문제는 반송파는 모든 파장의 파형이 고르기 때문에 파장의 갯수를 세기가 까다롭다는 것인데 의사 난수 코드는 각 비트가 불규칙하므로 쉽게 수신기가 신호의 어느 부분을 감지하고 있는지 판단할 수 있다. 따라서 반송파의 신호 갯수를 세는데 있어 의사 난수 코드를 사용한다. 만약 수신기가 의사 난수 코드를 이용하여 1m 까지 결정할 수 있다면 1m 안에는 단지 몇 개의 반송파 파장이 존재하기 때문이다. 이처럼 처음 몇 개의 반송파 안에 존재하는 위상의 갯수를 결정하는 것을 모호정수 결정(Ambiguity Resolution)이라고 부르는데 수신기 안에 들어가는 소프트웨어의 발달에 따라 이러한 귀찮은 작업은 나날이 손쉬워지고 있다.

④ 단일 위성 항법 시스템(Stand - Alone GPS)

단일 위성 항법시스템은 수신기 하나만으로 다른 아무런 도움 없이 위치를 측정하는 방식입니다. 즉 단일 위성항법시스템을 사용하면 4개 이상의 GPS위성 신호를 수신 할 수 있는 하나의 GPS수신기로 지구 어느 곳에서든지 사용자의 위치를 파악할 수 있다.

이러한 방법에는 일반 사용자를 위한 표준 위치 측정 서비스와 군사적 목적을 위한 정밀 위치 측정 서비스가 있으며 정밀 위치 측정 서비스의 경우에도 현재 십여m 정도까지의 위치 정확도를 나타내고 있다.

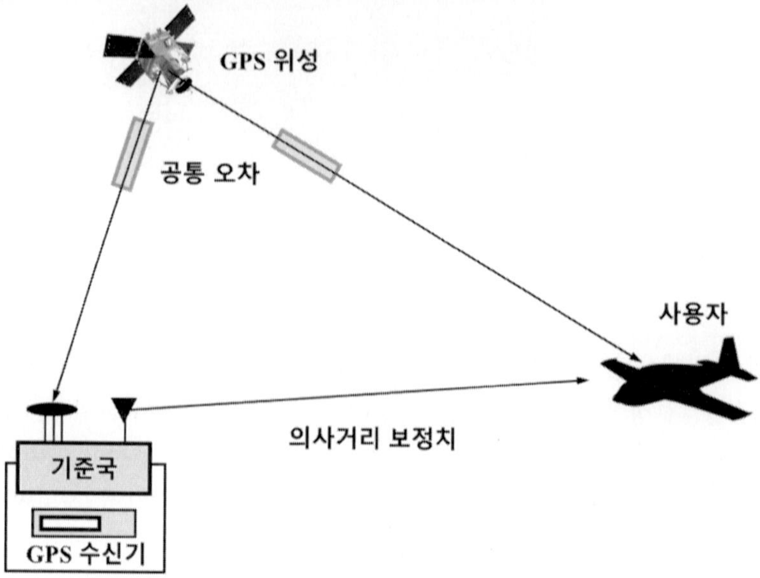

그림 2.27 단일 위성 항법 시스템 개념도

3) Inverted DGPS

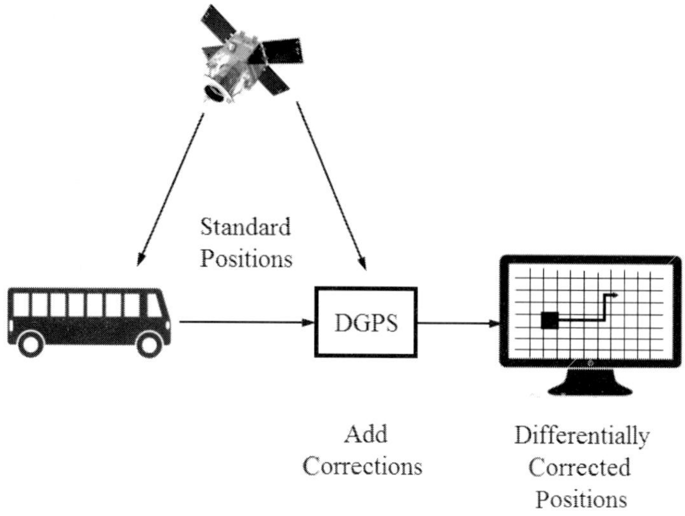

그림 2.28 Inverted DGPS

버스회사를 운영하고 있고 매 순간마다 각 버스들이 어디에 위치해 있는지를 비교적 정확하게 알고 싶은 경우 가장 쉬운 방법은 각 버스마다 DGPS 수신기를 장착하고 매 순간 자신의 정확한 위치정보를 관리국에 전송하는 것이다. 그러나 DGPS가 가능한 수신기의 단가가 매우 비싸기 때문에 전 차량에 설치하는데는 많은 비용이 소요될 것이다. 좀 더 저렴한 방법으로 이런 체계를 가능하게 하기 위해 고안된 방법이 Inverted DGPS이다.

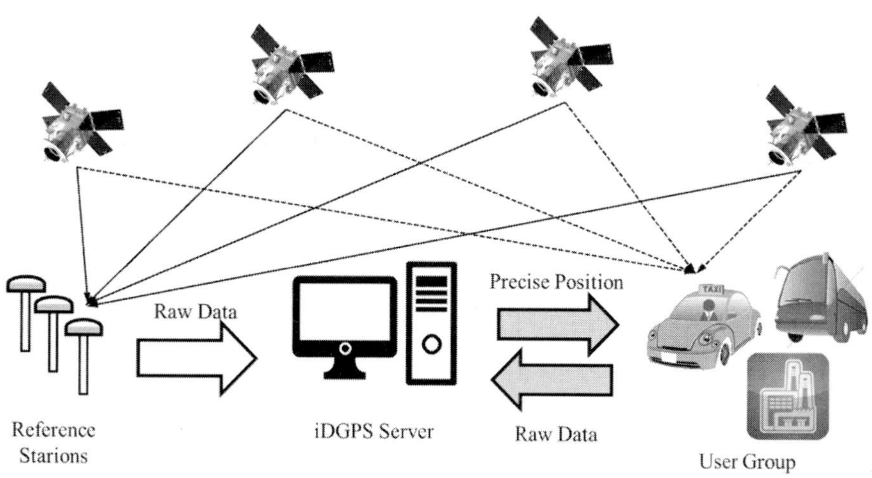

그림 2.29 Inverted DGPS 개념도

Inverted RTK는 일반 항법용 수신기로부터 전달되는 GPS 데이터를 처리하여 사용자에게 정밀 위치를 제공해 주는 상대 측위 기법이다. Inverted DGPS가 보정 정보를 이용하여 차량 등 움직이는 물체에 대한 임의적 관제를 목적으로 개발되었다면, Inverted RTK는 수신기(기준국, 사용자)의 원시 데이터를 처리하여 정밀 측량 및 고정밀 관제를 위한 것이다.

반송파 측정치(Carrier Measurement)를 사용하기 때문에 최소 1~2분 정도의 데이터가 요구되며, 부가적으로 GPS 기준국, 통신 시스템, 자료처리 서버가 필요하다. 또한 고정밀 자료 처리를 위해서는 GPS 기준국의 실시간 관측 자료 및 위성 궤도력, 기준국 정보 등과 같은 정보가 요구되는 동시에 고정밀 위치 확인 서비스를 받고자 하는 사용자의 제반 관측 자료도 요구된다.

4) DGPS의 문제점

4-1) 문제점과 대책

① 위치 보정 데이터 통신의 문제점

- 문제점 : 통신기기의 성능에 따라 DGPS측량의 성패가 좌우되며 장거리 측량이 어렵다.
- 대책 : 통신기기의 성능에 맞는 범위 내에서 기준점을 많이 설치하여야 한다.

② 좌표 변환 체계의 문제점

- 문제점 : WGS84 좌표체계의 TM좌표체계로의 변환에 있어 사용자 임의로 변환계수를 산출하여 적용하고 있다.
- 대책 : 지역별 좌표변환계수를 국가 차원에서 확정하여 고시함으로써 통일된 정확도의 측량 성과를 기대할 수 있다.

4-2) DGPS와 오차

① 오차의 발생

GPS 수신기는 4개 이상의 위성으로부터 시각정보를 담은 신호를 수신받아 위치측정에 이용한다. 신호가 위성에서 수신기까지 이르는 동안 거치는 여러 오차 요인으로 인하여 이 신호는 정확도가 떨어지게 되는데 각 위성의 신호가 이런 식으로 오차를 포함하고 있으므로 이들을 이용하여 계산한 위치 정보도 어쩔 수 없이 오차를 수반하기 마련이다.

② 동일한 오차 조건

인공위성은 지표면으로부터 상당히 먼 거리에 위치하므로 지표상에서 우리가 이동하는 거리는 상대적으로 작은 길이가 된다. 두 수신기가 수백 km 이내의 거리에 있다면 위성의 신호는 거의 같은 경로로 수신기까지 도달하게 되고 동일한 오차를 수반하게 된다. 결국 두 개의 수신기는 같은 조건하에 놓인다고 볼 수있다.

③ 기준점에서의 오차측정

만약 자신의 정확한 위치를 알고 있는 수신기로 하여금 위성으로 부터 계산한 값과 비교하여 오차를 계산하도록 만들고 이것을 움직이고 있는 다른 수신기에 전달할 수만 있다면 결과적으로 신호경로에 수반되는 오차를 제거하는 것이된다. 이러한 오차 상쇄 효과는 비단 신호 경로에서 비롯하는 오차뿐만 아니라 미 국방성에서 정밀도의 저하를 위해 고의로 실시하는 SA(Selective Availability)까지도 극복할 수 있도록 만들어 준다.

④ 기준점에서 오차측정의 원리

여러 차례의 측지를 통하여 위치가 정확히 알려진 지점에 기준 수신기를 배치시킨다. 이 수신기는 움직이는 수신기와 동일한 위성신호를 받지만 일반 수신기와는 다른 방식의 계산-역으로 방정식을 거슬러 올라가는-을 수행한다. 즉 위성의 신호로부터 위치를 계산하는 대신에 이미 정확하게 알려진 그 지점의 위치를 이용하여 신호의 값을 추정하고 이것을 수신받은 신호와 비교한다. 바로 이 차이가 보정 값이 된다. 이러한 보정 값을 기준계에서 움직이는 수신기에 전송하며 이동하는 수신기는 이 보정 값을 이용하여 자신의 위치 측정값을 수정한다.

⑤ 기준점은 이용할 수 있는 모든 위성에 대하여 보정 값을 계산

이동중인수신기가 이용할 수 있는 위성 중 어느 것을 위치계산에 사용할지를 기준국에서는 알 수가 없으므로 기준점 수신기는 가능한 모든 위성신호를 받아 각 위성의 보정 값을 계산한다. 이 보정 값을 표준 형식으로 전환한 다음 이동중인 수신기로 전송한다.

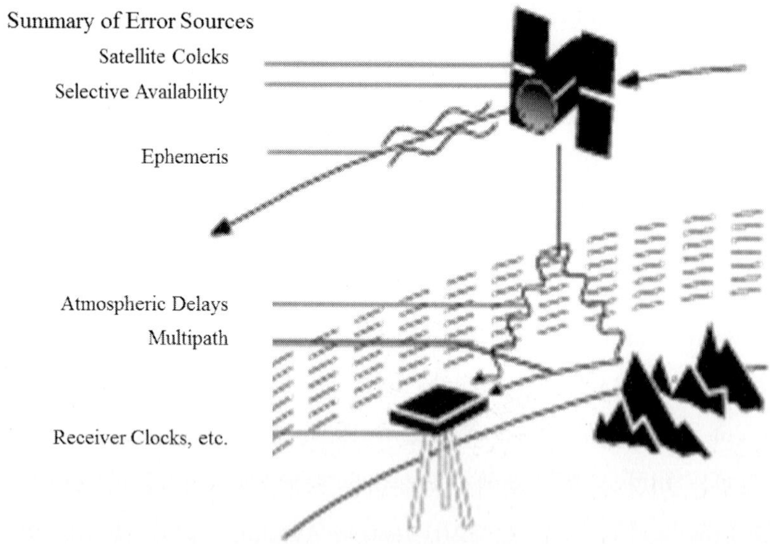

그림 2.30 수신오차 요인

GPS 수신기는 4개 이상의 위성으로부터 시각정보를 담은 신호를 수신받아 위치측정에 이용한다. 신호가 위성에서 수신기까지 이르는 동안 거치는 여러 오차 요인으로 인하여 이 신호는 정확도가 떨어지게 되는데 각 위성의 신호가 이런 식으로 오차를 포함하고 있으므로 이들을 이용하여 계산한 위치 정보도 어쩔 수 없이 오차를 수반하기 마련이다.

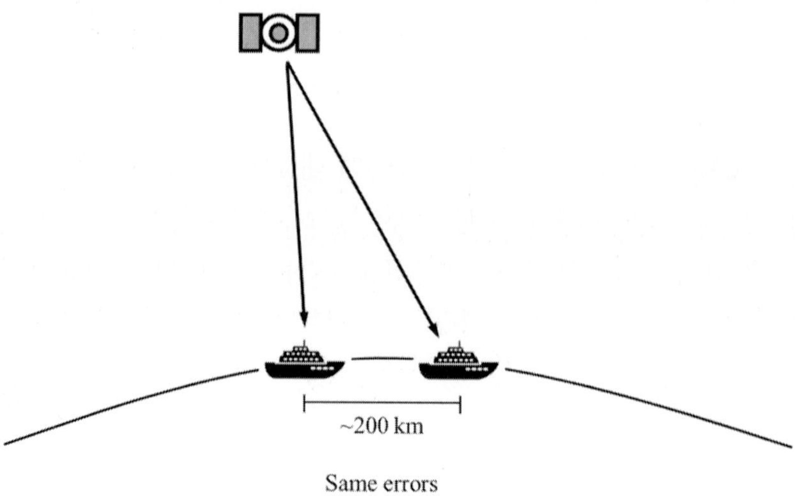

그림 2.31 수신오차 요인(동일한 오차 조건일 경우)

5) DGPS시스템 기술, 구축동향

5-1) DGPS 기술동향

미연방항공국은 DGPS 기법을 이용한 항공기 정밀착륙 시험을 1994년도에 성공적으로 수행하였고, 이 DGPS 기법을 이용하여 UPS(United Parcel Service)의 보잉 757-200PF를 50회, United Airline의 보잉 737-300을 110회 각각 자동 착륙시키는데 성공하였으며, 이들 실험결과는 모두 만족스러운 것으로 판명되었다.

Rockwell사는 GPS를 이용한 폭탄투하 실험을 계획 중인데, 이 실험은 폭탄투하직전 GPS를 이용하여 현재의 위치를 결정한 후 폭탄의 날개 각도를 조정함으로써 명중률을 크게 향상시킬 것으로 예상된다.

GPS의 수많은 응용중의 하나로서, 승용차와 트럭의 항법 및 유도에 사용되기 시작하였으며 향후 20년 동안 IVHS(Intelligent Vehicle Highway System)의 완성과 함께 보편화 될 것으로 예상되며, 또한 차량 운전자들이 교통 혼잡에 대처하고, 대기오염을 감소시키는 효과가 있을 것이다. IVHS 프로젝트에는 전 세계적으로 향후 20년간 약 2,300억 달러의 예산이 사용될 것으로 추정된다.

미국에서의 GPS를 이용한 차량항법정보 시스템은 GM사에 의하여 Oldsmobile 88용으로 개발되어 캘리포니아지역에서 약 2,000달러에 시판되고 있으며, 타 모델도 개발 중이며 기타 지역에서도 곧 시판될 예정이다. 교통관제용도로서의 GPS 사용에 관한 4개년 실험이 1994년 현재 일리노이주를 주축으로 한 컨소시엄에 의하여 수행되고 있고, 5,200만 달러가 소요되는 이 프로젝트에는 Motorola를 비롯하여 많은 연구기관 및 대학이 참여하고 있으며 이 중에는 외국의 연구기관 및 기업도 몇몇 포함되어 있다.

5-2) 우리나라의 구축현황

해양수산부는 항구를 입출항하거나 우리나라 연해를 운항하는 선박의 안전항해를 지원할 목적으로 지난 1998년부터 해양용 위성항법보정시스템(M-DGPS : Marine Differential Global Positioning System)을 구축했다. 이후 지난 2002년까지 1단계로 120억원을 투입해 소청도, 마라도, 울릉도, 어청도, 팔미도 등 11개소에 기준국을 설치했으며 이들 기준국들의 신호를 감시·제어할 수 있는 통제센터를 대전에 설치했다. 또 각 기준국별 상태를 확인하는 감시국을 홍도, 죽변, 소리도 등 9개소에 설치해 해양용 DGPS 구축을 완료했다. 이에따라 항만 입·출항 선박 및 협수로 통항선박의 해양사고 방지에 크게 기여함은 물론 해양자원관리, 어장구역관리, 항만공사 등 해양개발 및 측량업무 등에 정확한 위치정보를 제공하고 있다. 특히, 우리나라 연안에 설치한 DGPS를 활용하면 일부 산악지대를 제외한 65%이상의 내륙지역에서도 이 시스템을 이용할 수 있다. 지난 2000년 12월7일 국무총리훈령(제409호) '위성항법시스템전국망구축및운영에관한규정'이 제정 공포되었고 이때부터 내륙지역에 대한 DGPS 시스템 구축을 해양수산부에서 관장하고 있다. 내륙 DGPS기준국은 2003년부터 오는 2005년까지 150억원을 들여 무주, 춘천, 영주, 평창, 청원 등 6개소에 설치할 예정이다. 1단계로 지난 16일 전북 무주의 기준국이 준공돼 호남전역 및 충청남북도 일원에 걸쳐 정확한 위치정보를 제공하게 됐다.

2.1.10 GPS 활용 및 응용분야

1) GPS의 일반적인 이용

일반적으로 GPS의 이용분야는 매우 다양하다. 또한 매일 새로운 이용분야가 나타나기 때문에, 본 교재에서 이 모든 것을 취급하는 것은 가능하지 않다. 본 장에서는 GPS의 이용분야를 임의적으로 세계적인 이용, 국가적인 이용, 지역적인 이용으로 각각 선택하여 설명한다. 또한 이렇게 세분된 이용분야를 보다 구체적으로 설명하기 위해서, 각 이용분야를 항법부분의 이용과 측량부분의 이용의 세부항목으로 구분하여 설명하였다.

GPS를 단독으로 이용하는 사용자는 SPS에 의해 정확도가 제한된다. 앞에서 언급하였듯이 이 경우 수평위치 정확도는 95% 확률수준에서 약 10~20m 정도이며, SA 해제 이후 수평위치, 높이, 시각에 대한 정확도는 아직 주어져 있지 않다.

10m 수준의 정확도는 많은 이용분야에 적당한 수준이며, 특히 항법분야에서 충분히 이용이 가능하다. 높은 정확도가 요구되는 경우에는 국가적 또는 지역적으로 이용이 가능한 DGPS를 자주 활용하고 있으며, 이는 육상, 해상, 공중 상의 항법에도 널리 이용되고 있다, 오늘날 항공기의 항법은 전파고도계나 관성시스템과 같은 다양한 비행관리 시스템을 이용하고 있다. DGPS는 이러한 시스템을 보완하며, 또한 항공기의 이·착륙을 위한 국제적인 표준인 ILS(Instrument Landing System)을 보완하기 위해서도 사용된다. 표 2.10에는 현재 DGPS의 개략적인 수평위치 정확도가 나타나 있으며, 수직위치의 정확도는 이보다 1.5배에서 2배 정도 나쁘다.

표 2.10 DGPS 정확도

관측량	기선거리	수평 정확도
코드거리	1000km	< 10m
평활화된 코드거리	100km	< 1m
반송파 위상	수 10km	< 0.1m

상대측위(정적 측위)는 수천 킬로미터 길이의 기선에 대해서도 수행이 가능하다. 하지만 대부분의 경우 기선의 길이는 20km를 초과하지 않는다. 표 2.10에는 20km 이하의 기선관측에 대한 수평위치 정확도(1σ 수준)가 제시되어 있으며, 이 경우에도 수직위치 정확도는 1.5배에서 2배 정도 나빠진다. 또한 표의 정확도는 적당한 위성배치, 통상의 전리층 환경하에서 단일주파 수신기를 통한 5개의 위성관측을 수행하여 모호정수를 해석한 경우에 얻어진 값이다. 신뢰성 있는 동적 측위 결과가 얻어지는 경우는 OTF 기법을 통해 모호정수가 규칙적으로 확인되는 경우뿐이다.

정적 측위의 경우 이중주파 수신기를 사용하면, 세션의 관측 길이를 충분하게 감소시키는 것이 가능하다. 하지만 20km의 거리까지는 위치정확도가 향상되지 않는다. 20km보다 긴 장거리의 기선관측을 위해서는 전리층 굴절의 영향을 경감시키기 위해 이중주파 수신기가 필요하다. 100km의 기선에 대한 상대적인 정확도는 0.1ppm의 수준이며, 100km의 기선에 대해서는 0.01pm 정도의 상대정확도과 얻어진다.

동적 측위의 경우에 이중주파 수신기를 사용하여 Stop-go 방식으로 n개 시점의 자료를 관측하게 되면, 위치정확도를 $\sqrt{2n}$ 배 개선하는 것이 가능하다. 정적 측위에 비해 동적 측위의 정확도는 주로 다중경로(Multipath)와 DOP 변화에 영향을 받게 된다. 정적 측위에서는 이들의 변화로 인한 영향이 매 순간마다 나타나는 것이 아니라, 최종적으로 평균화되어 나타나게 된다.

다음의 수치들은 10km의 기선관측에 근거하여 도출된 것이다. 10km 기선에 대한 정적 측위를 수행하는 경우에는 단일주파 및 이중주파 수신기 중 어느 것을 이용해도 상대정확도 ±1ppm에 해당하는 ±1cm의 위치정확도를 얻을 수 있다. 실시간의 동적 측위를 수행하는 경우의 위치정확도는 이중주파 수신기를 이용하여도 ±10cm (±10ppm) 정도로 낮아지게 된다. 하지만 이중주파 수신기 사용 시 Stop-go 방식을 적용하여 각 정지점마다 12개의 시점의 관측이 수행된다면, 약 ±2cm의 위치정확도를 얻을 수 있다.

1-1) 세계적인 이용

① 항법

GPS는 항법에 이용하기 위한 목적으로 계획되었다. 이러한 항법을 위한 민간 또는 군에서의 GPS 이용은 모두 사용자가 최대한 정확한 공간상의 위치를 알고 싶어 한다는 점에서 매우 유사하다. 예를 들어 모든 종류의 항공기 및 선박은 경로 안내를 위한 항법을 목적으로 GPS를 이용하지만 항공기가 착륙하거나 선박이 통행이 제한받는 수역에 진입한 경우에는 매우 높은 위치정확도가 요구된다(표 2.11 참조).

이러한 사항 이외에도 항공기의 항법에서 중요한 사항은 연방항공국(Federal Aviation Administration : FAA) 등에서 규정한 높은 수준의 완전성이다. 예를 들어 FAA는 항공기에서 GPS를 이용하는 경우, 그 동작 상태에 대한 경고를 비행 중에서는 30초, 이・착륙 상태에서는 2초 동안 수행하도록 지정하고 있다. 이러한 수준의 완전성은 실제적인 GPS 해석을 위한 내부적인 품질관리를 수행하는 RAIM(Receiver Autonomous Integrity Monitoring) 및 GPS와 무관한 신호들을 이용하는 GIC(GPS Integrity Channels)를 이용하여 획득된다. 1994년 봄, FAA는 공식적으로 GPS를 미국 항공시스템의 일부로 받아들였다.

표 2.11 상대측위의 정확도

상태	카테고리	위치	높이
운행상태	–	≥ 100	≥ 100
이륙	I	17.1	4.1
중간상태	II	5.2	1.7
착륙	III	4.0	0.6

② 측량

세계적인 이용이 가능한 GPS는 강력한 측지학적 도구로도 이용된다. GPS를 이용한 전 지구적인 변화의 모니터링은 장기적인 지구역학적 현상을 이해하기 위한 중요한 수단이다. 측정되는 지구의 변화로는 지각변동, 후빙기 지각변동, 화산으로 인한 융기, 지각판의 운동 및 지구 자전 등이 있다. 기존에는 이러한 관측을 위해서 VLBI(Very Long Baseline Interference) 또는 SLR(Satellite Laser Ranging) 등의 관측기술이 사용되어 왔다. 실제로 GPS는 이러한 관측 기술을 완벽하게 대체할 수는 없지만, 이러한 관측기술을 보완하여 더욱 효율적으로 측지학적 문제를 해결하는 데 이용되고 있다.

③ 시각결정 및 통신

GPS의 세계적인 이용분야 중의 또 다른 하는 정확한 시각의 결정에 이용하는 것이다. 고정확도의 시각결정은 지진 모니터링 및 전 지국적 지구물리학적 관측과 같은 과학적인 분야에 응용될 수 있다. 기지점에서 전송된 시각의 동기화를 수행하는 경우 저비용의 GPS 수신기로 하나의 위성만을 관측하여도, 95% 확률수준으로 약 40나노초의 정확도를 얻을 수 있다. 보다 더욱 복잡한 기법을 적용하면 전세계적으로 더욱 정확한 시각동기화가 가능하며, 최종적으로는 1나노초 이상의 정확도도 취득이 가능할 것으로 판단되고 있다.

세계적인 통신은 주어진 시간간격에 따라 얼마나 많은 자료 비트를 압축할 수 있는지에 따라 그 효율성이 결정된다. GPS는 현재의 통신으로 가능한 단위시간당 사용자를 보다 많이 증가시킬 수 있으므로, 이에 따라 통신의 효율성도 증가시킬 수 있다.

1-2) 국가적인 이용

① 항법

GPS의 국가적인 이용분야는 상당히 많이 존재하며, 이 중 대표적인 분야로 조사, 교통관리, 구조물 감시 및 다양한 종류의 자동화시스템 등이 있다.

DGPS 기법에서는 코드거리를 사용하여 m 수준의 측위정확도를 확보할 수 있다. DGPS 기법은 기지점에 고정된 수신기에서 계산된 거리보정 자료를 측량지역내의 이동수신기에 송신하는 것에 의해 수행된다. 미국해안경비대(USCG)는 선박의 연안 입항을 돕기 위해 미국의 해안에 DGPS 기준망을 구축하였다. 이 기준망은 해안만이 아니라 큰 호수나 강과 같이 선박의 항해가 가능한 내륙수로에서도 사용될 수 있다. 또한 이러한 DGPS 기준망은 다양한 목적의 DGPS 기준망으로 확장이 가능한데, 실제로 다양한 민간 기업에서는 교통량이 많은 지역에 유사한 DGPS 망을 구축하고 정밀항법 서비스를 유로로 제공하고 있다.

국가적인 자원관리 및 넓은 지역에 대한 산업 활동을 제어하기 위한 다양한 GPS 이용분야가 존재한다. 대표적인 예로 지리정보시스템(Geographic Information System : GIS)이 존재하는데, 이 시스템은 국가적 혹은 지역적 수준의 자원관리에 도움을 주기 위해 지리적으로 구축된 DB를 이용하는 컴퓨터 기반의 시스템이다. 또한 GIS는 계획의 결정, 개발, 사회 인프라의 구축 등에 빠른 의사결정을 위한 정보를 제공한다. 일반적으로 GIS는 모든 지도정보를 포함하는 디지털 자료파일을 생성하기 위한 기초적인 지도화 과정에 의하여 설정된다. 디지털 파일은 통상적으로 도로, 빌딩, 식생종류, 토지경계, 토질종류 및 기타의 중요한 자료 등으로 구성되며, 이는 컴퓨터 화면

상에 중첩되어 나타나게 된다. GPS는 기초적인 지도화 과정에서 지상의 위치를 제어하는 중요한 역할을 수행한다. 항공사진 등의 표정점의 좌표는 GPS에 의하여 결정되며, 이러한 표정점은 지도의 축적과 방향을 설정하기 위하여 이용된다. 또한 GPS는 GIS 내의 정보를 갱신하고, 파일에 새로운 정보를 추가적으로 입력하기 위해서라도 사용한다. 이는 GIS에서 포함하는 특정한 점의 위치를 결정하기 위해서 그 점에 GPS 수신기를 설치하는 것을 통해 수행되며, 이때 얻어진 정보를 통해 관측시점에 대한 시각과 대상물의 좌표를 일치시키게 된다.

GIS는 다음과 같은 GPS의 다양한 측정방식을 다각도로 적용시킬 수 있는 매우 대표적인 GPS 이용분야 중의 하나이다.

- 단독 위치결정
- 차분 위치결정
- 정밀 측량
- 상기 방식들의 조합

단독 위치결정 방법은 기존의 측량표(사진 상의 관측물)의 좌표가 이미 결정되어 있거나, 이러한 좌표들이 대축척 지도와 일정한 축척관계를 가지고 있을 경우의 위치결정에 이용된다. 예를 들어 저가의 휴대용 수신기는 지형의 급속한 변화를 유발하는 토지의 이용에 의하여 망실된 기준점의 위치를 결정하는데 이용되고 있다. 또한 이러한 저가의 수신기를 이용하는 추가적인 예로서 기지점에 대한 측량을 통해 거리와 방위를 결정하고, 이를 통해 토지경계를 확인하는데 이용하기도 한다.

정밀측량을 적용하는 부분은 기지의 기준점(수평/수직기준점)에 대한 사진의 표정점 또는 사진 상의 관측점 사이의 기선 벡터를 측정하는 것이다. 이러한 점들은 사진지도의 축척과 방위를 특정한 좌표계 상으로 결정하기 위해 사용되며, 사진지도의 편집에도 사용된다. 이러한 작업을 위해서 정적 측위, 의사 동적 측위, 동적 측위 방식 모두가 이용될 수 있다. 사진측량을 위한 최신의 동적 측위 방식으로 항공기에 하나의 GPS 수신기를 설치하고, 지상의 두 기준점에 각각 GPS 수신기를 설치하여 사진의 중심점 좌표를 결정하는 방법도 존재한다. 이를 위해서 이중주파 수신기가 이용되는데, 그 이유는 비행 중 발생하는 수신신호의 차단 또는 사이클 슬립을 해결할 수 있기 때문이다. 이러한 방법은 평활화된 코드 의사거리를 이용하여 지상에 고정된 수신기와 항공기 수신기간의 벡터를 계산하는 차분 항법 기술을 적용하여 수행된다. 여기서는 먼저 와이드 레인 위상의 정수치 편의량(bias)이 해석되며, 최종적으로는 19cm의 기본위상에 대한 정수치 모호정수가 OTF 기법에 의하여 해석되게 된다. 이러한 기술을 통해 정확하게 측정된 지도를 만들기 위해 필요한 지상의 기준점 수를 현저하게 감소시킬 수 있다. 지도가 작성되어 GIS의 DB가 설정된 후에는 이러한 DB를 갱신하기 위한 수정과 보정이 연속적으로 수행되어야 한다. 단순한 갱신을 위해서 항공기를 다시 이용하여 지도를 다시 작성하는 것은 과도한 비용이 소요되기 때문에, 대부분 GPS를 이용하여 DB에 추가되는 점의 자표를 결정하고 있다. 예를 들어 GPS 밴은 고속도로 등을 운행하면서 다양한 도로 시설물의 정보 및 위치를 수집하고, 이를 GIS DB를 갱신하는데 이용하고 있다. 여기서는 GPS 밴에 설치된 비디오카메라와 기타의 장치들을 통해 형상 자료를 수집하고 GPS를 통해 그 위치를 추적함으로서, GIS를 위한 다양한 지형자료들이 수집된다.

② 측량

측지학자는 다양한 과학적인 목적을 위해 지각변동을 측정하고자 오랜 기간 동안 노력하였다. 이러한 목적 중 가장 대표적인 하나는 지각의 운동을 측정하여, 지진을 예측하는 것이다. GPS는 이러한 지각운동을 상대적으로 저비용, 고정확도로 측정할 수 있기 때에, 현재 매우 이상적인 도구로 각광받고 있다. 예를 들면 NGS는 이종주파 GPS 수신기를 사용하여 미국 동부에 폭넓게 위치한 지각변동 관측점들(ESN, Eastern Strain Network)을 측정해왔으며, 지각운동을 정확하게 검출할 수 있도록 이러한 관측망들을 정기적으로 조사된다. 이렇게 검출된 자각변동 정보는 일반적으로 고정확도의 관측망 구성과 더불어 핵관련 공장의 안정성에 대한 정보 등을 제공하는데 이용될 수 있다. 또한 NGS 관측망은 VLBI 관측점에 위치한 GPS 수신기와 결합 또는 연결되며, 이에 따라 ESN을 고정확도의 다목적 기준망으로 이용하는 것도 가능하다. NGS 이외에 다른 측지그룹들도 전 세계의 대륙과 섬 간의 지각운동을 결정하는 유사한 관측망들을 운영해왔다. 예를 들어 일본에서는 준 실시간적으로 지각변동을 감시하기 위한 전자기준망을 구축하여 운영하고 있으며, 오스트리아에서도 GPS 기준망을 이용하여 지각변동을 관측해 오고 있다.

GPS는 실시간으로 정확한 높이차를 측정할 수 있는 최초의 장비로 간주된다. NGS의 연구결과에 의하면, 안정적인 지반상의 기준점과 침하되고 있는 관측점 사이의 반복적인 측량을 통해 지반침하에 대하여 정확한 관측을 수행할 수 있다. 또한 산업분야에서는 GPS를 통한 반복측량을 적용하여 근해 오일 플랫폼의 침하 등을 측정하였는데, 여기서는 좀 더 안정된 영역에 있다고 생각되는 오일 플랫폼을 기준으로 북해에 위치한 오일 플랫폼들의 침하를 상대적으로 측정하였다. 연속적인 GPS 측량을 통해 높이 변화를 측정하는 것이 가능하므로, 결국 관측되는 플랫폼의 높이가 상대적으로 다른 플랫폼에 비해 침하하였는지 여부를 확인할 수 있다. 해상과 같이 연결성이 부족한 광범위한 지역에 대한 상대적인 측정을 위해서는 GPS만이 유일한 방안으로 간주된다.

GPS의 가격이 감소하게 되면 다양한 장소에 GPS 수신기를 영구적으로 설치할 수 있으며, 이를 통해 보다 효율적으로 침하와 지각변동을 측정할 수 있을 것으로 기대된다.

1-3) 지역적인 사용

GPS의 국가적 이용과 지역적 이용의 차이는 GIS 상에서 측량되는 지역을 국가적인 단위 또는 지역적인 단위로 인식하느냐에 따라서 달라지므로, 매우 임의적이라고 할 수 있다. 또한 항법과 측량의 차이는 단순히 정확도에 기인하고 있지만, 소규모의 지역에서는 항법의 정확도가 더 높아지게 되어 사실상 차이는 거의 없어지게 된다. 하지만 보다 효율적인 설명을 위해서는 항법과 측량을 구분하여 설명하기로 한다.

① 항법

앞장에서 언급한 것과 같이, 항공기의 이륙과 착륙 동안에는 사용자가 요구하는 정확도가 매우 높다. 항법에서는 이러한 정확도를 달성하기 위해서 DGPS 기법을 적용하는데, 이를 위해 고정된 수신기에서 활주로에 접근하는 항공기의 수신기에 반송파 위상을 포함한 거리보정량을 방송하게 된다. 이렇게 GPS를 이용하여 항공기 이·착륙 시스템을 지원하게 되면, 보다 경제적으로 항공기를 통제할 수 있다.

현재 GPS 단독측위 방법을 이용한 구급차의 관리가 일반적으로 활용되고 있다. 구급차에 C/A 코드 의사거리 수신기 및 무선 통신기기가 장비되면, 지정된 장소로 이동하는 구급차에 대한 위치를 GPS를 통해 구할 수 있으며, 이는 다시 무선 통신기기를 이용하여 중앙관제소로 송신된다. 이를 통해 모든 구급차의 위치를 스크린상에서 확인할 수 있으며, 언제라도 중앙관제소에서 구급차의 배치상황을 통제하는 것이 가능하다. 따라서 구급차가 이동해야 하는 도로가 폐쇄되어 있는 경우에는 구급차에 다른 이동경로를 설정하거나, 가장 가깝게 배치되어 있는 다른 구급차를 보내는 것도 가능하게 된다. 이와 같이 GPS를 활용한 AVL(Automatic Vehicle Location) 시스템이 운영 중에 있으며, 가까운 장래에 세계의 모든 중요한 도시에 설치될 것으로 예상된다.

또한 농업과 삼림분야에도 정확한 위치정보가 필요하다. GPS 단독측위를 통한 위치결정이나 DGPS를 사용하면, 파종계획, 농지의 비옥화 계획, 초목보호, 트랙터 자동운행 등을 용이하게 수행할 수 있다.

② 측량

앞 장에서 설명한 GIS를 다양한 도시와 마을에서 적용시킬 수 있다면, 더욱 다양한 분야에서의 발전을 가능하게 할 수 있다, 대표적인 GPS의 지역적 이용분야는 지역적 특성 및 위치에 대한 측량을 수행하는 것이다. 많은 측량기술자는 모든 프로젝트의 측량결과를 NAD83과 같은 특정한 기준계 상으로 위치시키기 위해 GPS를 이용하고 있다. 이러한 위치기준을 설정하기 위한 가장 경제적인 방법은 고정된 위치에 안테나를 설치하고, 가까운 기준점으로부터 벡터를 측정하여 이 점의 정확한 좌표를 결정하는 것이다. 고정된 수신기의 좌표가 결정된 후에는 그 수신기를 그 자리에 그대로 유지시키고, 하나 이상의 수신기를 측량하고자 하는 지역적인 관측점에 위치시켜 좌표를 얻게 된다. 예를 들어 지형측량 및 경계측량 등은 기존의 측량방법을 이용하는 경우 일시적 또는 영구적인 많은 관측점들이 필요하게 된다. 하지만 소규모 측량지역에 일정한 간격으로 배치된 두 점에 GPS 수신기를 설치하게 되면, 작은 인력과 비용으로도 기존의 측량 소요시간과 동일한 시간에 보다 많은 자료를 획득하는 것이 가능하다. GPS의 측량이 완료되면 기존의 방식과 동일하게 모든 점의 위치좌표가 계산되며, 각 점의 방위도 정북방향으로 정확하게 결정된다.

또 다른 GPS의 지역적 이용분야로 동적 측위 방식을 이용한 지형측량이 있다. 여기서는 비교적 장애물이 적은 장소에 대하여, 차량 혹은 도보를 통해 GPS 이동 수신기를 횡단시키면서 연속적으로 지형을 관측하게 된다. 일반적으로 GPS를 이용할 경우 위치좌표를 1초마다 측정할 수 있기 때문에, 수신기가 차에 부착되어 고속으로 움직이는 경우에도 고정확도로 관측점의 위치를 결정할 수 있다. 이러한 동적 횡단측량의 처리결과의 도면화는 자동적으로 수행되므로, 현장에서 소요되는 시간을 최소화 하는 것이 가능하다.

항공사진측량 시 사진의 중심점 좌표를 결정하기 위해서 일종의 동적 측위 방식이 활용되고 있다. 또한 항공기의 자세결정을 위해서 하나의 GPS 수신기와 연결된 3개 또는 그 이상의 안테나를 이용하는 방법을 사용하고 있으며, 이에 대해서는 다음의 절에서 상세하게 설명하도록 한다.

2) 자세 결정

2-1) 이론적 상황

자세(Attitude)는 차량, 선박, 항공기 등에 연결된 특정한 동체좌표계가 기준좌표계에 대하여 형성하는 방향(Orientation)으로 정의되며, 통상적으로 기준좌표계로서 NEU (North-East-Up) 지역좌표계가 사용된다.

3차원의 자세를 정의하는데 사용된 파라미터는 각각 횡각, 종각, 편각을 나타내는 r, p, y로 표기된다. 항공기의 경우에 횡각은 기체의 주축에 대한 항공기의 회전을 의미하며, 종각은 날개축에 대한 회전을 의미한다. 마지막으로 편각은 항공기의 수직축에 대한 회전을 의미한다. 세 파라미터의 각도가 모두 0이라면, 항공기는 완벽하게 평행한 상태에서 정확한 높이를 유지하며 흔들림 없이 날고 있는 것으로 간주된다. 또한 이러한 기준좌표계를 다른 이동체에 대해서도 유사하게 적용하는 것이 가능하다.

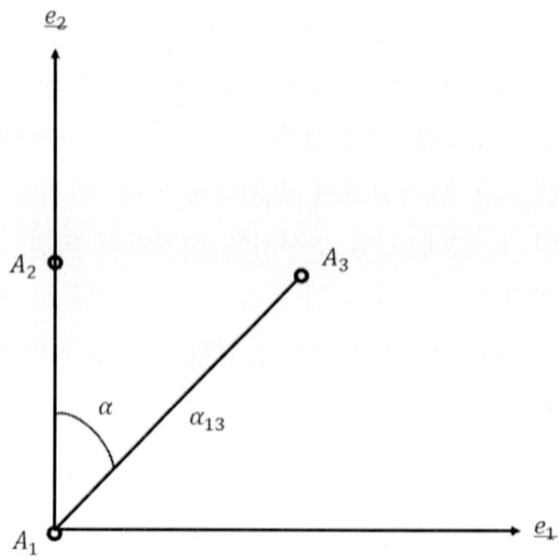

그림 2.32 동체에 연결된 자표계의 정의

자세에 대한 파라미터는 일반적으로 관성항법시스템이나 다른 전자장비의 처리에서 유래한 것이다. 저비용, 고성능 GPS 관측기기의 등장으로 인하여 3개 또는 그 이상의 안테나가 통합된 시스템을 기체에 적당하게 배치하게 되면, 신뢰성 높은 자세정보를 효율적으로 얻을 수 있게 되었다.

특정한 강체가 위치하는 공간상의 평면은 적당하게 배치된 3개의 안테나 $Ai(i = 1,2,3)$를 이용하여 정의될 수 있다. 2개의 독립기선은 세 개의 자세 파라미터를 결정하기 위한 6개의 관측방정식을 제공한다. 따라서 이를 위한 세 가지 조건이 필요하며, 이는 두 기선의 길이와 자세변동에는 변화하지 않는 공간상의 각을 말한다.

3차원 자세결정을 위한 수학적 모델에서 지역좌표계상의 안테나 위치벡터 Ai는 $\underline{x}_i$로 표시되며, 이에 상응하는 동체좌표계상의 위치벡터는 $\underline{x}^b_i$로 표시된다. 벡터 $\underline{x}_i$는 GPS 반송파를 이용한 상대측위의 결과이며, 여기서 각 안테나에 대한 정확한 지심좌표는 지역좌표계로 변환되게 된다. 따라서 동체좌표계는 그림 2.32에서와 같이 세 안테나 Ai의 위치벡터 $\underline{x}^b_i$를 통해 표현된다. 3개의 자세 파라미터는 지역좌표계를 동체좌표게로 회전시키는 3개의 오일러각(Euler angles)에 대응된다. 따라서 자세결정은 다음과 같은 식에 의해 정의된다.

$$\underline{x}^b_{ij} = \underline{R}_2\,[r]\;\underline{R}_1\,[p]\;\underline{R}_3\,[y]\;\underline{x}_{ij} \tag{2.63}$$

여기서 상대적인 벡터 $\underline{x}_{ij}$와 $\underline{x}^b_{ij}$은 절대적인 벡터 $\underline{x}_i$와 $\underline{x}^b_i$를 대신하여 사용되는, 이를 통해 이동량 벡터(shift vector)를 소거할 수 있다. 이때 3개의 연속적 회전량은 다음과 같이 단일한 회전행렬 $\underline{R}[r,p,y]$로 표현될 수 있다.

$$\underline{R}[r,p,y] = \begin{pmatrix} \cos r\cos y - \sin r sinpsiny & \cos r\,\sin y + \sin r sinpcosy & -\sin r cosp \\ -\cos\psi ny & \cos pcosy & \sin p \\ \sin r cosy + \cos r sinpsiny & \sin r siny - \cos r sinpcosy & \cos r cosp \end{pmatrix}$$

(2.64)

① 자세의 직접 계산

자세 파라미터는 동체좌표계에 대한 정보가 없어도, 지역좌표계만을 이용하여 직접적으로 계산할 수 있다. 방위각과 고도각에 해당하는 편각 y와 종각 p는 하나의 기선을 통해서만 결정된다. 예를 들어 A_1과 A_2 사이의 기선을 선택하면, 다음 관계식이 얻어진다.

$$\tan y = e_{12}/n_{12} \tag{2.64}$$

$$\tan p = \frac{u_{12}}{\sqrt{e_{12}^2 + n_{12}^2}} \tag{2.65}$$

여기서 기선의 각 성분 n_{12}, e_{12}, u_{12}는 NEU 좌표계로 표현된다.

횡각 r을 얻기 위해서는 먼저 기선벡터 x_{13}를 벡터 x^r_{13}를 통해 구해지는 종각과 편각에 의해 각각 회전시켜야 한다. 이때 세 번째 회전량, 즉 횡각 r은 다음의 식을 통해 이 벡터를 동체좌표계로 회전시킨다.

$$\begin{bmatrix} a_{13}\sin\alpha \\ a_{13}\cos\alpha \\ 0 \end{bmatrix} = \begin{bmatrix} \cos r & 0 & -\sin r \\ 0 & 1 & 0 \\ \sin r & 0 & \cos r \end{bmatrix} \begin{bmatrix} e^r_{13} \\ n^r_{13} \\ u^r_{13} \end{bmatrix} \tag{2.66}$$

따라서 횡각 r은 상기 방정식의 세 번째 식을 이용하여 다음과 같이 계산된다.

$$\tan r = -u_{13}^{r}/e_{13}^{r} \tag{2.67}$$

이러한 직접 계산 방식은 세 안테나의 함수만으로 구성되며, 앞서 언급하였듯이 동체좌표에 대한 사전정보가 필요하지 않다. 하지만 이 방식의 단점은 여분의 안테나 정보(잉여안테나)를 사용할 수 없다는 것이다.

② 자세의 최소제곱추정

최소제곱추정을 통한 자세의 결정은 이동체의 동체좌표에 대한 정보를 이용하여 수행된다. 이러한 동체좌표는 측량 또는 초기화 처리과정을 통해 획득된다. 여기서 GPS를 통해 얻어지는 지역좌표는 후에 관측량으로 간주되어 처리되게 된다. 식 12.1은 다음과 같이 표현될 수 있으며, 여기서 3개의 회전행렬은 하나의 행렬로 결합되어 나타난다.

$$\underline{x}^{b}_{ij} = \underline{R}[r, p, y]\,\underline{x}_{ij} \tag{2.68}$$

기체의 동체좌표를 통해 얻어진 각 기선과 GPS를 통해 얻어지는 지역좌표는 세 개의 관측방정식을 형성한다.

가장 일반적인 경우, 행렬 $\underline{R}$은 미지의 9개 요소를 가지는 행렬로 교체될 수 있으며, 이는 부등각 사상변환과 상응한다. 따라서 9개의 미지량을 해석하기 위해서는 최소한 3개의 기선 또는 4개의 안테나가 필요하다.

강체의 경우에는 상사변환만을 적용하여도 충분하다. 최소 3개의 안테나를 통해 2개의 기선벡터가 형성되며, 이를 통해 3개의 미지량을 해석하기 위한 6개의 관측방정식을 얻을 수 있다. 따라서 잉여관측량이 발생하며, 이는 최소제곱추정에 의해 해석이 가능하다. 일반적인 최소제곱추정을 통해 자세 파라미터를 추정하기 위해서는 식 12.6의 선형화가 필요하다. 다른 방법으로 식 12.6의 역을 일반화하는 경우도 존재한다. n을 독립기선의 수로 간주하며, 식 12.6은 다음과 같은 형태로 쓰여 진다.

$$\underline{A}^{b} = \underline{R}[r, p, y]\,\underline{A} \tag{2.69}$$

여기서 $\underline{A}^{b}$는 열벡터로서, 동체좌표계의 기선벡터로 표현되는 $3 \times n$ 행렬이다. 행렬 $\underline{A}$는 이와 동일한 형태로 표현되며, 지역좌표계의 기선벡터로 표현된다. 또한 식 12.7

과 행렬 $\underline{A}$의 역행렬을 곱하는 것을 통해 회전행렬을 해석할 수 있으며, 그 결과는 다음과 같이 주어진다.

$$\underline{R} = \underline{A}^b \underline{A}^T (\underline{A}\,\underline{A}^T)^{-1} \tag{2.70}$$

여기서 위첨자 T는 행렬의 치환을 나타낸다. 행렬 $\underline{R}$의 각 요소를 R_{ij}로 나타내면, 다음의 식을 통해 자세 파라미터를 얻을 수 있다.

$$\tan r = -\frac{R_{13}}{R_{33}} \tag{2.71}$$

$$tns\, p = \frac{R_{23}}{\sqrt{R_{21}^2 + R_{22}^2}} \tag{2.72}$$

$$\tan y \equiv -\frac{R_{21}}{R_{22}} \tag{2.73}$$

상기의 식은 식 12.2의 행렬 $\underline{R}$을 조사하는 것에 의하여 증명된다.

최소제곱법에 의한 자세 추정의 장점은 최적의 자세 파라미터를 계산하기 때문에, 보다 정확한 자세의 계산을 수행할 수 있다는 것이다.

③ 날개 굴곡의 모델링

4개의 안테나가 양 날개의 선단에 각각 하나씩, 항공기 동체 위에 2개가 각각 장착되어 있다면, 이론적으로 항공기의 횡각은 종각 및 편각과 독립적으로 결정할 수 있다. 하지만 비행 중에 날개가 움직이기 때문에, 실제로 이 방법을 통해 횡각을 정확히 결정하는 것은 매우 어렵다.

날개의 굴곡을 모델링하는 것에 의해 동체좌표계의 비강체성을 고려하는 다른 방법이 Cannon 등(1994)에 의해 제안되었다. 동체좌표계의 수직성분에 날개의 굴곡을 구속조건으로 부여하게 되면, 다음의 관계식이 얻어진다.

$$\underline{x}_i^b = \underline{x}_{0i}^b - f\underline{e}_3 \tag{2.74}$$

여기서 f는 최소제곱조정을 통해 추정된 스칼라량이다. 위치벡터 $\underline{x}_{0i}^b$는 날개의 굴곡이 없는 상태, 즉 항공기가 정지하고 있는 상태에서의 위치벡터로 이륙 전에 데오돌라이트를 사용하여 직접 측정되거나 또는 정적 GPS를 통해 구해진다.

2-2) 실제적인 상황

1m 간격으로 설치된 안테나를 통해 얻어진 1mm의 상대적인 위치정확도는, 자세결정에서 1milliradian 또는 0.0057도의 정확도에 해당한다. 안테나 간의 간격이 증가하게 되면, 각도의 정확도는 상대적으로 증가한다. 하지만 기선이 증가할수록 모호정수의 탐색도 어려워지게 된다.

자세 결정에 있어서 다중경로는 정확도를 제한하는 중요한 오차원이다. 이 오차를 감소시키기 위해서는 모든 안테나에 동일한 그라운드플레인을 사용하거나 쵸크링 사용하여야 한다.

자세 결정에서 가장 필수적인 사항은 OTF 기법을 이용한 모호정수의 해석이며, 이는 항공과 해상 분야에서 특히 중요하다. 모호정수는 EL-Mowafy(1994)에 의해 제안된 특별한 안테나 구성을 이용하면 빠르게 해석될 수 있다(Landau & Ordonez, 1992; Lu 1995).

Quin(1992)에서는 자세 결정을 위해서만 제안된 다중안테나 구성시스템을 제안하였다. 여기서 자세 결정을 위한 안테나 구성으로 1대의 24채널 단일주파 수신기에 연결된 4대의 마이크로스트립 안테나를 제안하였다. 각 안테나에는 6개의 채널을 할당하여, 최대 6개의 위성이 추적될 수 있도록 하였다. 이 중 하나의 안테나는 시스템의 위치와 속도를 결정하는데 이용되며, 주 안테나와 다른 세 안테나 간의 기선은 자세결정에 사용된다. 잉여의 네 번째 안테나는 시스템의 내부적인 검사를 위해 이용된다. 이렇게 특정한 목적을 위해 제작된 시스템의 경우에는 수신기 시각편차량이 모든 안테나 측량결과에 포함되게 되므로, 단일차분 방법을 적용하는 것이 가능하다. 따라서 각 기선해에 자유도가 추가되며, 이를 통해 내부 기선벡터를 해석 시 3개의 위성만이 필요하게 된다.

자세 결정을 위한 시스템이 아닌 경우, 즉 4대의 독립된 수신기를 가진 경우에 장점은 규격품의 수신기를 사용하기 때문에 다양한 이용분야를 확보할 수 있다는 것이다. 하지만 이 경우에는 수신기 시각편차량을 고려하기 위해서 이중차분이 적용되어야 한다.

3) 항공사진측량에서의 이용

현재 GPS 위성배치를 통해 24시간 측위서비스를 제공받을 수 있으며, 이에 따라 항공기 또는 다른 이동수단에 GPS를 설치하여 사진측량을 위한 위치좌표를 획득하는 방법이 널리 이용되고 있다. 현재 정부기관 및 민간회사 모두 정밀측위를 위해 GPS를 일상적으로 이용하고 있으며, 정밀한 C/A 코드 수신기와 이중주파 수신기가 개발됨에 따라 데시미터 정확도의 위치결정을 위한 GPS 이용도 가속화 되고 있다.

가장 단순한 GPS의 이용은 C/A 코드 의사거리를 이용하는 DGPS 측량이다. DGPS 측량에서는 일시적으로 신호추적이 실패하더라도, 향후 연속적으로 수행되는 측위의 정확도에 영향을 주지 않는 장점이 존재한다. 또한 비행 전 지상에서 별도의 초기화 과정도 필요하지 않다. DGPS 측량을 통해 cm급의 측위정확도를 확보할 수 있으며, 이는 소축척 지도제작 및 정사지도의 보정에 사용된다. 최근의 항공사진측량용 항공기에서 사용되는 정밀한 측위방법은 이중주파 수신기 및 OTF 기법을 사용하여 모호정수를 해석하는 방법이다. 이 경우 2주파의 반송파 위상이 사용되기 때문에, 이를 조합하여 86cm 파장의 와이드 레인 신호를 생성할 수 있다. 칼만 필터링 기법과 결합된 정확한 코드거리자료는 고정된 기준국과 이동국인 항공기 수신기 사이의 초기벡터 해석을 가능하게 한다. 이렇게 얻어진 해석결과는 와이드 레인 위상의 모호정수 탐색을 위한 탐색공간을 정의하는데 사용된다. 이때 탐색공간이 작아질수록 모호정수는 더 빠르게 해석된다. 최종적으로 와이드 레인 모호정수가 해석되면, 반송파 L1의 모호정수는 바로 해석이 가능하다. 이러한 방법을 적용하는 경우 속도와 신뢰성에 영향을 미치는 요소는 다음과 같다.

- 의사거리 편의량과 잡음
- 반송파 위상 편의량과 잡음
- 다중경로
- 기선의 길이
- 위성배치

OTF 기법을 적용한 소프트웨어는 비행 중에도 초기화가 가능하지만 항공기가 지상에 대기하고 있는 경우에는 초기화의 속도가 더욱 증가한다. 대부분의 경우 초기화를 위해 1~2분 정도의 시간이 필요하다. 비행기의 이·착륙 시 항공기의 수신기과 위성을 계속 추적하게 되면, 좀 더 높은 정확도를 기대할 수 있다.

GPS 수신기는 각 항공사진의 정확한 촬영시간을 기록하는 것도 가능하다. 먼저 특별하게 제작되는 항공측량용 사진기는 촬영 순간의 정확한 시간을 제공할 수 있다. 이 촬영 시간은 GPS 수신기에 의해 기록되며, 이는 인접한 GPS 수신시점에 대하여 보간된다. 일반적으로 GPS 수신 간격은 0.5초에서 2초 정도로 규칙적으로 설정되어 있다. 수신간격이 짧을수록 더 많은 자료를 확보할 수 있기 때문에, 일시적인 신호중단이 발생한 경우 소프트웨어의 정상화를 보다 빨리 수행할 수 있다. 또한 짧은 수신간격은 항공기의 궤도를 보다 정확하게 정의할 수 있으므로, 보다 정확한 사진위치를 제공할 수도 있다. 짧은 자료취득율은 사진측량 수행 시 보다 많은 기억용량을 필요로 하기 때문에, 장기간의 관측을 위해서는 휴대용 컴퓨터와 같은 외부 기록장치가 필요하다.

GPS 안테나가 설치될 수 있는 최적의 위치는 항공측량용 사진기의 바로 위쪽이다. 이 장소에 안테나를 설치하게 되면, 사진기와 안테나 사이의 편차로 인하여 발생하는 오차를 감소시킬 수 있다. 잉여 관측량 및 항공기 자세 정보를 제공하기 위하여, 복수의 안테나와 수신기를 이용하고자 하는 많은 연구가 진행되었다(Blankenberg, 1994; Cooper et al., 1994). 현재 항공기 자세 결정을 위한 최적의 방법은 항공사진측량의 블록조정을 통해 횡각, 종각, 편각을 계산하는 것이다.

다양한 항공사진측량의 해석적 블록조정은 항공기의 GPS 자료를 이용하여 수행되고 있다. 또한 이러한 조정은 항공기 자세 정보를 제공하는 것 이외에도 GPS 위치좌표를 확인하기 위해서 이용된다. 예를 들어 모서리에 있는 고정된 자상기준점이 위치하는 블록들은 오차가 존재하는 경우, 블록의 모서리가 정합되지 않게 된다. 블록조정의 결과와 GPS 위치좌표 간의 차이는 대략 5cm에서 10cm 정도이다.

항공기 GPS 높이에 대한 해석은 지상기준점의 타원체고를 이용하여 수행된다. 하지만 통상적으로 지오이드면에서의 높이, 즉 표고가 필요하기 때문에, GPS 안테나와 사진기 간의 고도차의 보정과 함께 GPS 높이에 지오이드고 보정을 수행하여야 한다. 지역적인 지오이드고를 가장 정확하게 결정하는 방법은 수준점을 포함하여 지상측량을 수행하는 것이다. 이렇게 구해진 지오이드고는 항공사진측량에 필요한 정화한 표고를 구하기 위한 GPS 높이 보정에 이용된다.

GPS를 통해 제어된 항공사진은 대축척 지도의 작성에 적합하다. 하지만 이 경우에도 GPS에서 구해진 위치가 충분한 정확도를 갖는지 주의 깊에 확인하여야 한다. 특히 항공기 GPS 높이의 기준이 되는 기지의 지상기준점은 가능한 촬영된 항공사진의 중심에 위치하여야 한다. 만약 지상기준점이 사진의 중심에 위치하게 되면, 항공기와 기준점 사이의 거리는 최소로 되며, 이에 따라 미지의 전리층 오차 및 대류권 오차가 감소하기 때문에 최상의 정확도를 확보할 수 있다. 실제로는 자료의 잉여서을 확보하기 위해 2개의 지상기준점을 이용한 것이 바람직하다. 이를 위한 방안으로 하나의 수신기를 측량지역 안에 위치시키고, 또 다른 하나는 측량지역에 인접한 공항에 설치하는 방법이 있다. 또한 지상의 기준점 주위에는 장애물이 없어야 하며, 다중경로의 영향도 적은 곳이어야 한다.

항공 GPS의 자료처리는 지상에서 수행된 동적 측위의 자료처리 과정과 동일하다.

OTF 기법이 적용된 소프트웨어를 사용하면, 자료의 최적 해석결과를 도출할 수 있도록 자료를 시간 순서 또는 역으로 처리하는 것이 가능하다. 최적의 해석결과를 얻기 위해서는 이 두 번의 처리결과를 평균해서 이용하거나 최적의 형태로 조합하는 것도 가능하다. 또한 2개의 지상기준점을 이용하는 경우에도 이를 조합하여 최적의 해석결과를 얻을 수 있다.

GPS를 이용한 항공기 제어방법은 사진 도화를 위해 필요한 지역적 기준점의 수를 상당 부분 감소시키기 때문에, 비용적인 측면에서 매우 효율적인 방법이다, 또한 접근이 제한된 지역에 대한 지도제작도 GPS를 이용한 항공사진측량을 이용하면 매우 편리하게 수행할 수 있다.

4) 기준망의 설립

GPS는 사실상 단거리, 장거리의 기선을 모두 정확히 측정할 수 있는 측지학적 관측수단이다. 가상적으로 모든 GPS 처리 소프트웨어는 3차원 모델을 채용하고 있으며, 처리결과는 WGS84 좌표계 상의 측지경위도 및 타원체고로 주어진다. 만일 GPS 기준계가 국가기준계와 일치하지 않는 경우에도 3차원의 상사변환이 수행되어야 한다. 그 후 이러한 타원체 상의 수치는 측량결과의 활용이 가능한 평면좌표계로 투영되게 된다.

GPS는 다음과 같은 두 가지 방법에 의한 기준계를 제공한다.

4-1) 수동적 기준망

거의 대부분의 나라에서는 일반적인 삼각측량, 트래버스 및 수준측량이 수행되며, 이를 위한 유형의 측지기준망이 구축되어 있다. 일반적인 경우 수평기준망과 수직기준망은 서로 간에 약 10%정도의 기준점을 공유하며, 그 외는 서로 분리되어 구축된다. 이러한 기준망은 대규모 측량에 통일된 기준으로 적용되며, 토지의 경계측량에 통일된 기준을 추가하여 정확한 축척과 방위를 가진 지도를 작성하게 한다. 측치기준망은 기본적으로 다음의 두 가지 기능을 가지고 있다. (1) 넓은 지역에 대해 일관된(Seamless) 기준계를 제공한다. (2) 사용자(측량기술자)에 대해서 오차가 없는 기준좌표계를 제공한다.

측지망의 오차는 최신의 측량기기를 사용하여, 최대한 정확한 관측을 수행하는 것을 통해 제거될 수 있다. 역사적으로 측지측량용 기기는 특별한 전문가에 의해서만 제조되었으며, 관측자는 기기의 사용에 대해 매우 엄격한 훈련을 받아야 했다. 이를 통해 1:250,000의 수평정확도와 수 mm/km의 수직정확도가 일반적으로 획득되었다.

GPS의 출현은 기존 측지기준망의 구성방법에 대한 개념을 변환시켰다. 1983년에 수행된 첫 번째 GPS 측량은 1ppm에 근접하는 내부정확도로 수행되었으며, 이는 기존의 측량기기를 통해 구축된 기준망의 내부정확도 10~20ppm와는 큰 차이를 보였다. 이러한 차이는 기존 기준망 설립에 관계된 측지학자들에게 놀라운 사실은 아니었지만, 작업결과에 대하여 정확한 위치 점검을 할 수 없었던 GPS 측량 기술자들에게는 매우 큰 영향을 주었다. 따라서 결국에는 GPS를 이용한 상시관측망 및 고정밀 기준망의 설립이 수행되고 있다. 특히 대부분의 GPS 상시관측망은 미국 및 기타의 다른 나라에서 국가적인 차원으로 설립되고 있는데, 향후 이러한 상시관측망은 기존의 낮은 정확도의 기준망을 대체하게 될 것으로 예상된다.

① 수평기준망

사용자가 요구하는 정확도보다 낮은 정확도를 가지는 기준망은 결국에는 없어지게 된다는 특성을 가지고 있다. 수평기준망 내의 기준점은 통상적으로 그 지역의 가장 높은 곳에 위치하며, 이로 인해 GPS를 통해 관측하는 것이 쉽지 않다. 또한 기존의 기준점은 수목이 울창한 곳에 위치하거나 접근이 어려운 지역에 위치한다. 가장 효율적인 측지측량은 GPS에 의하여 수행되지만, 현재 설립되어 있는 기준망내 대부분의 기준점은 이러한 사항을 만족하지 못한다.

이러한 문제의 해결을 위해서는 25~100km 사이의 일정한 간격으로, GPS 관측이 가능한 위치에 새로운 기준점을 배치하여야 한다. 대부분의 경우 이러한 새로운 기준점들은 차량에 의한 접근이 쉬우며, 기타의 방해를 받지 않는 장소에 위치하게 된다. 상시관측망의 내부 정확도는 일반적으로 0.1ppm 정도이며, 이러한 정확도에 의한 영향은 사용자에게는 거의 나타나지 않는다.

상시관측망의 전 지구적인 정확도는 ITRF 좌표계와 관계되어 제어된다. ITRF 기준좌표계와 ITRF 관측점 간의 상호관계를 정확히 알고 있으면, ITRF 좌표계는 최적의 측지좌표계로 간주된다. 이중주파 수신기를 사용한 전 지구적인 상시관측망의 관측은 IGS에 의하여 정기적으로 수행되고 있다. 특정한 국가의 상시관측망 내 기준점 위치는 IGS 관측점에 대하여 수 cm의 정확도로 결정될 수 있으며, 인접한 국가의 상시관측망도 이를 이용하면 특정한 시점에 대해 구축이 가능하다. 국가 간의 진정한 측지기준망을 위해 필요한 일관적인 특성은 매우 쉽게 획득할 수 있는데, 이는 인접한 국가 간의 국경에는 상대적으로 작은 오차만이 존재하기 때문이다. GPS 상시관측망의 이러한 특징은 매우 중요한데, 실제로 측량은 필요한 경우에만 수행되며, GPS 측량은 기존의 측량과 달리 기존의 계산치에 연결할 필요가 없기 때문이다.

② 높이의 기준망

GPS는 관측점 간 벡터의 세 요소를 모두 동일한 정확도로 측정하는 3차원 측량체계이다. 그러므로 GPS를 이용하여 위도와 경도뿐 아니라, 표고까지도 결정할 수 있다. 그러나 GPS로 측량된 높이는 타원체를 기준으로 하는 값으로, 이는 기존의 수준측량을 통해 얻어지는 지오이드를 기준으로 하는 높이와는 다르다. 따라서 GPS 사용에 있어서는 표고를 따로 결정해야 하는 문제가 발생한다. 타원체와 지오이드 간의 차이는 지구상의 모든 점에서 다르며, 이러한 차이는 기존의 전 지구적 또는 지역적인 지오이드 모델에서 구할 수 있다. 국가적 또는 지역적인 지오이드고를 모델링하는 방법은 타원체고를 알고 있는 기지점에 대하여 수준측량을 수행하는 것이다. 이를 통해 각 기준점에 정확한 타원체고와 표고를 결정할 수 있으므로, 상시관측망이 설립되어 있는 지역에서는 cm 수준의 표고정확도를 얻을 수 있을 것으로 예상된다.

상시관측점에 GPS 측량을 연결하여 수 cm의 표고정확도를 얻을 수도 있다. 상시관측점이 기지의 표고를 가지고 있으므로, 이들 점에 대한 보간이 수행되면 새로운 관측점의 표고를 정확하게 결정할 수 있다. 또한 정확한 지오이드 모델이 이용될 수 있다면, 이에 따라 측량의 정확도도 개선될 수 있다.

4-2) 능동적 기준망

후처리나 실시간 DGPS 적용을 위한 감시군(Monitoring Station)은 영구적으로 운영되는 기준망으로 구성되며, 이를 능동적 기준망 또는 광역 DGPS(WADGPS, Wide-Area Differential GPS) 기준망이라 부르고 있다. 이 중 WADGPS 기준망은 DGPS의 완전성과 신뢰성을 개선하는데 이용된다. 일반적으로 능동적 기준망은 완벽하게 자동화되어 운영된다. 이러한 자동화는 위성추적, 이중주파 자료 및 지상 기상자료의 수집, 자가진단의 수행, 주관제국과의 양방향 통신 등이 자동으로 이루어진다는 것을 의미한다. 주관제국에서는 각 기준점을 관측하여 자료를 처리한 후, 그 처리결과를 고시하는 업무를 담당한다. 상시관측망과 동일하게 이러한 능동적 기준망이 설립된다면, 기존의 기준망은 더 이상 필요하지 않게 된다. 또한 능동적 기준망이 완벽하게 설립된다면, 상시관측망도 더 이상 필요하지 않게될 것으로 예상된다.

수동적 기준망인 IGS 관측망은 전 세계적인 규모의 능동적 기준망으로도 고려될 수 있다. 각 추적국에서 관측된 코드와 위상거리 자료는 IGS 정보시스템을 통해 모든 사용자에게 배포되며, 이를 이용한 후처리를 통해 상대 측위를 수행할 수 있다.

지역적인 능동적 기준망의 예로 캐나다의 CACS(Canadian Active Control System) 시스템을 들 수 있다(Delikaraoglou et al., 1990). 이 시스템은 1985년 이후에 개발되

었는데, 이 기준망의 초기목적 중 하나는 캐나다 지역에 대한 GPS 위성궤도의 정확도를 개선하는 것이었다. 이 기준망에는 일정하게 배치된 약 20개의 감시국과 오타와에 위치하는 하나의 주관제국이 포함되어 있으며, 대부분의 감시국은 IGS 관측망에도 포함되어 있다.

또 다른 능동적 기준망으로는 미국 NGS(National Geodetic Survey)에 의해 관리되고 있는 CORS(Continuously Operating Reference Station) 시스템이 있다. CORS 시스템의 감시국 대부분은 현재 USGS(U.S. Coast Guard)에서 해상 DGPS 서비스를 위해 구축한 약 50여개의 관측점으로 구성되어 있다.

캘리포니아에 있는 PGGA(Permanent GPS Geodetic Array) 시스템은 북미와 태평양지각판의 경계를 감시하는 능동적 GPS 기준망이다. 이 기준망은 25개 이상의 감시국으로 구성되어 있으며, NASA의 DOSE(Dynamic of Solid Earth) 프로그램, USGS(U.S. Geological Survey) 및 미국과학재단(National Science Foundation)이 서로 협력하여 이를 이용한 연구를 수행하고 있다. 여기서 획득되는 매일의 자료는 IGS 관측망 계산에도 사용된다(Gurtner, 1995).

상기와 다른 형태를 가지는 능동적 기준망으로 텍사스 고속도로관리국에 의해 개발된 시스템이 있다. 이 시스템에서는 텍사스 주변에 위치한 9개의 감시국을 통해 모든 위성을 연속적으로 추적하게 되는데, 여기서 얻어진 위상자료를 이용하여 고정된 감시국과 측량점 사이의 벡터를 계산한 후 다양한 고속도로 관련 프로젝트에 활용하게 된다. 이러한 개념의 능동적 기준망에는 장점과 단점이 존재하는데, 텍사스 시스템에서는 이러한 장·단점을 명확하게 보여 주고 있다. 이러한 개념의 장점은 측량자가 측량지역에 인접한 기준점을 직접 찾거나 확보할 필요가 없다는 것이다. 이 경우 측량지역에서 GPS 측량을 수행하면 각 감시국들과 연결되는 벡터를 얻어지며, 이를 결합하여 최적의 해석결과를 산출할 수 있다. 따라서 이러한 방법을 적용할 경우에 얻을 수 있는 가장 큰 효용성은 측량자가 고정된 기준점을 유지하기 위해 추가적인 비용을 지출할 필요가 없다는 것이다. 텍사스 시스템의 단점은 예산의 문제 등으로 인하여, 고속도로 관리국이 공공에 대하여 이러한 서비스를 제공할 준비가 되지 않았다는 것이다. 현재 고속도로관리국의 능동적 기준망은 단일한 사용자만이 이용이 가능하므로, 다양한 기타의 사용자들을 위해서는 유사한 기준망이 중복되어 설치되어야 한다. 실제로 이러한 관측망의 중복 설치에 대한 많은 사례가 존재하며, 실제로 여러 조직은 각자의 특정한 목적을 위해서 다른 종류의 능동적 기분망을 각각 설정하고 있다. 이러한 문제의 해결을 위해서는 많은 시간이 필요할 것으로 예상된다.

예를 들어 회사와 같은 비교적 큰 규모의 조직에서는 자사의 목적만을 위한 GPS 감시망을 구축할 수 있을 것이다. 가장 간단한 예로 측량회사는 측량의 운영지역을 포괄할 수 있도록 3개의 감시국을 일정한 간격으로 배치할 수 있다. 그 후 IGS 관측점에 인접한 감시국에서 하루 동안 자료를 관측하고, 이를 IGS 관측점과 결합하면 정확한 좌표를 결정할 수 있다. 지역적인 감시국의 좌표가 결정되면, 이는 다른 수신기에 대한 실제적인 감시국으로 사용되게 된다. 지붕 위에 안테나를 설치하고, GPS 수신기는 건물의 내부에 위치시킨 후 이를 서로 모뎀으로 연결하는 지역적인 감시국도 설치할 수 있다. 이를 이용하면 사용자는 각 측량일 및 지역에 해당하는 자료를 요청하여 다운로드 할 수 있다. 지역적인 기준망의 재검점은 IGS 관측점에 대한 벡터를 주기적으로 재계산하여 수행된다.

현재 대부분의 능동적인 기준망에는 DGPS 또는 RTK 서비스가 구축되어, 의사거리 보정량 또는 반송파 위상이 실시간으로 사용자에게 송신되고 있다. 또한 전 지구적 규모의 상용 DGPS 서비스도 이미 구축되어 있다(Sluiter, 1993). 대륙적인 규모 혹은 지역적인 규모의 DGPS 서비스로 CACS의 서비스와 항만에서의 항법에 사용되는 USGS의 서비스 등이 있다. 현재 운영되고 있는 GPS 기준망에 대한 자세한 내용은 Jong(1999)을 참조할 수 있다.

5) GPS 활용분야

5-1) GPS를 이용한 Car Navigation System(차량항법시스템, CNS)

카네비게이션 시스템이란 선박, 항공기 등의 항법장치에 쓰이고 있는 GPS를 차량에 장착하여 운전자가 낯설고 먼 곳을 운행 할 때 불편함을 해소하고 운전자의 안전운전을 보장한다. 또한 차량이 사고 났을 경우 신속히 그 지점을 파악하여 구조할 수 있다. 그 예로 지난겨울 IMF한파가 몰아쳤을 때 온 국민의 정성을 모은 금모으기 운동에서 금괴를 운반하는 차량에 GPS장치를 장착하여 실시간으로 그 위치를 관찰, 감독하여 만약의 사고에 대비하여 문제가 생기면 그 장소로 즉시 출동 할 수 있게 안전을 기하였다.

차량항법 시스템은 현재 지구 주위를 선회하는 24개의 GPS위성이 송신하는 데이터를 수신하여 운행 중인 차량의 현재위치, 진행방향, 목적지까지의 최적경로, 각종 편의 정보를 제공해 편안한 운전환경을 제공하는 첨단 시스템이 가능하도록 하였다.

5-2) GPS를 이용한 항공기 착륙유도

GPS는 전 세계적으로 현재 선박과 비행기, 차량 등의 현재위치파악과 운행, 정보 및 교신용으로 가장 많이 상용화되고 있다. GPS를 이용한 항공기 착륙유도는 현재 미국을 중심으로 활발히 연구되어 실용화 직전단계에 있으며 미국의 경우, 1998년 부터 기존의 계기 착륙시스템을 서서히 대체해 나가고 세계 각국이 항공기 착륙에 GPS 도입을 서두르고 있다.

새로 건설되고 있는 인천 국제공항에 GPS를 들여올 경우 김포나 김해 공항 수준의 안전착륙을 유도할 수 있는 것으로 나타났다. 참고로 현재 김포, 김해 공항은 계기착륙 시스템을 통해 수평 4.6m, 수직 1.4m 오차 범위 내에서 근접 정밀 착륙을 유도하고 있다.

5-3) GPS를 이용한 시설물 측량

GPS를 시설물 조사에 이용한 사례를 국내에서 찾아보기가 어려우며 현재 대학, 연구소와 몇 몇 기관에서 그 이용성을 시험 중에 있다. 국가기준점이 안정되어 있고 지하시설물을 포함한 시설물 지도 또한 신뢰할 수 있는 여러 측량선진국에서는 GPS의 이용이 갈수록 증가하고 있어 앞으로 시설물 조사에 활발하게 이용되리라 본다.

GPS에 의한 측량은 대략 10-100m의 오차를 가지며 DGPS인 경우(Differential Post-processing을 하면 10-2m) 2cm까지 오차를 줄일 수 있다. 국내에 알려진 제품들 중 초기의 것들은(1994년까지) 현장에서 예약된 키보드를 이용하거나 자료 목록을 바코드로 출력하여 원하는 위치에 자료 수신 중 바코드를 긁어주는 방법이었다. 이렇게 기록된 자료는 사무실의 컴퓨터로 다운로드되고 좌표변환 등의 작업을 거친 후 사용하는 GIS 소프트웨어에 맞는 포맷으로 변환되게 된다. 조사된 자료는 그 정확도 면에서도 개선의 여지가 있으며 자료를 현장에서 확인하기가 종종 재조사를 해야 되는 경우가 발생한다. 이런 문제점들을 해결하기 위하여 컴퓨터를 수신기와 연결하여 현장에서 자료가 기존의 지도상에 입력되는 것을 눈으로 확인하며 작업을 할 수 있도록 되었다.

이와 같이 컴퓨터를 현장에서 이용하는 시스템에는 GPS는 물론 토탈스테이션, 거리와 방위각을 측정하는 레이져 망원경 등의 측량 장비를 연결하는 시스템과 컴퓨터에 GIS소프트웨어를 탑재하여 현장에서 자료를 직접 필요한 형식으로 만들 수 있는 시스템도 개발되어 있다. 이러한 시스템이 시설물 조사에 사용된다면 조사기간의 단축, 실내작업시간의 단축, 자료의 신뢰도 향상 등의 효과도 있지만, 이 시스템이 가지고 있는 최대의 단점이라면 전자기파가 차단되는 지역에서는 작업이 불가능하다. 수신기와 위성 간에 장애물이 없고 기준점에 대한 신뢰도도 높은 지역에서 GPS를 이용한 시설물 조사 시스템은 거의 완벽한 기능을 발휘한다. 불행하게도 우리나라가 지금 시작하려는 조사지역은 빌딩이 밀접한 지역일 뿐 아니라 매설된 지하시설물의 양이 많고 자료의 높은 정확도를 요구하기 때문에 GPS를 그대로 사용하기는 거의 불가능하다. 많은 연구와 노력이 요구되고 있다. 또한, GPS의 이용분야는 위치 파악이 필요한 분야는 전부 해당된다. 이러한 분야 중에서 가장 많이 이용되는 분야를 열거하면 다음과 같다.

① 운송분야

주로 운송수단의 위치파악용으로 많이 사용하고 있으며, 선박에서는 자동항법, 어군탐지 장비 등에 활용하고 있고, 최근 항공기에서 항법 보조수단으로 GPS를 이용하는 항공사가 증가하고 있다.

② 통신분야

CDMA를 사용하는 이동 통신에서 GPS 수신데이터를 기지국간의 시각동기 및 시스템 기준 주파수로 이용하고, 유선통신의 네트워크 망동기로 활용되고 있다.

③ 전력분야

송변전시 시각 동기 기능을 제공하고, 수・화력 발전소의 제어 설비간 시각동기로 사용하며, 송변전에 사용하는 GPS에 문제가 발생할 경우, 설비내부의 시각동기 기능이 자동으로 작동하므로 GPS문제로 인한 피해는 적을 것으로 판단한다. 낙뢰발생 했을 때 시각 및 위치를 기록하는 낙뢰감지시스템(LPATS)과 지진이 발생했을 때 지진동, 관측소 위치, 시간정보를 기록하는 지진 기록계를 한전에서 사용하고 있다.

④ 위치측정

GPS수신기를 이용하여, 측량 지점의 좌표 및 기선을 측정하는데 사용한다. 또한, 지도제작, 송전 철탑 위치 및 석유시추 위치 측정 등에 활용하고 있다.

⑤ 교육분야

각 대학에서 사용하는 GPS장비는 주로 실험 실습 및 연구용으로 실습선박, 교육용 항공기, 측량장비 등에 내장되어 있다.

⑥ 국방분야

항공기, 전투함에서 주 항법 장치로 관성항법 및 전파항법을 사용하고, 정밀도 향상을 위한 항법 보조 장비로 사용 중이다.

- 항법장치 : 선박, 자동차, 항공기, 인공위성 등
- 측지분야 : 기준점 측량, 중력측량, 항공사진측량, 노선측량, 수심측량 등
- GIS분야 : 답사, 주제도 제작, 주요지물의 위치점 측정 등
- 해양분야 : 정기노선항해, 시추공 위치결정, 해상중력측량, 해상탐색 및 구조 등
- 지구물리학 : 지각변동관측, 지질구조해석 등
- 군사분야 : 각종 장비의 항법장치, 목표물 위치결정, 사전답사, 지휘 및 통신 등
- 레져분야 : 등산, 여행, 탐사 등

2.1.11 GPS의 미래

1) GPS의 기술동향

GPS 수신기만 있으면 자신의 시간과 공간에 대한 정보를 언제 어디서나 아주 손쉽게 얻을 수 있다. 이러한 시공간에 대한 정보는 기존의 정보통신에서 다루었던 오디오, 비디오와 같은 멀티미디어정보에 새로운 형태의 정보를 추가하게 되어 지금까지 없었던 수없이 많은 새로운 응용분야를 탄생시키고 있다. GPS가 완전한 항법 기능을 제공한다는 FOC(Full Operational Capability)가 1995년 4월 27일 발표되었지만, GPS는 이미 전 세계적으로 다양한 응용분야를 가지고 널리 사용되고 있다. 최근 들어 LORAN-C, OMEGA, VOR/DME, TACAN 등 기존의 지상베이스 항법시스템이 점차 퇴조하고, 육상, 해상 및 항공 통합형의 항법시스템인 위성항법시스템이 그 기능을 대체하고 있는 실정이다. 반면 GPS는 수신기 기술의 빠른 발달로 수신기 가격이 점점 낮아지고 있고 그에 따라 시장도 급격히 커지고 있다.

외국에서는 GPS관련 기술들을 개발하여 수신기의 기능에 따른 다양한 모델들을 판매하고 있으며, GEC Plessy, Rockwell, SGS Thomson, SiRF 등에서는 GPS 용 칩 세트와 이를 이용한 수신기 개발 툴을 제공하고 있다. 국내에서도 GPS 수신기용 RF 및 신호처리 칩의 개발이 현재 진행되고 있으며 최근에는 GPS/GLONASS 겸용 수신기의 개발이 완료되었다. 향후 GPS는 개인휴대통신(PCS), PDA(Personal Data Assistance) 휴대형 PC(Handheld PC) 등과 같은 소형 휴대형 정보통신장비와 같이 연계하여 사용될 전망이므로 GPS수신기의 소형화 경량화는 더욱 가속될 것이다. 현재 정확한 위치정보를 얻기 위한 다양한 방법들이 개발되고 있다. DGPS(Differential GPS)는 이중 가장 널리 쓰이는 방법으로 DGPS에서는 위치가 알려진 기준국에서, 현재 위성에서 보내오는 정보에 의한 의사거리측정값에 있는 오차성분을 계산하여, 이를 주변의 사용자에게 알려줌으로써 보다 정확한 위치결정을 가능하게 하는 시스템이다. DGPS

의 보정 정보는 RTCM SC-104라는 기준 포맷이 정의되어 있고 무선데이터모뎀, RDS, TRS, 셀룰러 등의 무선통신망을 통하여 보정 정보를 송신할 수 있다. GPS의 반송파 위상을 이용하여서도, C/A 코드를 이용한 위치결정에 비해 더 나은 cm 정도의 위치 정확도를 얻을 수 있다. 또한, 미국이 운영하는 GPS의 운영방침과 시스템 의존을 배제하기 위해 러시아가 운영하는 GLONASS를 미국의 GPS시스템과 결합하여 위성항법 시스템의 상호보완을 통하여 정밀도 및 고장 경보를 향상시키고, 지역적 고정밀 보완을 위한 DGNSS시스템을 국내에서도 구축하고 있는 추세이다.

표 2.12 요구정확도에 따른 응용시스템의 분류

요구 정확도	분야	응 용	정확도(2dRMS)
100m 이상	항 공	대양항해(En Route Oceanic)	23km
		비정밀 접근/착륙(En route through Non-Precision Approach/Landings)	100m
	해 양	대양항해	1800-3700m
		연안항해	460m
25-100m	ITS/ 차량항법	100m 이상	25-1500m
		100m 이상	75-100m
		100m 이상	30-50m
		100m 이상	30m
	우주 (인공위성)	궤도결정(실시간)	50m
10-25m	항공	지상경계(Surface Surveillance)	14.4m
	해양	레크리에이션 보트타기	10m
		선박통행관리(Vessel Traffic Service)	10m
	ITS	인프라 관리	10m
	수색 및 구조	위치결정	10m
	Oceanography	실시간 항법 및 위치결정	10-30m
1-10m	항공	CAT I 접근 및 착륙	7.6m
		CAT II 접근 및 착륙	1.7m(수직)
	해양	항구접안 및 항해	8-20m
		내륙수로 항해	3m
	철도	기차제어	1m

표 2.12 요구정확도에 따른 응용시스템의 분류(계속)

요구 정확도	분야	응 용	정확도(2dRMS)
1-10m	ITS/차량항법	고속도로 항법 및 유도	5-20m
		비상구조 및 안전사고경고	5-30m
		버스 및 기차 정류장 자동안내	5-30m
		충돌방지 및 제어	1m
		충동방지 및 위험상황확인	5m
	화물운송	차량 및 화물 위치확인	5m
	레크리에이션	비도로주행, 하이킹, 컨트리스키	5m
	지구과학	항공지구물리(Airborne Geophysics)	3m(수직)
	지도제작 및 측량	GIS	1-10m
수 cm	항공	CAT III 접근 및 착륙	0.6-1.2m(수직)
	정밀경작	자동 차량유도	0.05m
	지도제작/측량/Geodesy	Photogrammetry	0.02-0.05m
		원격탐사	0.1-20m
		Geodesy	0.01-0.05m
		지도제작	0.1-10m
		측량	0.01-10.0m
	지구과학	Oceanography	0.01m
		Geodynamics	0.001m+109
	우주(인공위성)	궤도결정(후처리)	0.001m
		자세결정	3×10^{6}deg

2) GPS의 새로운 활용

미래 GPS의 활용은 전적으로 사용자의 상상력에 의해서만 제한된다. 현재 활용되고 있는 GPS 이용의 대부분은 1982년 이전의 많은 논문에서 설명되었던, GPS의 고정확도 측위기능에만 한정되어 있었다. 그러나 GPS 시스템의 가격이 저렴해지고, GPS의 근대화와 GPS의 보완이 추가되면서, 지상, 해상, 항공 등 다양한 분야에서 새로운 활용방법이 시도되고 있다.

지상분야에서의 활용에 대한 대표적인 예로 지능형 고속도로 운송체계(Intelligent Vehicle/Highway System : IVHS) 및 지능형 교통체계(Intelligent Transportation

System : ITS) 등과 같은 차량항법 및 정보체계를 들 수 있다. 그 외에도 건설기기 등의 자동화를 위한 다양한 GPS 활용방법이 존재한다. 예를 들어 도로건설에서 도로를 건설하면 노면 포장을 하는 건설장비에 GPS를 활용하면, 이러한 작업을 자동화할 수 있다. 즉 장비 내 컴퓨터에 내장된 수치지형모델(DTM)을 기반으로 장비의 정확한 위치저보를 GPS를 통해 제공하면, 이를 통해 장비의 모든 움직임을 조작할 수 있는 무인운전이 가능하게 된다. 정밀한 시각결정이나 시각동기화 등의 기능을 기용하여 측량이나 측지학의 분야에도 다양한 활용방법이 개발되고 있다. 실제로 정밀한 시각결정이 가능하다면 전화회사나 전력회사 등에서 이용할 수 있는 부분이 증가하게 된다. 그 외에도 대기의 관측을 통해 얻어진 자료를 결합하여 대기의 구조를 보다 쉽게 해석하는데 이용하고 있으며, 또한 이는 기상해석 모델의 개량에도 이용되고 있다.

해상분야에서는 선박의 항해정보시스템 및 항만입항시스템을 위하여 GPS를 이용하는 것이 가능하며, 일반적인 해양학 분야에서의 활용도 가능하다. 해상에서의 활용에서는 대부분 DGPS 기법이 사용되며, 이를 위해 해안선을 따라 고정확의 DGPS 기준망을 구축하고 있다. 대표적인 기준망으로 USCG에서 운영하고 있는 미국 해안의 실시간 DGPS 기준망이 있다.

항공분야에서는 높은 신뢰성과 완전성이 요구되기 때문에, GPS를 INS와 같은 다른 항법시스템과 통합하여 활용하고 있다. 항공분야의 활용에는 항공기의 항법 및 감시, 이·착륙 제어, 충돌회피 접근경고 등이 있다. 특히 항공기의 이·착륙에서의 활용은 GPS와 컴퓨터를 통합하여 자동화할 수도 있다.

이러한 이용분야와 더불어, 위성의 정밀측위나 우주선의 자세결정, 미사일의 항법 등 우주 분야에서도 GPS의 활용이 점점 확대되어 가고 있다.

3) GPS의 근대화

1999년 1월, 미국은 4억 달러의 예산이 소요되는 GPS의 근대화 계획을 발표하였다. 이 계획에서 특히 주목할 사항은 미래의 GPS 위성에 새로운 신호를 추가한다는 것이다.

3-1) 미래의 GPS 위성

최초의 Block ⅡR 위성은 이미 발사되어 궤도상에서 운항 중에 있다. Block ⅡF 이후의 위성은 현재 제작 중이며, 2007년 이후에 발사될 예정이다. 또한 미래의 GPS 위성인 Block Ⅲ 위성은 현재 계획 중에 있다.

BlockⅢ 차세대 위성은 현재의 위성보다 많은 부분에서 개선이 수행될 것으로 예상된다. 여기에는 GPS 시스템을 보다 독립적으로 운용하기 위해, GPS 위성간의 데이터를 전송할 수 있는 기능이 포함되도록 하였다. 또한 자동항법(Auto-Nav) 기능에 의해 광범위한 지상추적 없이도 GPS 위성위치가 계산되도록 계획되었다. 다음은 이러한 개선사항을 요약하여, 장래의 GPS 위성이 가지는 장점을 정리한 것이다.

- 지상에서 별도의 지원을 하지 않아도, GPS 항법의 정확도는 6개월간 지속된다. 여기서는 지상관제 및 사용자의 수정도 필요하지 않다.
- GPS 위성에 대한 정파방해의 가능성이 경감된다.
- 하루 1번 이상의 GPS 위성에 대한 자료전송이 월 1회로 감소된다.
- GPS 위성에 대한 항법자료 송신에 필요한 지상국의 수가 감소된다.
- 항법정확도가 개선된다.

이러한 특징은 GPS를 주로 이용하는 군에 있어 매우 효과적이며, 민간부분에서 자주 활용되는 정밀측량을 위해서는 별도의 정밀력이 필요하지 않게 된다는 장점도 있다.

3-2) 추가된 신호구조

현재 민간사용자는 GPS에서 송신되고 있는 2개의 신호 중 반송파 L1의 C/A 코드에만 접근이 가능하다.

이에 따라 NRC(National Research Council)는 부가적인 민간신호의 필요성을 인식하고, 이에 대한 연구를 수행하였다. 그 결과로 민간사용자를 위한 추가적인 반송파 L5의 설치 및 SA의 해제 등을 권고하였다. 반송파 L5는 초기에는 반송파 L4로 명명되었으며, 이를 이용하는 경우 민간사용자 스스로 전리층의 영향에 보정이 가능하고, 반송파 위상의 모호정수를 해석할 수 있다.

1997년 미공군에서는 GPS의 장래성에 대한 재검토를 수행하였다. 이 검토를 근거로 1998년 3월에 IGEB(Interagency GPS Executive Board)는 새로운 민간코드 L2C를 반송파 L2를 통해 전송하는 동시에, 다른 민간코드로 변조된 세 번째의 반송파 L5를 GPS 위성에 추가할 것을 권고하였다.

1999년에 공표된 이 GPS 근대화 방안은 IGEB의 권고를 다음과 같은 방법으로 수용하였다. 장래의 GPS신호는 다음과 같이 지정된 세 개의 반송파 L1, L2, L5에 의해서 송신된다.

$$L1 = 154f_o = 1575.42MHz$$
$$L2 = 120f_0 = 1227.60MHz \tag{2.75}$$
$$L5 = 115f_0 = 1176.45MHz$$

여기에서 $f_o = 10.23MHz$로 기본적인 GPS 주파수를 나타낸다. L5 주파수는 항공전파 항법용으로 보완된 주파수로서, 최근 세계무선통신회의(World Radio Conference : WRC)에 의해 할당되었다.

반송파 L1과 L2는 각각 C/A, L2C 코드로 변조되고, 반송파 L5는 P 코드와 유사한 형태의 민간코드로 변조된다. 현재의 군용 Y 코드는 새로운 M 코드로 교체된다. 이는 반송파 L1과 L2 상의 민간신호가 2개의 군용코드 사이에 삽입된다는 것을 의미하고 있다.

L2와 L5의 선형조합을 통해 5.9m의 파장을 가지는 또 다른 하나의 와이드 레인 신호를 생성할 수 있으며, 이것에 의해 모호정수를 보다 쉽게 해석할 수 있다. 이와는 대조적으로 L1과 L5의 선형조합은 전리층의 영향을 받지 않는 선형조합으로 사용된다. 이들 3개 반송파의 코드거리와 위상의 관측자료는 TACR(Three-Carrier Ambiguity Resolution) 기법에 의하여 공통적으로 처리된다.

민간코드와 군용코드로 변조되어 출력이 증강되는 반송파 L2는 2005년부터 발사가 시작된 BlockⅡR 위성에 실제로 설치되었으며, 반송파 L5는 BlockⅡF 위성의 발사 후부터 이용이 가능하다(DoD, DoT, 2000).

4) GPS 보완시스템

GPS를 항공이나 항만에서의 주요한 항법수단으로 사용하기 위해서는 보다 높은 안정성을 확보할 필요가 있으며, 이에 따라 GPS 항법의 정확도, 이용성, 연속성 및 완전성에 대한 개선이 수행되어야 한다. 이러한 개선은 GPS의 보완 및 GNSS(Global Navigation Satellite System)의 개발을 통해 이루어진다.

4-1) 지상형 보완시스템

지상형 보완시스템(GBAS, Groud-Based Augmentation System)은 공항의 부근과 같이 지역적으로 구축된다. 이 시스템은 GPS와 동일한 신호를 송출하는 지상에 설치된 의사위성(pseudolite)으로 정의되며, 여기에 차분보정량을 항공기에 송신하는 기준국이 포함되어 있다.

GBAS의 대표적인 예로 미국연방항공국(FAA)에 의해 개발된 LAAS(Local Area Augmentation System)을 들 수 있다. 이 시스템은 2003년 이후 미국의 주요 공항에 설치되어있으며, FAA 기준단계 Ⅱ/Ⅲ에 따른 정확한 이·착륙을 가능하게 하고 있다.

4-2) 위성형 보강시스템

위성형 보완시스템(Satellite-Based Augmentation System : SBAS)은 다수의 정지위성(Geostationary satellite)으로 구성되며, 전 지구적 혹은 지역적 규모로 운영되는 시스템이다. 이들 정지위성을 이용하면 GPS 위성과 같은 거리측정이 가능하며, WADGPS 보정량 또는 위성의 동작상황을 송신하는 전용장치를 갖추고 있다.

SBAS의 대표적인 예로는 현재 FAA에 의해 미국과 그 인접지역에 구축 중인 WAAS(Wide Area Augmentataion System)를 들 수 있다. 이 시스템은 주관제국과 기준국으로 구성된 지상기준망으로 이루어져 있으면(CGSIC, 1996), 기준국에서 수집된 자료 DGPS 보정량으로 가공되어 정지위성에 전송된다(Loh et al., 1995). WAAS는 정확한 항공기 이·착륙을 위한 FAA의 기준단계 Ⅱ/Ⅲ를 제외한 모든 비행기의 항법에 사용된다. WAAS의 완전한 운용은 2001년으로 예정되어 있었지만, 여러 가지 사정에 의하여 2005년 이후로 연기되었다(DoD, DoT, 2000). 국제해상위성(Inmarsat, International Maritime Satellite)은 WAAS에 사용되는 정지통신위성으로, 반송파 L1의 C/A 코드신호를 송신하는 중계기를 갖추고 있다(Kinal & Singh, 1990; Nagle et al., 1992; Nagle et al., 1993). 그러나 이 위성의 본래 목적은 항법기능이 제대로 작동하고 있는지를 감시하는 것이었다. 국제해상위성의 상세한 내용에 대해서는 Ackroyd와 Lormer(1900)를 참조할 수 있다.

5) GNSS

5-1) GNSS의 개발

GNSS를 구축하기 위한 최초의 단계는 GPS와 GLONASS의 통합 및 이러한 기존 시스템을 보완하기 위한 것이다. 이러한 GNSS를 실현하기 위해서는 전 지구적 및 국지적 요소들을 동시에 고려할 필요가 있다(Lichtenegger, 1999).

GNSS의 1단계에서는 GPS와 GLONASS를 통합하기 위하여, 미국의 WAAS나 유럽의 EGNOS(European Geostationary Navigation Overlay Service) 및 일본의 MSAS와 같은 정지위성이 사용된다.

GNSS의 2단계는 군용시스템에서 완전한 민간용시스템으로 전환되는 과도기를 의미한다. 유럽에서 이러한 2단계로서 갈릴레오(Galileo) 계획을 수행하고 있으며, 이 시스템은 1999년에 개발이 시작되었으며 조만간 그 운용이 기대되고 있다. 갈릴레오 계획의 상세한 내용에 대해서는 Hofmann-Wellenhof(1999)를 참조할 수 있다.

GNSS에서 중요한 사항은 각 위성시스템에 대한 주파수 대역의 할당이다. 이러한 주파수 할당은 국제적인 합의를 통해 결정되는데, 일반적으로 국제전기통신연구합(ITU, International Telecommunication Union)에서 협의를 담당하고 있다. 가장 최근의 수행된 주파수 할당에 대한 협의는 세계무선통신회의2000(WRC2000)에서 이루어졌다.

5-2) GNSS와 Loran-C의 통합

Loran-C는 많은 송신국에서 강력한 신호를 저주파(90-100KHz)로 송신하는 지상의 전파항법시스템이다. 송신국은 하나의 기준국에 대해서 2~5개의 종속국이 연결된 일종의 체인(Chain) 형태로 구성되어 있으며, 각 송신국에서 세슘시계는 수 십 나노초 이내에서 일치한다. 또한 Loran-C 수신기에는 송신국에서의 전파시간을 측정하기 위한 저렴한 시계가 장착되어 있다. 송신국과 수신기에 시계가 각각 장착되어 있으므로, Loran-C의 최종적인 관측량은 두 점 사이의 의사거리로 나타난다. 따라서 Loran-C의 최종적인 관측량은 두 점 사이의 의사거리로 나타난다. 따라서 Loran-C에 의한 측위는 GPS 측위와 매우 유사하다. Loran-C의 상세한 내용은 DoD와 DoT (2000)를 참조할 수 있다.

기존의 Loran-C 기준망은 GNSS를 위한 지역적인 보완시스템으로서 사용될 수 있다. 이에 대한 연구로서 네덜란드 델프트공과대학(Delft University of Technology)에 의해 수행된 Eurofix 사업이 있다(Offermans et al., 2000). 이 연구에서 Loran-C의 신호는 Loran-C의 표준적인 항법방식을 유지하면서, 약 1000km의 장거리 다채널 통신시스템에 대한 반송파로서 이용되었다. 연구의 결과 Loran-C에 의해 차분 GNSS가 광범위하게 적용되었으며, 이에 따라 GNSS와 Loran-C를 통합하면 GNSS의 항법 이용성, 연속성, 완전성을 높일 수 있다는 것을 알 수 있었다.

6) 하드웨어와 소프트웨어의 개선

6-1) 하드웨어

GPS의 초기단계에서부터 오늘날 하드웨어의 획기적인 발전을 대부분 예견하고 있었던 것으로 생각된다. 예를 들어 Well 등(1987)은 GPS 장비의 가격이 소형 컴퓨터의 발전과 함께 급속히 하락될 것이라는 점을 예측하였다. 실제로 특수한 컴퓨터 집적회로가 연속된 생산된 시기부터, GPS 장비의 가격은 하락하고, 크기는 축소되었으며, 그 신뢰성과 사용의 용이성은 증가하기 시작하였다.

최초 시판된 GPS 수신기의 가격은 약 10만 달러 이상이었지만, 그 기능은 현재의 1만 달러의 수준의 수신기 보다 훨씬 열등했다. 측량이 가능한 OEM(Original Equipment Manfacture)의 GPS 장비는 2000년에 약 1,000달러 이하로 판매되고 있다. GPS 수신기 가격의 변동을 시간에 따라 전개하면, 초기의 몇 년간(1983~1987)에 급격히 하락한 후 점차 점진적으로 하향하는 곡선을 보인다. 현재는 제조사의 대량생산을 통해 가격을 많이 떨어뜨릴 수 있게 되었다. 이러한 GPS의 가격곡선은 측량용 토털스테이션이나 휴대용 계산기의 가격 하락곡선과 매우 유사하다. GPS의 가격분석은 GPS 수신기의 판매가격에 처리 소프트웨어의 가격이 함께 포함되기 때문에 다소 복잡하다. GPS 수신기의 가격 중에서 처리 소프트웨어의 비중은 상당히 높다. 하드웨어 부분은 집적회로를 통해 제자이 가능할 경우, 대량 생산에 의하여 GPS 수신기의 가격을 상당히 저하시킬 수 있다.

현재의 다채널 이중주파 수신기는 기본적인 모든 관측량을 관측하고 저장한다. 관측의 해상도는 파장의 0.1% 또는 그 이상 수준으로 직접적으로 개선될 수 있다. 이러한 해상도를 코드 의사거리에 대하여 적용하면 이는 수 센티미터의 정확도에 해당하며, 이러한 정확도를 통해 반송파 위상의 모호정수를 순간적으로 해석할 수 있다. 또한 현재에는 36채널까지 측정이 가능한 다채널 수신기가 보급되고 있으며, 이를 통해 반송파 L1, L2, L5를 이용한 모든 조합에 대해 측정이 가능하다. 또한 이러한 다채널 수신기를 이용하면 이에 접속되는 복수의 안테나에 대한 배열도 개선되므로, 보다 정확한 자세 결정도 수행될 수 있다. 마지막으로 이러한 수신기 시스템에서 멀리 떨어진 방위표에 방위를 직접 결정할 수 있드록 개량한다면, 측지기준점에 대한 측량의 작업량은 50% 이상 줄어들 것으로 예상되고 있다.

동적 GPS 기술의 개선으로 인해 장래 GPS 수신기의 설계도 따라서 변하고 있다. 밴드폭의 자동조정이나 더욱 엄밀한 사이클 슬립 검출은 향후 수신기의 표준적인 기능이 될 것이다. 또한 수신기의 크기 및 전력소비량도 보다 작아질 것이다. 동적 측량용 수신기는 측량폴 위에 작은 안테나를 탑재하며, 이동 시의 크기를 줄이기 위해 측량폴 내에 다수의 전자장치를 장착하는 구조로 구성된다. 이 같은 수신기를 기존의 토탈스테이션과 통합한다면, 궁극적인 측량 목적도 쉽게 달성할 수 있으면서 생산성도 크게 향상될 것이다

수신기의 가격이 내려가면 수신기를 다리나 댐 같은 구조물에 영구히 설치하여, 준실시간적으로 구조물의 움직임을 검출할 수도 있다. 댐에 GPS 수신기를 설치하고 이를 망으로 연결하여, 댐의 변위를 측정하고 붕괴를 예측하는 시스템을 구축하기 위한 연구가 현재에도 꾸준히 진행되고 있다.

GLONASS 시스템에 대해서는 앞서 개략적으로 설명하였다. 현재 여러 제조사에 의해서 GPS/GLONASS 측지수신기가 시판되고 있으며, 두 시스템의 위성을 모두 수신할 수 있는 이러한 수신기의 성능은 크게 개선되었다. 다른 종류의 수신기를 이용하는 경우, 어떤 순간적인 시점에 있어서 관측이 가능한 위성의 수가 배 이상 증가하게 되어, 표준적인 GPS 수신기에서는 관측할 수 없었던 도심지와 같은 많은 장소에서 위성측위가 가능하게 되었다. 또한 위성의 수가 증가하여 OTF 기법을 통한 동적 측량이 더욱 신속하게 이루어진다.

수신기 제조사는 수신기 조작시간의 단축 및 기능의 보강과 더불어, 수신기의 중량이나 크기의 경량화에도 노력을 하고 있다. 현재 이중주파 수신기를 사용하여 준 실시간으로 cm 수준의 측위를 수행하고는 있지만, 이 경우에도 수신기, 배터리, 무선통신기 및 그 외의 장비를 합하면 그 무게가 약 10kg 이상이 되어 운반에 많은 어려움이 존재한다. 그러나 좀 더 가벼운 무게를 가진 저가의 이중주파 수신기가 보급된다면, cm 정확도를 가지는 준 실시간 동적 측위를 보다 효율적으로 이용할 수 있게 될 것이다. 또한 이러한 경량화를 통해 정밀공학에서 GIS의 자료수집에 이르는 측량 및 지도분야의 대부분 관측자들이 보다 쉽게 GPS를 이용할 수 있게 될 것이다.

6-2) 소프트웨어

최초의 GPS 처리 소프트웨어에서는 단일기선 처리의 수행에 대형컴퓨터를 이용하여도 약 1시간의 시간이 소요되었다. 현재는 단일기선 처리의 시간은 PC를 이용하여도 불과 몇 초의 시간밖에 걸리지 않는다. 기선처리 소프트웨어를 내장하고 있는 특별한 GPS 수신기도 존재하는데, 대표적으로 표준적인 하드웨어와 개량된 소프트웨어를 포함하는 RTK용 수신기가 있다. 이러한 수신기와 소프트웨어의 통합은 현재까지도 계속 진행되어 실제로 다양한 처리 소프트웨어가 내장된 형태의 수신기가 제작되고 있다. 또한 이러한 내장형 소프트웨어를 이용하면 GPS, GLONASS 및 Galileo 자료를 보다 쉽게 결합할 수 있으며, cm 정확도의 실시간 측량도 보다 쉽게 구현할 수 있다.

장래에는 IGS 관측망과 능동적 기준망이 보다 확대될 것이며, 그 기능도 개선될 것이다. 따라서 측량자는 휴대전화 등을 이용하여 특정한 소프트웨어를 통해 능동적 기준점에서의 자료를 실시간으로 다운로드 할 수 있게 되며, 그 위치를 현장에서 미리 결정한 임의의 정확도로 계산할 수 도 있다. 또한 기준망에서 결정된 정밀한 위성궤도를 추가적으로 사용하면, 보다 넓은 범위에 대해 cm 수준의 위치정확도를 얻는 것도 가능하다. 이와 같은 개념의 GPS 측량으로 관측된 모든 점의 정확도는 현재의 1등 측지측량의 정확도를 상회할 것으로 예상되며, 종래에는 측량의 정확도라는 개념도 사실상 의미가 없어지게 될 것이다.

WAAS에 이용되는 소프트웨어로 지상의 기준국에 대한 의사거리 보정량이나 궤도 보정량, 전리층 보정량을 계산하는 소프트웨어가 개발되고 있다. 이러한 보정량은 정지위성으로 전송되며, 이는 다시 동일한 지역의 사용자에게 송신된다. 따라서 이를 이용한 cm 수준의 정확도를 가지는 전 지구적인 측위도 가능하다. 또한 이러한 시스템의 정확도가 보다 개선된다면 휴대용 GPS 수신기로도 GIS 자료를 취득할 수 있으며, 또한 측량의 비용을 낮추고 그 신뢰성도 증가시킬 수 있다.

2.2 수중 측위

해양에 대한 상상이 현실로 구체화되고, 서서히 해양개발에 대한 관심과 연구가 활발히 진행되면서 바다를 조사할 수 있는 많은 탐사장비가 개발되고 있으며, 이에 대한 부가적인 기술들이 각 국가별로 극비리에 연구되고 있다. 해양개발에 대한 중요성이 점점 커지고 있는 이때에 원활한 해양탐사를 위한 수중에서의 통신수단으로 무선 수중 통신이 필수적으로 필요하게 되었다.

따라서 해양은 육지, 공중과 같이 매우 활용 가치가 높은 대상으로서 수중 측위를 행하기 위해서는 수중 통신은 물론 수중과 지상을 연결하는 네트워킹 기술이 요구된다.

본장에서는 해양에서의 수중 측위를 위한 수중 센서 네트워크 시스템 기술에 대해 소개하며 이를 위해 해양 환경 분석과 더불어 수중 측위에 알맞은 수중 센서 네트워크 시스템 모델에 대해 설명하고, 모델 각 구성요소의 기능에 대해 소개한다.

2.2.1 수중 센서 네트워크

국방 전술에 있어 통신은 이제 필수적 요소가 되었다. 육지와 공중 사이에는 전파를 이용하여 상호 통신하는 기술이 벌써 오래 전부터 개발되었으며 지상과 공중을 연계한 국방 전술이 이미 보편화되어 있음은 누구나 명백히 잘 아는 사실이다. 해양은 육지, 공중과 더불어 국방 전술에 있어 매우 중요한 대상 중의 하나임은 두말할 필요도 없다. 항공모함에 탑재한 마사일 등으로 해상에서 지리적으로 먼 내륙 국가를 공격하는 방법도 사용한다. 바다 속과 같은 수중에서의 국방전술은 국방에 대한 취약성과 기회를 동시에 가지고 있다. 예를 들어, 수중에서의 모니터링과 대용, 해저를 통한 지상으로의 침입, 해저를 통한 수중전, 그리고 해저로부터 무기 발사를 통한 지상의 목표물 공격 통 해저는 육지나 공중처럼 전쟁 무기와 장비를 노출시키지 않으면서 국방 전술에 매우 유용한 가치를 지닌 대상임에는 틀림이 없다.

이와 같이 바다 속을 국방전술에 매우 유용하게 활용하기 위해서는 지상과 같이 바다 속에서도 통신이 자유로워야 하며, 이와 더불어 수중과 지상을 연결하는 통신도 자유로워야 한다. 그러나 지상과 해상은 전파를 이용하여 통신이 가능하지만 수중에서는 매질 차이로 인해 전파 세기의 급격한 감쇄효과, 높은 에러율 등으로 인해 전파를 사용할 수 없다.

최근 미국과 일본, 영국을 중심으로 향후 국방과 경제면에서 큰 파급효과를 예상하고 수중활동의 급격한 수요증가 대비를 위해 필요한 수중 무선통신망 기반 확보를 통한 글로벌 통신체계 실현을 도모하고 있다. 해양 네트워크는 미국의 스크립스(Scripps) 연구소, 우즈홀(Woodshole) 연구소, AT&T, TI(Texas Instruments)에서 1994년도부터 연구를 시작하였으며, 1990년대 말부터 DARPA 및 NIST지원으로 MILCOM(International Military Communications Symposium)에서 수중 통신 관련 연구결과들이 발표되었다. 하지만 본격적으로 해양 센서 네트워크를 위한 통신 방법 및 구조에 대한 논의 및 연구는 하드웨어적으로 저전력 소형화에 대한 개발이 가능한 2000년대 초반부터 시작하였다.

그림 2.33 수중센서네트워크 구조

초기에는 네트워크 구조, 하드웨어 전송기법이 연구되었으며, 이후에는 데이터 전송과 OFDM같이 보다 많은 데이터를 보내기 위한 전송 방법에 관련 연구가 진행되었다. 또한 해양에서 영상 전송 및 해저의 다중 노드에 대한 연구들이 진행되고 있으며, 앞으로는 고속의 데이터를 전송하면서 저전력의 소형화된 해양 노드들이 개발될 것으로 예측 된다.

수중 센서 네트워크를 국방전술에 응용할 경우 원격지에서도 수중 물체의 위치 추적 및 AUV의 원격 제어와 원거리 감시정찰, 수중 무기 제어 및 관리가 가능해진다. 또한 잠수함에서도 지상과 통신하기 위해 부상할 필요 없이 수중에서 음파(Acoustic)를 가지고 해수면 부표의 게이트웨이를 통해 지상과 통신이 가능해진다.

그림 2.33에서와 같이 심해에 실시간 관측노드와 어뢰를 연동한 시스템 및 입체적인 구성을 예상할 수 있으며, AUV 및 잠수정(SSM, KSS)과 대잠함(DDE, ASW), 해상초계기와 동시에 3차원 감시가 가능하다.

또한, 해양에서 탐지 정보를 이지스함의 C4ISR 종합통제감시 체계와 연계한 통합 해양 감시 체계의 기반 구축이 가능하다. 이와 같이 음파를 이용한 무선통신의 연구 및 개발이 활발하게 이루어질 경우 수중, 해상, 육상, 공중을 아우르는 통합 전술 통신망이 가능하다.

2.2.2 해양 환경 분석 및 수중 센서 네트워크 구조

1) 환경적 분석

수중에서 RF를 이용한 통신은 바닷물이라는 매질의 차이로 인하여 지상과 다르게 통신 거리가 급격하게 짧아지기 때문에 해양환경 에서는보다 원거리 전송이 가능하도록 음파통신을 이용한다. RF에 비해 음파 장비는 상대적으로 크고 정보전달을 위한 대역폭이 작을 뿐 아니라 전력 요구량이 크다. 음파의 중심주파수가 20kHz일 때에 15도에서 약 1.463km/s로 전달되며, 이는 공기 중에서 보다 약 4배 빠르다. 그러나 음파는 염도, 해류, 파도, 어류, 미생물 및 해저지형의 반사등에 의하여 산란·분산된다. 무엇보다 중요한 것은 수온의 변화에 따라 음파의 속도 및 범위가 민감하게 달라진다는 점이다. 이러한 해양 환경에서 수중네트워크를 구축하기 위해서는 다음과 같은 문제점들을 해결해야한다.

① 전파지연(Propagation delay)은 주파수 신호($1.5\times10^3 m/sec$)가 RF($3\times10^8 m/sec$)를 사용할 때보다 훨씬 느리다. 또한 바다에서의 전송 에러율은 10^{-3}에서 10^{-2}로 지상환경에서 RF의 10^{-8}~10^{-12}에 비해서 매우 열악하다.

② 이용 가능 주파수 대역폭이 매우 제한적이다. 주파수 대역은 탐지목적으로 사용하는 주파수 대역과 데이터 전송 주파수 대역으로 이루어져 있으며, 데이터 전송을 위해서 10~50kHz의 범위를 사용한다.

③ 전파경로에 대한 경로손실, 다중경로(Multi-path), 도플러효과(Doppler effect), 잡음 등의 문제로 인하여 통신 에러율이 높고, 연결에 대한 일시적인 손실이 발생한

다. 특히 Direct path, Surface duct, Bottom bounce, Convergence zone, Deep-sound channel, Reliable acoustic path 등 의 문제로 인하여 다중 경로 전달에 의한 신호의 상호간섭(Inter-symbol interference)이 유발된다.

④ 해양환경에서는 지상 통신보다 많은 전력을 소모한다. 노드 사이의 거리가 멀고 센서 노드들의 수신 측에서 보다 복잡한 신호처리를 필요하기 때문이다.

⑤ 해양 네트워크 노드들이 수평과 수직적으로 모두 분포될 수 있기 때문에 2차원 기반의 네 트워크 구조보다는 3차원 기반의 네트워크 구조가 요구된다.

⑥ 해양의 네트워크에서 해저 바닥의 일부 완전히 고정된 노드를 제외하고는 이동성의 요소를 지닌다. 가장 큰 이동 요소를 지니고 있는 것은 해수면 위에 존재하는 부표이며 최대 3~6km/h의 이동성을 가진다. 또한 네트워크에 고정되어 있는 노드도 해저에서의 모래폭풍 동의 영향으로 이동하거나 유실될 가능성이 있다.

⑦ 계층별 음파의 특성이 다르다. 온도, 염도, 수압에 따라 매우 의존적이다. 심해로 갈수록 음파의 진행 방향이 빨라지며, 표층수(Surface layer)의 경우 지역과 일교차 그리고 바람의 영향을 받아 음속의 분포가 가변 하는 계층($\leq 500m$)이다. 계절적 수온 층(Seasonal thermocline)은 계절적인 온도의 변화에 따라 음속이 변화하며, 온도가 상승함에 따라서 음파속도가 점차 빨라지는 특정을 보일 수 있으며, 해저 등온 계층(deep isothermal layer)에서는 깊이에 따라 음속이 일정비율로 증가한다.

해양 센서 노드의 경우 배터 리가 소모되어 노드의 동작이 멈추면 이는 다시 재충전하거나 교체되지는 않는다. 그런 이유로 전력의 사용을 효율적으로 하여 클러스터를 구성한 네트워크의 생존시간(Lifetime)을 최대화 할 수 있어야 한다. 근해에서는 센서 노드의 배치를 위치기반으로 정확하게 이루어질 수 있지만, 원해에서는 배치가 일정하게 이루어지기 어렵기 때문에 노드의 밀집도가 높게 되어 같은 지역의 명확한 위치를 파악하기 어렵다. 그렇기 때문에 그에 따른 별도의 네트워크 구조가 요구된다.

2) 해양 센서 네트워크 구조

해양 네트워크는 수상 및 수중을 포함하는 해양 네트워크 구축 모형이 제안되고 있다 전원의 공급을 기준으로 이를 구분하는데, 그림 2.34와 같이 해양 네트워크 모형은 크게 두 가지로 최근에 논의되고 있다. 그림 2.34의 경우 근해의 네트워크 모델로 케이블로 연결된 네트워크 모델 이 제안되고 있으며 그림 2.34는 원해와 심해의 네트워크 모델로서 제안되고 있다. 한편, 이 두 가지 네트워크 모델은 다음에서 설명되는 공통적인 구성요소가 존재한다.

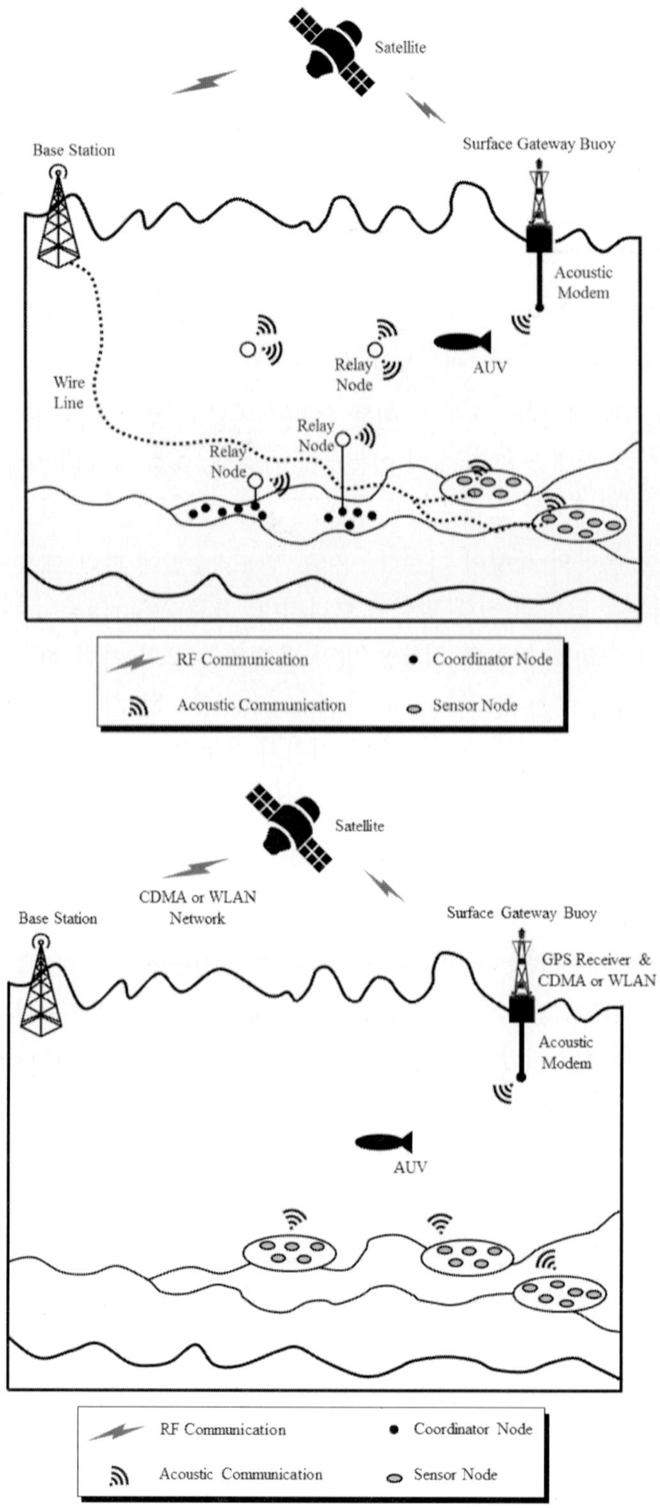

그림 2.34 해양 환경에 따른 네트워크 구조

두 모델은 모두 공통적으로 해저에서 모니터링 및 감지 기능과 데이터 수집 기능, 그리고 수집 데이터의 전송 기능을 갖는 센서 노드, 노드들의 그룹(Duster)을 통제하고 관리하는 기능을 갖는 코디네이터 노드(Coordinator node), 그리고 해면 노드로부터의 데이터 송수신을 연계하고 노드와 코디네이터를 관리하는 역할을 하는 릴레이 노드(Relay node)를 포함한다. 릴레이 노드 대신 AUV(Autonomous Undelwater Vehides) 혹은 ROV(Remotely Operated Vehicles)를 이용하여 해저에 있는 노드들을 제어하고 관리하는 기법도 제안되었다. 두 모델은 또한 해수면 위에서 부표(Buoy)에 장착되어 동작하는 해수면 게이트웨이(Surface gateway buoy)를 포함한다. 해수면 게이트웨이의 기능은 해저와 육지 사이에 브릿지 역할이다. 그렇기 때문에 해수면 노드는 근해(Home water)와 원해에 따라 지상과 통신 구성 요소가 달라질 수 있다. 이것은 국방에서의 해양 모니터링을 위한 시스템과도 연관될 수 있는데, 수백 미터의 해저에 배치 한 수백 개의 센서 노드에 대한 전원 공급 방법이 없다. 그렇다고 해서 해양 노드를 수 미터 크기로 만들어 배치하는 것도 기밀성의 문제를 유발할 수 있기 때문에 적합하지 않다. 물론 최근에 제시되고 있는 AUV를 통한 배터리 교체 방안도 있지만, 아직 연구단계로 2010년 이후에나 가능할 것으로 예상된다. 기본적으로 해양에서 구성되는 모든 노드는 수중에서는 음향 통신 기능을 가지고 있으며, 전원 관리에 대한 기능을 기본으로 하고있다.

해양에서 수중 센서 네트워크를 구성하는 각 노드의 기능에 대해 좀 더 자세히 설명하면 다음과 같다.

2-1) 해양 센서 노드(Ocean Sensor Node)

각종 데이터를 센싱하여 상위 노드로 전송하는 역할을 하는 노드로서 기본적으로 센싱 기능과통신 기능을 가지며 필요에 따라 라우팅 기능과 장애처리 기능을 가질 수 있다. 또한, 자율적으로 혹은 명령을 받아 장착된 액추에이터를 작동시켜 무기를 발사하는 등의 무기 제어와 관리 기능을 가질 수 있다.

해양의 수중 센서 네트워크에서 센서 노드들은 저전력, 저가격의 시스템이기 때문에 배터리 기반의 제한적인 전원을 수반한다. 더구나 해저의 수백 미터에 배치된 센서 노드의 경우 보조로 충전이나 발전 및 교체할 수 있는 방법이 마땅하지 않고 교체한다 하더라도 비용 및 시간에 대한 부대비용 문제가 생긴다. 이러한 이유로 해양 센서 노드의 경우 전원의 효율성 및 에너지 기반의 센싱 및 전송, 운용방안에 대해 고려할 필요성이 대두되어 왔다. 해양 센서 노드가 고가인 경우 전원 고갈 시 노드를 수거할 필요가 있는데 이에 대한 방법으로 노드의 수명이 한계 값(Threshold) 이하인 경우 헬

륨풍선을 통하여 해수면으로 나온 후 위성에 자신의 위치를 알려주는 방법을 통하여 해저 센서 노드를 수거하는 방법이 제안되고 있다.

2-2) 코디네이터

클러스터 헤더(Cluster header)라고 불리우기도하는 이 노드는 해양 센서 노드들로 구성되는 클러스터의 생성, 유지, 관리, 복원 기능들과 해양 센서 노드들로부터의 데이터 통합 기능 등을 담당한다. 또한, 해양 센서 노드로부터 온 데이터를 취합하여 해수면 노드나 릴레이 노드로 전달하며, 반대로 상위 노드로부터 들어오는 명령을 해양 센서 노드로 전달한다. 이 노드는 수중 정보 수집 기능을 가질 수도 있다.

2-3) 릴레이 노드

코디네이터나 해양 센서 노드로부터 송수신한 데이터를 해수면 노드로 전달해주는 역할을 한다. 주로 주소 할당, 관리 기능 및 라우팅 기능, 코디네이터 선택기능, 릴레이 노드 검색 기능을 가지고 있다. 수심 별로 상위, 중위, 하위로 나뉘어 해저에서 수집한 센싱 데이터를 코디네이터에서 수면의 해수면 노드로 전송함으로써 릴레이 노드를 거치지 않고 한 번에 전송하는 방식에 비해 많은 에너지 소모를 방지하고, 해류 영향에 의해 발생하는 전송 데이터의 신뢰성 저하를 방지하는 역할을 한다. 중간 계층에서 릴레이의 역할을 하며, 릴레이 노드간의 통신을 담당한다.

2-4) AUV

미국, 한국, 일본 등에서 가장 활발하게 개발되고 있는 장치로서, 기동성이 뛰어나며 장시간해저작업이 가능하다. 적용범위에 따라서 다양한 기능을 하지만, 수중 센서 네트워크에서 사용되는 AUV의 경우 노드를 감시 및 관리하기 위한 용도로 사용되며, 센서 설치 지역의 정확한 위치의 검색이나 배치, 바닥 지형 조사(Sub-bottom profiler)를 담당한다. 또한 네트워크에서 해수변 게이트웨이와의 통신을 통한 릴레이 노드의 역할이 가능하며, 해저에 설치된 노드의 회수 및 수리의 역할을 담당한다. 또한 해수면으로 부상하여 기지국과 직접적인 통신을 한다. 기존에 3-20m크기의 AUV가 많았으나 최근에는 1m 이내의 고성능 AUV가 개발되고 있다.

2-5) 해수면 게이트웨이 노드(Surface Gateway Node)

이 노드는 GPS 송·수신기, 위성(지상파)모뎀, 음파통신모뎀을 갖추고 태양열이나 파력에 의해 전원 공급이 자율적으로 가능한 형태로 제안된다. 주로 릴레이 노드나 코디네이터로부터 데이터를 송수신하고 지상 게이트웨이나 기지국, 혹은 인공위성 등 수중과 지상을 연계하는 데이터 전달 매개체 역할을 한다. 라우팅 기능, 릴레이 노드 검색 기능, 주소 할당 및 관리, 클러스터 구성 및 분할, 관리 기능 그리고 장애에 대한 대책 기능이 주요 기능이다. 그리고 원해와 근해에 따라서 주로 위성통신을 이용할 수도 있고 CDMA이나 WLAN 혹은 지상파를 이용하는 다른 방식의 통신 방식을 사용할 수도 있다.

2-6) 지상 게이트웨이(Gateway) 또는 기지국(Base Station)

해수면 노드와 통신하기 위해서 제공되는 장치로 백본망과 직접적으로 연결되어 인터넷이나 기타 단말로 수집된 정보를 전달한다.

또한, 기능에 따라서 수백 미터와 같이 근거리의 경우 RF를 이용하여 직접 통신이 가능하다. 또한 직접통신을 할 수 없는 거리의 경우 위성으로 통신한다. 데이터를 수집 및 분석하는 역할을 담당하기도 한다.

3) 요구사항

3-1) 해양센서

해양 환경에서는 지상과 틀리게 바다의 해초, 해류 및 바다 생물에 의한 부착(Fouling)과 부식(Corrosion), 피손 문제로 인한 센서의 교체가 자주 발생한다. 이러한 문제로 인하여 수중의 센서들은 염분에 의한 부식성과 수압에 견디기 위한 패키징 기술 및 오염방지 기술 퉁이 열악한 환경을 극복하기 위해 적용되고 수심 수십 미터부터 수천 미터까지 사용되기 때문에 센서의 가격이 개당 $500 ~ $2만 정도로 비교적 고가의 가격이다. 또한 이와 관련되는 해저용 케이블 및 하우징 케이스 등의 가격도 수십 달러에서 수천 달러까지 다양하게 소요된다. 해외의 경우 단일 계측 센서를 비롯하여 통신 및 감지 퉁이 들어가 있는 다기능 복합센서가 있다. 그리고 2000년 초부터 미군 및 중국에서 MEMS(Micro Electro-Mechanical System)를 이용한 해양 센서가 연구 개발되고 있다.

3-2) 위치 인지

수중 센서 네트워크를 분산 센서망의 신호전송량을 최소화하기 위한 개별 탐지 센서단의 자동 표적탐지 기법을 개발하고 센서 네트워크에서 수집된 표적정보를 융합처리하여 표적추적, 위치산출, 표적 인식하는 기술과 함께 해저 무기의 연동 목적으로 사용하기 위해서는 노드의 현재 위치정보 및 감지한 물체의 위치 정보가 필요하게 되므로 해양 환경에서 그에 대한 적합한 접근 방법이 필요하다. 해양에 설치되어 있는 각각의 센서 노드는 많은 환경 요인으로 인해 이동성을 가지기 때문에, 시간과 공간이 예측할 수 없을 정도로 변화한다. 공간에 따라서 Range-free와 Range-based 방법이 존재하는데, Range-based 방법이 주로 사용된다. 해양 환경에서는 넓은 범위와 환경 요인으로 인하여 지상과 같이 수 미터 이내와 같은 높은 정확성보다는 유추가능 범위의 정확성을 요구한다. 물론 해양에서 위치를 파악하기 위해서 현재 주기적인 비콘(Beacon)으로 인한 에너지 소비의 과다나 전파 간섭에 따른 문제점도 있다. 초기 위치의 정확한 범위를 알기 위해서는 부표와 AVU를 이용한 GPS 값을 이용하는 것이 일반적이다. 지상과 같이 TDoA(Time Difference of Arrival), AoA(Angle of Arival), RSSI(Receiver Signal Strength Index) 방법들이 이용되며, 심해에서는 위치를 파악하기 어렵기 때문에 Range-based 기반에 신호처리와 확률 추론방법, 홉 기반의 좌표 방식들이 보조적으로 제안되고 있다. 수중에서의 위치인지 기술은 2D 중심의 지상과는 다르게 3D 중심으로 연구 · 개발되어야한다.

3-3) 전원공급

수중 센서 네트워크 연구에서 중요한 것 중의 하나는 센서 노드의 에너지 공급 방안이다. 미국의 SRI 경우 인공근육(Eelectroactive polymer artificial muscle)을 이용한 전기 발생 장치가 연구 중이며, Ocean Power Technology사는 오레곤주에 상업용 50mW급 상업용 파력 발전소를 설치하였다. 영국 Ocean Power Delivery사는 포르투갈 북부에 파력발전소를 세웠으며, 최근 수심 50m 아래에 펠라미스라는 바다뱀 발전소를 세워 전력을 공급하는 방안을 제시하고 있다.

4) 해양 센서 네트워크 국내외 연구 동향

미국은 Benthos, Hydroid, HiSeasNet 등에서 그 통안 해양 통신 관련된 연구 개발로 인한 연구의 상용 장비를 개발 · 판매하고 있다. 장거리 해저 통신에 관련해서 1990년대 초부터 U1.N, AUV, 선박을 통한 1km~20km 반경의 장거리에 대한 연구가 진행되어 왔으며, 이와 관련된 해저자원 탐사 및 통신 장비가 해외에 판매 중에 있다. 그리고 2000년대 접어들어 미국대학과 WHOI 연구소 중심으로 100m~1km 이내의 수년 동안 배터리의 교체 없이 저전력 통신이 가능한 근거리 수중 통신 연구가 활발히 진행되고 있다. 이와 관련하여 최근 미국의 국방부에서는 ORION(The Ocean Research Interactive Observatory Networks) 계획을 통해서 캐나다와 미국의 해안선에 광범위한 센서 네트워크를 설치하고, 그것을 통해 영토를 방어 , 감시하는 역할을 하고 있다. 또한 최근 미군에서는 ORION을 통해서 해양 센서의 음파 수중 탐지기를 통한 침입 물체의 위치 감지 및 식별 방안을 연구 중에 있다.

국내에서는 대학 및 한국해양연구원을 토대로 90년대 말부터 연구를 하였다. 하지만 국내의 경우 본격적인 연구는 2004년도부터 시작하였으며, 현재, 연구 기간이나 규모에 비해 큰 성과를 얻고 있다. 한국해양연구원의 경우 작년과 올해에 통해안 및 남해안의 실해역 실험에서 수 킬로의 거리에서 약 만 bps정도의 데이터 전송 및 정지 영상에 대한 전송을 성공하였다. 최근에는 단방향 전송방식에 이어 양방향 전송에 성공하였다. 그러나, 해저에서 외부로부터 별도의 전원공급이 없이 무선 통신 및 네트워킹을 위해서는 저전력·소형의 무선 센서 네트워크용 기술 개발이 요구되는데 강릉대 해양센서네트워크시스템 기술 연구센터는 정통부 ITRC 지원 사업으로 약 2년간의 연구를 거쳐 수중 센서 네트워크용 저전력 소형 무선 초음파 모댐 원천 기술과 RF/초음파 게이트웨이 기술, 노드 관리 기술 등을 개발한 상태이며 현재 모템 성능향상과 더불어 수중 MAC 기술을 개발 중이다. 또한, 경북대는 ADD의 지원으로 국방 수중 전술 네트워크 구축을 위한 기술개발을 올해부터 진행하기 시작했다. 그 밖에도 부산 해양대, 목포대 등에서 해양 네트워크 관련된 연구가 진행되었다.

국방 분야에서의 해양 센서 네트워크 구축의 기대효과는 다음과 같이 설명할 수 있다 먼저, 분산형 수중통신 기술 확보로 인해 수중 탐지/통신 기반기술 확보가 가능하고 차기 전투함과 잠수함용 음향탐지체계와 복합 센서 네트워크로 구성된 수중감시체계가 가능해진다. 그리고 중장거리 해양 감시 체계와 정찰 및 전술용 무인잠수정에 대한 신뢰성을 확보 할 수 있으며, 지속적이고 저렴한 실시간 감시시스템이 구축 되어 기존의 해양 감시를 위한 물적·인적 소요를 감소시킬 수 있다. 또한, 해양 센서 노드 관리 기술을 통하여 수중에 어뢰, 미사일, 잠수정 등을 비롯한 각 종 무기와 장비를 무선으로 제어하고 관리함으로써 인명 피해를 줄이면서 해양 방어와 공격을 행할 수 있는 자주 국방 체제를 구축할 수 있다.

해양 센서 네트워크의 경우 세계적으로 아직 연구·개발 초기 단계이기 때문에 수중 센서 네트워크용 부품, 장치, 솔루션의 조기 개발은 해외 수출에 대한 이점을 가질 수 있다. 그러나, 해저를 감시하기 위해 반드시 필요한 해양 센서의 고비용 문제 해결과 이와 더불어 다양한 해양 센서 개발, 해양 센서 네트워크 구성요소들의 효율적 배치 방법 등은 앞서 설명한 기술들과 함께 그 해결방안이 모색되어야한다.

2.2.3 수중 측위 종류

1) 수중 이동체 측위

최근 스쿠버 다이빙, 수중 도장, 해상 구조등과 같은 활동으로 인해 수중 안전사고가 빈번하게 발생하고 있다. 특히 시야를 흐리게 하는 높은 탁도와 급한 조류의 영향은 수중 작업자의 안전을 위협하는 가장 큰 요인들이다. 이러한 안전사고에 대응하기 위해 수중 작업자의 위치를 파악하는 것은 매우 중요한 사항이다. 특히 위도, 경도,

깊이, 즉 3차원 공간상에서 움직이는 수중 작업자의 위치를 실시간적으로 파악하는 것은 위급상황으로부터 수중작업자를 신속하게 구조하기 위해 필요한 요구사항이다. 이를 위해 많은 연구자들은 수중 작업자의 위치 및 상태를 파악하기 위한 무선통신 시스템을 개발하고 있다.

위치추적기법은 떨어진 거리 혹은 방향 정보의 사용여부에 따라 Range-based 방법과 Range-free 방법으로 분류할 수 있다. 거리 또는 방향 정보를 사용하는 Range-based 방법에는 자신의 위치를 알고 있는 다수의 참조노드를 이용해 거리를 추정하는 Infrastructure based 방식이 있으며 ToA, TDoA, AoA, RSSI 계측방법 들이 대표적 방법이다. 수중에서 진행되는 초음파의 속도는 공기 중에서 진행되는 RF 신호보다 현저히 느리기 때문에 보다 정확한 상대거리 계산이 가능하다는 사실에 기인하여 제안 시스템에서는 위치 계측을 위해 ToA방식을 사용하였다. 기존 논문들에서 제안된 Infrastructure-based 방식 기반의 수중 이동체 위치추적 시스템을 간략하게 살펴보도록 하자. GIB는 삼각측량법과 최소제곱법을 이용하여 수중 이동체의 위치를 추적한다. 그러나 GIB는 수면의 움직임으로 인해 유동적으로 변하는 참조 노드의 위치를 반영하고 있지 않기 때문에 수면의 움직임이 클 경우 측정 오차가 커질 수 있다는 단점이 있다. Paradigm[3] 역시 단순히 삼각측량법을 사용하고 있으며 수중에서 진행하는 음파의 속도를 상수 값으로 고정하여 계산하기 때문에 온도, 수심, 염도에 따라 변하는 음파의 속도변화를 반영하지 못하고 있다. 이러한 문제를 해결하기 위해 참조노드의 위치를 모니터링하여 수면의 움직임에 독립적으로 동작하는 위치추적 시스템 개발이 필요하다. 또한 거리를 계산할 때 고정된 상수값이 아닌 온도와 수심에 따라 변하는 음파의 속도를 반영해야 더욱 정확한 위치추적이 가능하다.

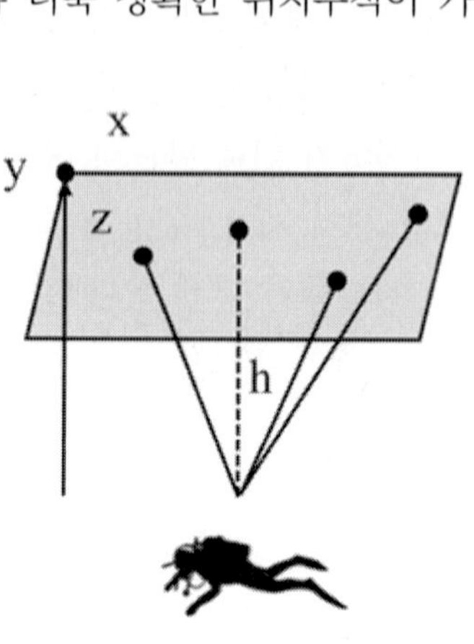

그림 2.35 변화가 작을 때

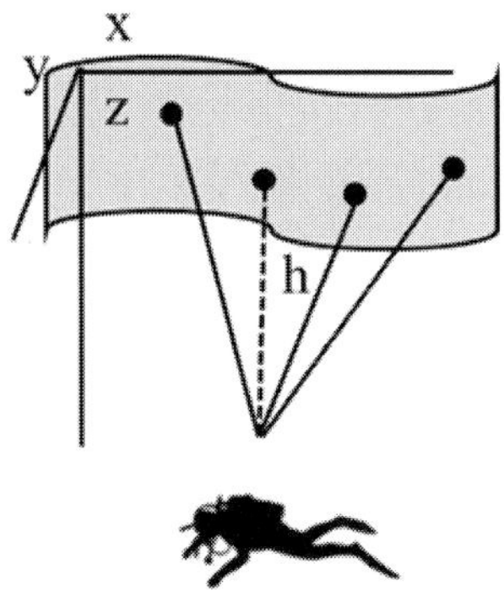

그림 2.36 변화가 클 때

2) 심해저 탐사장비

한국해양연구원에서는 1992년부터 심해저 망간단괴 탐사와 남서태평양 망간각 및 해저 열수광상 탐사에서 심해저카메라시스템(Deep-Sea Camera System, DSCS)을 사용하여 해저면에 분포하는 망간단괴와 해저지형에 대한 영상 및 사진자료를 획득하여 왔다. DSC는 망간각 탐사에서 지구물리 자료와 종합하여 해저산의 망간각 시료 채취 위치를 선정하기 위하여 사용하며, 또한 깊이에 따라 나타나는 망간각의 피복정도를 판단하는데 유용한 정보를 제공한다. 해저 열수광상 탐사에서는 열수공의 위치 파악 및 열수시료 채취 시 DSC 자료를 유용하게 사용할 수 있다. 조사선에서 스틸와이어를 이용하여 투하되는 장비들로는 상자형 주상 시료 채취기(Box corer), 다중 주상 시료채취기(Multiple corer), 그랩(Grab) 등이 있으며, 전기전도도, 수온 및 수심 측정기(Conductivity Temperature Depth, CTD) 등은 케이블을 사용하여 조사선이 정지한 상태에서 투하하거나 회수된다. 조사선의 스틸와이어에 의해 예인되는 장비들은 암석시료 채취기(Dredge), 예인식 망간단괴 시료 채취기(Beam trawl) 등 시료 채취 장비가 있으며, 케이블에 의해 예인되는 장비로는 DSC, 심해용 예인식 측면 주사 음향 탐사기(Deep tow side scan sonar) 등이 있고 이들은 주로 해저면에서 일정한 높이를 유지하며 조사선에 의해 예인되면서 영상 및 지구물리 자료들을 취합하는 장비들이다. 이러한 해저예인체의 위치를 정확하게 결정하기 위해서는 위치 측정 시스템(Positioning system)이 필요하다. 지금까지의 탐사에서 해저예인체의 위치는 조사선의 GPS에서 측정된 조사선 자체의 위치와 동일하게 취급 사용하여 왔다. 그러나 이러한 방법들은 바람이나 해류 등 여러 변화 요인에 따라 조사선과 예인체의 위치변화가 클 수 있는 평균수심이 약 5,000 m에 달하는 심해저 환경에서는 정확한 예인체의 위치를 측정할 수 없다. 이에 반해 자동 위치제어(Dynamic Positioning, DP) 시스템을 갖춘 조사선들은 바람과 해류에 대하여 현재 위치를 유지하면서 시료채취 장비들을 투하하므로 실제 장비 투하 후 와이어의 길이와 수심자료, 해수 중 장비의 수심을 측정하는 파동음 발진장치(pinger) 등을 이용하여 비교적 정확하게 예인체 위치를 파악할 수 있다. 현재는 장비의 발전으로 초단거리 기선(Ultra Short Baseline, USBL)을 이용하여 예인되는 장비의 정확한 3차원적 위치를 나타낼 수 있다. 그러나 이러한 위치 정보 시스템을 갖추지 못한 장비들은 여러 가지 방법으로 예인되는 장비의 근접 위치를 추정하여 사용하여 왔다.

2-1) 심해저 탐사장비 측위 보정

수중 위치추적 방식은 추적용 센서 간 간격에 따라 장거리 기선(Long Baseline, LBL), 단거리 기선(Short Baseline, SBL), 초단거리 기선(Ultra Short Baseline, USBL) 방식으로 구분한다.

LBL 수중위치추정 기법은 수백 미터로부터 넓게는 수십 킬로미터까지 대체로 넓은 영역에서 사용되는 추적체계이다. 여러 개의 트랜스폰더를 간격을 넓게 하여 수중에 부설해야 하므로 트랜스폰더의 설치 및 회수에 시간과 인력이 과다 소요되나 LBL은 SBL이나 USBL에 비해 기선(Baseline)이 더 길기 때문에 SBL이나 USBL 보다 더 정확성을 기할 수 있는 장점이 있다. LBL 수중위치추정 시스템은 두 부분으로 나눌 수 있다. 첫째 부분은 좌표가 정해진 해저면에 계류하는 여러개의 트랜스폰더(Bottom transponder)를 포함한다. 처음에 심해저로 투하하는 3개 이상의 트랜스폰더(Bottom transponder)의 정확한 좌표를 구하기 위해 음향변환기를 매단 조사선이 트랜스폰더(Bottom transponder)가 형성하는 삼각지대 사이를 수회 통과하면서 음향 통신데이터를 이용해 트랜스폰더(Bottom transponder)들의 절대위치를 찾아낸다. 이 트랜스폰더 사이의 거리는 이 시스템의 기선으로 사용된다. 기선의 길이가 수-수십 킬로미터로 SBL과 비교하여 상대적으로 길므로 LBL로 칭한다. 둘째 부분은 예인체에 부착되는 송수신기의 음향변환기(Towed array)로 구성된다. 송수신기의 음향변환기로부터 트랜스폰더까지의 거리는 음향변환기에 의한 짧은 음향신호와 트랜스폰더에 의한 응답으로 측정된다. 그림 2.37과 같이 그 과정은 남아있는 트랜스폰더들에 반복 되어지고 트랜스폰더 비이콘의 배열과 관계된 예인체의 위치가 계산되어 진다.

SBL 수중위치추정 기법은 수십미터 간격으로 추적용 음향센서를 연구선 선저에 부착하여 근거리 표적(예인체)의 위치를 추적한다. 제한된 여건에서 비교적 정확도가 높지만 3개 이상의 음향센서가 부착 가능한 환경이 마련되어야 운영이 가능하다. 예인체에 부착된 트랜스폰더에서 음향신호를 보내면 선저에 부착된 추적용 음향센서에서 수신된다. 이 때 선저에 삼각형이나 사각형 모양으로 부착된 3개 이상의 음향센서 사이의 거리가 기선이 되며 LBL 과 비교 시 거리가 상대적으로 짧아 SBL로 칭한다. 그 거리가 적어도 10m 이상이 되어야 하므로 대부분 바지선이나 드릴링선 등 규모가 큰 대형선박의 경우에 적합하며, 중소형 선박일 경우는 선미의 폭이 좁아 이 기법의 사용이 부적합하다.

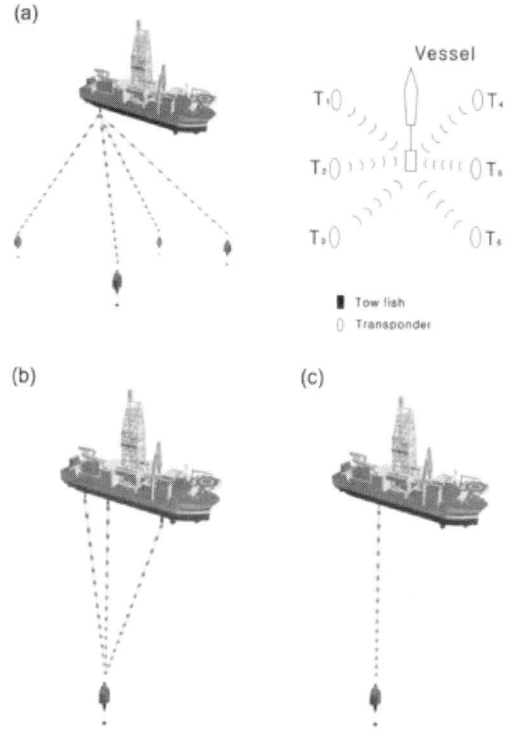

그림 2.37 (a) Schematic diagrams for the underwater positioning systems using Long Baseline
(b) Short Baseline
(c) Ultra Short Basline

USBL 수중위치추정 기법은 수~수십 센티미터의 좁은 간격으로 구성된 한 그룹의 음향센서 배열을 연구선 선저에 부착하여 수중 표적(예인체)의 위치를 추적한다. 단일 센서배열 이므로 설치가 용이하지만 센서간격이 좁아 정확도 측면에서는 불리해질 수 있다. USBL에 의한 거리추정 개념은 표적에서 송신한 신호와 추적용 센서가 수신한 신호의 전달 시간을 상호상관관계(Cross-correlation) 검출 방식으로 계산하고 수중음속을 곱하여 거리를 계산한다. USBL에 의한 방위추정 개념은 표적으로 부터의 음향이 각 센서에 수신되면서 센서간 간격에 의해 발생하는 시간지연(Time delay) 또는 두 센서간의 위상지연(Phase delay)에 의해 방위를 추정한다. 최근에 심해저에서 예인되는 전자장비는 USBL을 이용한 수중 위치추적 시스템을 운영하는 추세이며, 이러한 환경하에서 예인되는 예인체는 획득 자료에 대한 정확한 위치자료를 제시할 수 있다.

일본에서는 1992년 조사선 Hakurei Maru호와 미국 Benthos 사의 DSC를 사용하여 심해저 탐사를 실시했으며, 이때 사용된 DSC에는 CTD 센서가 장착되었다. 조사선에 의해 예인되는 DSC에는 CTD 센서가 있어 DSC의 수심을 알고 DSC에 부착된 고도 센서를 통하여 DSC의 해저면으로 부터의 높이를 알 수 있었다. 그림 2.38과 같이 케이블의 풀려나간 길이를 알고 예인체의 수심을 알아내어 DSC가 조사선으로부터 떨어진 수평거리(I 값)를 구하는 방법을 사용하였다(Yamazaki and Sharma 2000).

한국해양연구원에서는 1998년도, 1999년도 심해저 망간단괴 탐사 시 DSC를 이용하여 영상 및 화상 자료를 획득 하였으며, DSC에 위치 보정 시스템이나 CTD 센서 등이 갖추어지지 않은 상황에서 다음과 같은 방법으로 예인체의 위치를 추정하였다.

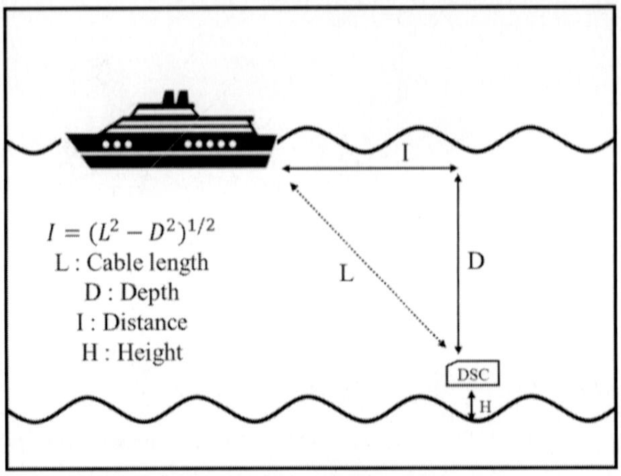

그림 2.38 Schematic diagram for the calculation of position and depth of DSC using Japanese deep-sea cruise (modified after Yamazaki and Sharma 2000)

DSC는 예인될 때 조사선 직하방에 위치할 수 없고 예인 방향의 후미에 위치하게 된다. 따라서 DSC의 위치를 조사선에 나타난 위성 위치 확인 시스템에 의한 위치와 동일시하는 것은 불가능하다. DSC는 대략 1.2 knot의 일정속도로 예인되었고 이러한 자료 등에 근거할 때 DSC는 조사선과 약 1시간의 시차를 두고 조사선 후방에서 예인되는 것으로 계산되므로 이 시차 값에 근거하여 자료를 해석하였다. 그림 2.39에서 보듯이, 즉 1998년도, 1999년도 연구결과에 표기된 모든 MDM 시간자료(조사선의 위치별 GPS 시간)는 원시 자료에서 1시간을 뺀 값이다.

2003년도, 2004년도에는 DSC에 위치 보정 시스템이나 CTD 센서 등이 갖추어지지 않은 상황에서 1998년도, 1999년도에 사용했던 방법과 달리 다음과 같은 방법으로 DSC의 위치를 추정하였다. 심해에서 예인되는 장비들은 조사선의 직하방에 위치하고 있지 않기 때문에 정확한 위치를 알기 위해서는 획득된 위치자료에서 보정이 필요하다. 이를 위해서는 심해 위치 시스템과 같은 장비의 도입이 필요하지만 당시 이러한 장비의 사용이 어려웠기 때문에 다른 자료들을 이용하여 DSC의 위치를 보정하였다.

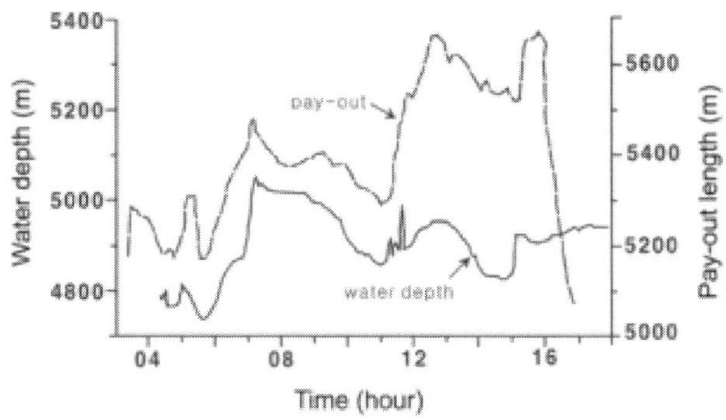

그림 2.39 Position of DSC was calculated using the wire pay-out and the water depth in the KODOS-98, 99 cruises

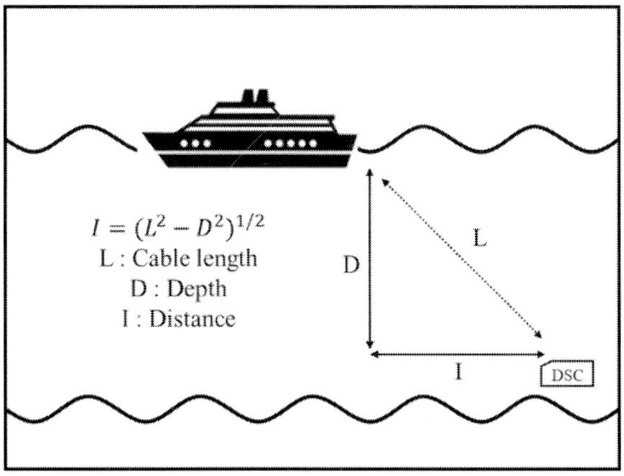

그림 2.40 Schematic diagram for the calculation of DSC position during the KODOS-03, 04 cruises

그림 2.40과 같이, 조사선이 위치하고 있는 지점에서의 정확한 해저면의 깊이(D)는 정밀 음향 측심기를 이용하여 측정된다. 그리고 예인되는 DSC의 풀려나간 케이블 길이(Lc) 또한 알고 있으므로 이를 이용하여 DSC가 조사선으로부터 떨어진 거리를 계산할 수 있다.

2.3 무선통신 기반 실외 측위

CDMA, GSM/GPRS, WCDMA 등과 같은 이동통신망 기반 측위 기술은 기지국과 서버 그리고 이동단말기로 구성된다. 이동통신망에서 측위 방식은 Cell-ID 방식, 단말기의 수신신호의 세기 방식(RSSI), 수신신호의 도달시간 방식(TOA), 수신신호의 도달시간차 방식(TDOA), 수신신호의 입사각 방식(AOA) 등이 있다. 첫째로, Cell-ID 방식은 단말기 사용자가 위치하는 기지국의 Cell-ID를 통해서 단말기 사용자의 위치를 파악하는 방법으로써, Cell 반경의 크기에 따라서 위치 정보의 정확도가 결정된다. Enhanced Cell-ID 방식은 주로 GSM 방식의 이동통신망에서 사용되는 기술로, Cell-ID 알고리즘에 기지국과 단말기 사이의 거리 정보(RTT)를 추가적으로 이용함으로써 Cell-ID 방식에 비해서 정확도를 향상시키는 방식이다. 즉, 단말기의 위치는 Cell 반경에 위치하고 Cell 반경을 추정하기 위해서 RTT(3GPP FDD only) 등을 이용할 수 있다. 둘째, TOA 측위 방식은 단말기와 BS(Base Station) 간의 전파 전달 시간을 측정하여 위치를 측정할 수 있는 방식이다. 이 방식을 사용하기 위해서는 반드시 BS와 단말기간의 동기를 유지해야 한다. 그리고 2차원 공간에서 단말기의 위치를 구하기 위해서는 적어도 3개 이상의 AP가 존재해야 한다. 이러한 원리는 그림 2.41과 같이 여러 측정값으로 각 BS를 중심으로 한 원들이 생기게 되고, 찾고자 하는 단말기의 위치는 이 원들의 교점에 위치하게 된다. 이러한 방식을 사용하는 대조적인 시스템으로 GPS 측위 시스템이 있다.

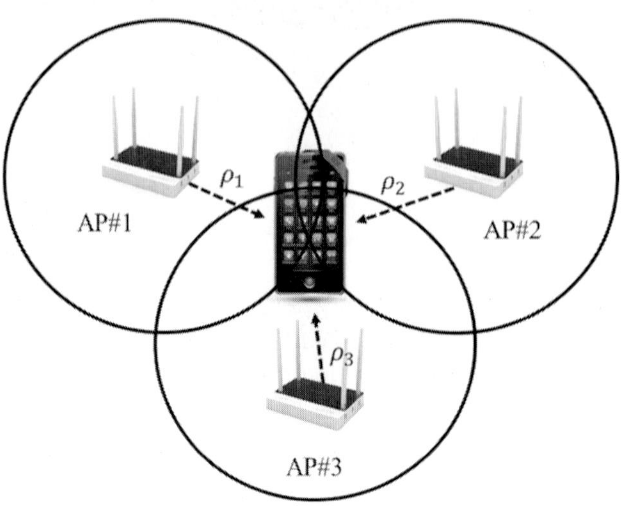

그림 2.41 TOA 측위기술

셋째, TDOA 측위 방식은 LMU(Location Management Units)를 이용하여 한 개의 서비스 셀 기지국과 2개의 주변 기지국 사이의 단말기 신호의 도달시간의 차이를 이용하여 위치를 인식할 수 있는 기술이다. 두 BS 사이의 거리 차에 비례하는 전파 도달 시간차가 측정되고 두 BS의 거리차가 일정한 장소로, 바로 두 BS를 초점으로 하는 쌍곡선 위에 찾고자 하는 단말기가 위치하게 된다. 3개의 BS로부터 2개의 쌍곡선을 얻을 수 있고, 이두 쌍곡선의 교점이 단말기의 위치가 된다. TDOA의 측정은 일반적으로 상호 상관 방법을 사용한다. 그림 2.42는 TDOA의 동작방식을 보여주고 있다. TDOA 방식은 절대적인 시각 정보를 측정하는 것이 아니라 수신된 시간차만을 측정하게 되므로 TOA보다 구현하기 쉽다. TOA와 TDOA 방식 모두시간 측정의 정확도가 성능을 좌우하게 된다. 그러나 신호의 시간 측정을 이용한 거리정보는 반드시 Line of Sight(LOS)에 의존하여야 하지만 건물 같은 환경에 의해 반사와 굴절로 인한 Non Line of Sight(NLOS)의 문제가 발생할 수 있다는 단점이 있다.

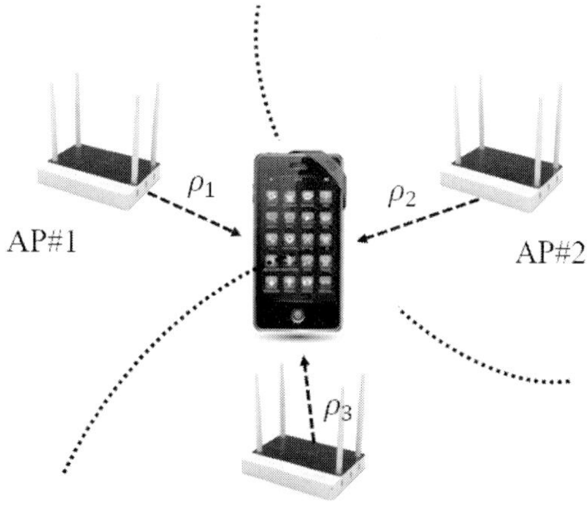

그림 2.42 TDOA 측위기술

마지막으로 AOA 측위 방식은 기지국에서 단말기로부터 전송되는 신호의 각도를 이용하여 위치 정보를 파악하는 기술로서, 두 개의 기지국에서 단말기로부터 오는 신호의 방향을 측정하여 방향각을 구하고, 두 개의 방향선의 교차점으로 단말기의 위치를 인식한다. AOA 측위 방식에서 위치를 추정하기 위해서는 최소한 2개 이상의 방향각들이 필요하고 이들을 교차시킴으로써 위치 추정이 가능하다. 그러나 2개의 방향각만 가지고는 위치를 추정하지 못하는 경우가 생기므로 실제 시스템에서는 3개 이상의 방향각을 이용하게 된다.

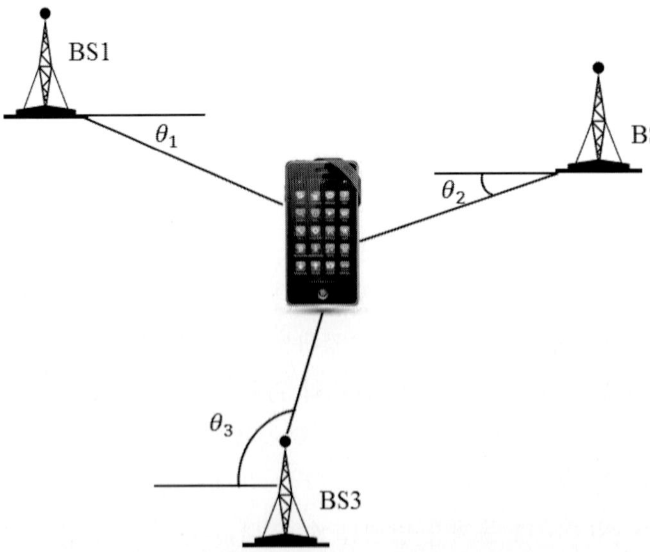

그림 2.43 AOA 측위 기술

도심지역에서와 같이 음영지역에서는 실제의 LOS신호의 경로가 다중경로 성분에 의해서 방해될 수 있다. 이러한 경우 AOA는 가장 신호의 세기가 강한 다중경로 성분 방향으로 결정이 되기 때문에 이에 따른 위치 측정 오차가 발생한다. 또한 LOS 성분이 존재하더라도 다중경로에 의한 영향을 받아 수신신호의 AOA를 추정하는데 오차가 발생한다. 두 BS 사이의 거리가 멀어 질수록 AOA의 오차는 측위에서 결정적인 오차 요인으로 작용하여 정확도를 크게 감소시킬 수 있다.

2.3.1 CDMA 기반 실외 무선 측위

CDMA는 대역확산(Spread spectrum) 통신기술을 사용하여 동일 주파수 대역을 다수의 사용자가 동시에 사용하여 통신을 할 수 있도록 해주는 통신 기술이다. 현재 국내에 상용화되어 있는 IS-95 방식은 CDMA2000의 모체가 되는 시스템으로 GPS를 이용하여 기지국 동기를 맞추고 직접대역확산방식으로 구현된다. IS-95에서 정보신호를 대역확산 시키기 위해 사용되는 PN 시퀀스는 32768chips의 주기를 가지며 chip rate는 1.2288MHz이다. 즉, PN 코드 한 칩의 시간 간격은 0.81μ s이며 거리로 환산하면 244m가 된다.

CDMA 단말기에서 수신된 신호와 이 PN 시퀀스를 상호상관(Cross correlation)을 취하면 PN 코드와 수신 시간이 일치하는 곳에서 피크(Peak)가 발생하며 피크의 높이는 수신신호의 세기에 비례한다. 신호를 전송한 기지국들 사이의 피크간의 차이는

TDoA와 기지국간의 옵셋(Offset) 차이의 합이 된다. 옵셋 차이는 이미 알고 있는 값이므로 이 값을 보상하면 TDoA를 구할 수 있다.

이렇게 구해진 TDoA를 사용하여 CDMA 단말의 위치를 구할 수 있다.

2.3.2 OFDM 기반 실외 무선 측위

OFDM 기술이 최근 새로운 통신시스템에 많이 적용되고 있으며 그 중 하나가 휴대인터넷으로 국내에서는 WiBro라 부른다. IEEE 802.16.e 표준을 따르며 모든 기지국은 GPS로 동기화되어 있다. 5ms의 주기를 갖는 데이터의 프레임은 하향링크와 상향링크를 번갈아 갖는 TDD 방식을 취한다.

신호를 보낸 기지국을 구별하고 신호의 동기를 맞추기 위하여 사용되는 프리앰블(Preamble) 심볼은 하향링크의 맨 앞부분에 위치한다. 각 기지국마다 다르게 갖는 PN 시퀀스는 1024개의 칩으로 구성되며, OFDM PN 코드의 Chip rate는 10MHz에 해당된다. 한 칩의 시간 간격은 0.1μ s이고 거리로 환산하면 30m가 된다. 즉 CDMA 기반의 실외 무선측위 방식에 비해 약 8분의 1의 분해능을 가지므로 더 정확한 신호의 이동 거리를 계산할 수 있다. OFDM 또한 CDMA와 마찬가지로 기지국간 GPS로 동기화되어 있으므로 획득된 신호의 FFT를 통해 기지국마다 보내진 신호의 피크치 생성순간을 알 수 있으며 이를 통해 기지국간 신호 전송 시간 차를 계산해 TDoA 방식으로 단말의 위치를 추정할 수 있다. OFDM 신호는 CDMA 신호에 비해 칩 길이가 1/8로 작으며 또한 신호 특성에 의해 다중경로 오차에 의한 영향이 상대적으로 작다[10]. 현재 CDMA에 의한 측위 서비스는 주로 Cell-ID 방식으로 이루어지며 이 기술 기반으로 제공되는 측위 정확도는 다양한 위치기반서비스를 제공하기에 부족함이 많다. 또한 실내에서는 중계기에 의한 영향을 고려해야 한다. 현재 국내에서 개발된 WiBro는 OFDM 신호체계를 갖고 있으며 IEEE 802.16e를 기반으로 무선측위 기술을 상용화하는 경우 기존의 IS-95 CDMA 기반의 측위기술보다 좋은 성능으로 서비스 할 수 있을 것이다.

각각 설명한 무선통신 인프라 기반 실내측위 기술과 실외측위 기술을 결합하여 실내외 연속측위 기술을 상용화하는 경우 현재까지는 서비스되지 못하는 다양한 실내외 연속측위 기반 서비스를 제공할 수 있을 것이다.

제3장

실내측위방식

3.1 WLAN 기반 측위 기술

WLAN을 이용한 방식은 단말이 수신하는 RF 신호 강도(Signal strength)를 측정하여 신호 감쇠로 인한 신호 전달 거리를 측정하여 위치를 계산할 수 있다. 이를 이용한 대표적인 시스템으로는 Microsoft에서 개발한 RADAR 시스템, Ekahau, Intel의 'Place Lab' 등이 있다. 이 중 Ekahau는 크게 Manager, Server, Client로 구성되며 Manager는 실내 WLAN 신호를 수집하고 측위모델(Database)를 구성하는 역할을 수행한다. Server는 PDA, PC, Handset 등 WLAN 인터페이스 기능을 가진 Client가 위치를 요청하면 Manager가 측정한 측위 모델에 근거하여 위치를 계산하여 회신한다. Ekahau의 측위 정확도는 일반적으로 1~3m로 알려져 있으며, Manager에 의하여 지도상의 많은 지점에서 측정치를 수집할수록 서버의 정확도가 증가한다. Intel의 Place Lab은 알려진 지점에서 신호를 수집하여 측위모델을 구성하여 클라이언트에게 서비스하는 점에서는 Ekahau와 유사하다. 반면 Ekahau는 지도상에서 알려진 지점을 표시하고 이로부터 Fingerprint database를 구성하는 반면 Place Lab은 GPS/WLAN이 동시에 설치된 이동기기를 활용하여 3차원 좌표를 GPS로부터 얻은 다음 이를 활용하여 Fingerprint database를 구성한다. 그림 3.1은 WLAN 기반 측위 기술의 개념도를 나타낸 것으로 AP로부터 단말이 신호를 측정하며 그 정보를 사용하여 DB 서버를 통해 단말의 위치를 계산하는 개념을 간략하게 나타낸 것이다.

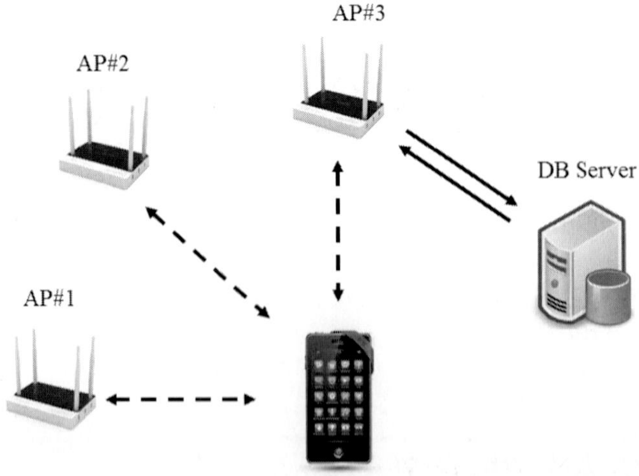

그림 3.1 WLAN 기반 측위 기술

3.2 적외선 기반 측위 기술

액티브 배지(Active Badge)는 AT&T에서 1992년에 개발한 적외선 기반의 위치 인식 시스템으로, Xerox에서 고객 지원 직원이 자신의 자리에 있지 않고 다른 직원의 자리에 가거나 다른 사무실로 이동한 경우, 고객들로부터 오는 전화를 직원이 현재 위치한 곳의 전화로 착신되게 하기 위해서 개발한 시스템이다. 적외선을 이용한 위치 인식 시스템은 사무실 천정에 적외선 센서를 설치하고 사람들에게는 액티브 배지라고 하는 배지 형태의 적외선 발생기를 부착한다. 액티브 배지는 고유의 인식 번호를 가지며, 주기적으로 인식 번호를 전송한다. 적외선 센서는 해당 신호를 감지하여 특정 사용자의 위치를 파악하는 시스템이다. 시스템 구성이 비교적 간단하기 때문에 저렴한 비용으로 위치 인식 시스템을 구성할 수 있다. 또한, 고유의 인식번호만 송출하기 때문에 신호의 발생 시간이 아주 짧고, 배지마다 초기화된 시간이 조금씩 다르기 때문에 동시에 같은 공간에서 여러 개의 배지에서 신호가 발생될 확률이 매우 낮다. 하지만, 사용자가 증가함에 따라 충돌 발생률이 높아질 뿐만 아니라 시스템이 확장되어야 한다는 단점을 가지고 있다. 그리고, 적외선의 전파속도가 빠르기 때문에 고정밀도의 위치 인식 시스템을 구성할 수 없고, 일정 영역에 하나의 센서 만을 두어 배지를 달고 있는 사람의 존재 여부만 파악할 수 있는 시스템이다. 따라서 실내외 시스템 구축에는 어려운 점이 많다. 표 3.1은 적외선 기반 측위 기술의 장단점을 정리한 것이다.

표 3.1 IR 기반 실내측위 장단점 분석

장점	단점
벽 또는 불투명 물질을 통과할 수 없음	IR의 제한된 인식 거리로 인한 서비스 범위 제한
짧은 인식거리와 LOS로 인해 정확한 측위 가능	송수신기 설치, 재배치 및 유지 비용이 큼
개발된 지 오래된 시스템이므로 많은 상용화 솔루션 존재	수신기가 방마다 존재해야 함
측위 대상에 위치 계산을 위한 host mobile computer 불필요	직사광선 존재시 신호가 차단된거나 성능이 떨어짐

3.3 초음파 기반 측위 기술

초음파는 상대적으로 느린 대략 340m/sec인 음파 전송속도로 전파되기 때문에 거리 측정 시스템에 많이 사용된다. 초음파를 이용한 위치 인식 시스템으로는 캠브리지 대학에서 개발한 액티브 배트(Active Bat)라는 시스템과 MIT에서 개발한 크리켓(cricket) 그리고 UCLA에서 개발한 Medusa 등이 대표적인 시스템이다. 기준시각 동기화는 RF 신호 또는 별도의 유선 동기 신호를 사용하고, 초음파의 전파 지연 시간을 거리로 환산하여 인식하는 방식으로 이동 노드의 위치 계산은 TOA 또는 TDOA 방식을 사용한다. 액티브 배트는 사람이나 사물에 배트(Bat)라고 불리는 초음파 발생기를 부착하고, 사무실의 천정에 초음파 수신기를 부착한다. 초음파 발생기와 초음파 수신기는 각각 고유한 인식번호를 갖고 있으며 초음파 수신기는 네트워크 서버에 연결되어 있고, 배트는 별도의 무선 송수신 장치를 갖고 있다. 위치를 파악하는 방식은 서버에서 초음파 수신기들을 모두 초기화하고, 특정 배트를 호출한다. 호출된 배트는 초음파를 발생하고 발생된 초음파는 천정에 부착되어 있는 센서들이 검출하여 초기화 이후 초음파 신호를 수신할 때까지의 지연시간을 센서에 저장한다. 그 다음에 서버에서는 각 센서에 저장되어 있는 지연시간을 가져와서 3개의 센서에서 검출한 지연시간을 이용하여 배트의 위치를 계산한다. 센서는 천정에 대략 1.2m 간격으로 설치된다. MIT에서 개발한 크리켓은 단말기에 적용이 가능한 위치 인식 시스템이다. 즉, 천정에 초음파 발생기를 부착하고 이동체가 초음파 수신기를 휴대하고 다닌다. 천정의 초음파 발생기는 초음파 신호와 RF 신호를 동시에 발생한다. 초음파와 RF 신호는 전파 속도가 서로 다르기 때문에 수신기에서는 RF 신호를 먼저 수신하고 초음파 신호는 나중에 수신하게 된다. 이 시간차를 이용하여 초음파 발생기와 수신기의 거리를 측정하고, 3개 이상의 발생기에서 발생된 신호를 수신기가 수신하여 수신기의 위치를 계산한다. 초음파를 사용한 방식은 비교적 정확하여 간단한 신호처리에 의해서 대략 10cm 정도의 오차를 갖는다. 그러나, 가시성(LOS : Line of Sight) 채널 환경하에서 별도의 초음파 송수신 장치가 추가로 필요하고, 초음파의 방향성이라는 특성 때문에 Medusa와 같이 여러 방향으로 전송할 수 있는 다수의 송신기가 필요하다는 것 등이 단점으로 지적된다. 표2는 초음파 기반 실내측위 장단점 분석한 것이다.

표 3.2 초음파 기반 실내측위 장단점 분석

장점	단점
매우 정확한 위치 정확도	고가의 인프라 설치 비용
3차원 측위 가능	송신기 위치 정보를 사전에 알고 있어야 하며, 송신기 배치에 따라 간섭 문제 발생

3.4 Wi-Fi 기반 측위 기술

무선랜이 보편화되면서 무선랜의 AP(Access Point) 기기들로부터 수신되는 RF 신호의 세기를 이용하거나 RF 신호의 전달지연을 이용하여 위치를 파악하는 시스템이다. Wi-Fi 기반 측위 기술은 별도의 부가 장치 없이 무선랜 환경을 이용한다는 장점이 있다. Wi-Fi 기반 측위 방식은 수신 신호의 세기를 측정하여 거리에 따른 경로 손실을 고려한 전파모델을 이용하여 거리를 추정하는 방식이다. 신호의 경로손실 L과 거리 d와의 관계는 식 3.1에 보이는 Friis의 공식에 의해 설명된다.

$$L = 20\log_{10}\left(\frac{4\pi d}{\lambda}\right)[dBm] \tag{3.1}$$

여기서 λ는 신호의 대역폭을 나타낸다.

RSSI를 사용한 위치 추정의 정확성은 RSSI의 측정의 정확성과 환경에 따른 경로 손실 모델의 정확성, 실제 환경에 따라 달라진다. 즉, 환경에 따라 측정된 RSSI 값이 거리에 따른 변화가 안정적이지 않을 수 있다. 예를 들면, 센서 노드 및 AP(Access

Point)의 안테나 방향성, 송신기와 수신기 사이에 존재하는 장애물(벽, 기둥, 가구, 사람 등), 사무실의 칸막이나 벽의 재질은 신호의 경로 손실에 큰 영향을 미친다. 따라서 RSSI를 이용한 위치 추정은 상대적으로 낮은 위치 추정 정확성 및 낮은 위치 추정 안정성을 제공한다. 그러나 RSSI를 이용하기 위한 장치의 구조가 간단하고 기존의 근거리 무선 통신 기술들이 RSSI 정보를 이용할 수 있는 구조를 취하고 있기 때문에 위치 추적과 관련된 분야에서 광범위하게 사용되고 있다.

Wi-Fi 기반의 측위 기술의 대표적인 예로는 마이크로소프트사에서 개발한 RADAR (Radio Detection And Ranging)와 Ekahau사의 Ekahau가 있다. RADAR는 IEEE 802.11을 사용하는 무선랜 환경을 기반으로 하고, AP에서 무선랜을 지원하는 단말기가 전송하는 신호의 세기와 신호 대 잡음비를 측정하고 이를 이용하여 실내에서 단말의 위치를 계산한다. Ekahau사의 Ekahau Positioning Engine 3.1(EPE)은 기존 Wi-Fi 망을이용할 수 있는 개방형 소프트웨어 측위 플랫폼이다. EPE는 EKahau T201 Wi-Fi 태그, 노트북, PDA, Wi-Fi 지원 단말 등에 적용할 수 있다. EPE의 주요 사양은 최대 1m 이내의 정확도를 가지고, 비표준 802.11 망에 호환가능하며, Java2 기반 플랫폼이며 네트워크 독립형 소프트웨어 구조를 갖고 있다. 또한, x축과 y축, 건물, 층, 방 또는 사용자 정의 지역을 포함한 위치 정보를 제공할 수 있다.

3.5 RFID 기반 측위 기술

RF(Radio Frequency) 신호를 이용한 측위 기술은 수신된 RF신호의 수신강도를 측정하여 신호 감쇄로 인한 신호 전달 거리를 측정하여 위치를 인식하는 기술이다. 자유공간에서 경로손실은 에너지가 공기중으로 산란될 때 손실되는 전력을 나타내며, 주파수와 거리의 함수로 표현된다. 측위 기술에 사용되는 RF신호는 IEEE 802.11 Wireless LAN 또는 ISM(Industrial, Scientific and Medical) 대역의 무선 RF가 많이 사용된다. RF신호는 반사, 굴절되며, 창문, 문, 벽, 사람 등에 의해서 감쇄가 발생한다. 장애물 감쇄에 의한 손실은 예측하기가 어려우나, 이미 알려진 특성을 이용하여 전파 환경을 설정하고 감쇄를 추정하는 모델을 설정한다. RF 신호를 이용한 대표적인 측위 기술로는 Radianse 사의 433MHz RF 기반 환자 위치 추적 시스템이 있다.

RFID(Radio Frequency Identification)는 전파를 이용하여 먼 거리의 정보를 인식하는 기술로, 현재는 여권이나 신분증, 유료 도로 통행료 징수 시스템, 교통카드 등 다양한 분야에서 그 효율성을 인정받고 있다. RFID는 크게 태그(Tag)와 판독기(Reader)로 분류되며 판독기는 다시 Transmitter와 Receiver/Decoder로 구성된다. 판독기 내부의 Transmitter가 Activation 신호를 송출하면 판독기 근방의 태그는 자신에게 할당된 고유 ID를 회신한다. 그리고 RFID 태그 또는 스마트 태그라고 불리는 고유 식별 ID를 가진 초소형 IC칩을 부착한 대상이 접근하면 판독기가 칩을 읽어내어 대상체의 정보를 알아내는 기술이다. RFID 판독기가 인지할 수 있는 감지 거리는 약 2.5m 정도이므로 특정한 위치에 대한 Proximity location sensor로 활용 가능하며, 한정된 실내 공간에 균등하게 배치할 경우 측위 시스템으로도 활용 가능하다. RFID는 비가시성(NLOS)이고 비접촉성이며, 동시에 여러 태그를 고속으로 인식가능하다는 장점이 있다. 사물 또는 건물 등에 부착되어진 RFID 태그는 RFID 리더기에기의 호출에 의해 식별 번호를 RFID 리더기에 전송하며, 이를 데이터 처리 시스템에 보내 필요한 정보를 단말기에 표시하여 준다. RFID를 이용한 위치 추정 시스템은 사용자의 정확한 위치를 추정할 수 없으며, 다만 태그를 읽은 리더기의 위치를 통하여 사용자의 대략적인 위치를 추정할 수 있을 뿐이다. 따라서 근접 방식의 위치 추정 시스템이라 할 수 있다.

이를 이용한 대표적인 시스템으로는 SpotON[7]이 있다. SpotON은 대상이 되는 Tag에 대하여 각 노드에서 수집된 신호세기 데이터에 군집 알고리즘(Aggregation algorithm)을 적용하여 위치를 계산한다. 또한 Kantor와 Singh는 RFID 신호를 ToA와 같이 활용하여 거리를 측정하는 방법을 발표하였고, 미국 NIST의 "RFID-assisted Localization and Communication for First Responders"라 명명된 프로젝트는 실내 환경에서 Ad-hoc 무선 네트워크 환경에서 안정적으로 Rresponder를 추적하는 문제의 가능성을 조사하고 있다. 표 3.3은 RFID 기반 측위 기술의 장단점을 정리한 것이다.

표 3.3 RFID 기반 실내측위 장단점 분석

장점	단점
근접 센서이므로 NLOS 오차 문제가 없음	통신망에 의하여 수신 정보가 공유되는 상황이 고려되지 않음
근접의 조건을 만족하면 Tag가 빠르게 움직여도 감지할 수 있음	신호도달거리가 2~3m 정도로 짧음
Tag에 읽기/쓰기 기능을 부가하여 정보 보조 기능을 추가할 수 있음	측위 활용시 대부분의 장소에 밀도 높게 Reader를 설치해야함
수동형 Tag의 경우 가격이 저렴	
능동형 Tag는 작은 안테나를 부착하여 신호 도달 거리를 늘릴 수 있음	

3.6 UWB(Ultra Wide Band) 기반 측위 기술

UWB는 단거리 구간에서 저전력으로 넓은 스펙트럼 주파수를 통해 많은 양의 디지털 데이터를 전송하기 위한 무선 기술로서, 변복조 기능이 필요 없고 낮은 전력 밀도를 가진다. 이는 투과성이 좋아서 건물 내의 벽이나 비금속 칸막이 등을 통과할 수 있고 음영지역에서도 사람이나 사물의 위치를 파악할수 있으며 정확도가 높아서 실내 위치인식에 많이 사용될 것으로 기대되고 있다.

표 3.4 UWB 기반 실내측위 장단점 분석

장점	단점
광대역 통신 프로토콜은 저전력으로 대용량 데이터를 전달 가능(Wi-Fi의 10배 정도). 데이터 전달에 사용되는 전파신호는 레이더 신호와 유사한 특징을 가지므로 거리 측정에 활용될 수 있음	UWB 활용 가능 대역이 대부분 국가에서 이미 다른 용도의 시스템에 점유되어 있으므로 간섭 문제를 해결해야 함
실내 측위에서 15cm 이내의 정확도를 가짐	개당 생산 단가가 높음
RFID에 비해 신호 도달거리가 긺(50m 내외)	
Bluetooth 표준을 사용하는 ad-hoc network의 일종인 piconet을 지원할 수 있으므로 현재 LAN에 활용되는 기술을 대체할 잠재력 지님	

UWB를 이용한 측위 기술은 실내 환경에서 수 센티미터 이내의 정확도를 갖는 고정밀 측위 시스템을 개발하는데 가장 강력한 후보 기술 중의 하나이다. UWB 신호는 아주 짧은 무선 펄스를 연속적으로 전송함으로써 수 GHz의 광대역 스페트럼을 차지하고, 매우 낮은 전력 밀도를 갖는다. IEEE 802.15.4a에서는 저속 통신 및 위치인식 수단으로 표준화가 진행중이며, 10m 거리이내의 0.5m 오차 범위를 갖는 것을 목표로 하고 있다. IEEE 802.15.4a에 제안된 UWB 기술은 IR-UWB(Impulse Radio UWB) 방식과 CSS-UWB(Chirp Spread Spectrum UWB) 방식 등이 있다. IR-UWB 방식은 NICT, Freescale, IIR, Time Domain, KERI, Staccato, Samsung 등의 업체가 주도하고, CSS-UWB 방식은 Orthotron과 Nanotron 등의 업체가 주도한다.

UWB 기반의 측위 시스템의 대표적인 예로는 Ubisense사의 Ubisense와 Multispectral solutions사의 Sapphire Dart가 있다. Ubisense는 태그와 센서 사이의 최대 동작 거리는 60m이며, 전형적인 사무실 공간(대략 625m^2)에서 4개의 센서를 사용하여 사무실 전 영역을 커버할 수 있으며, 정확도는 대략 ±15cm 이내이다. 사용하는 UWB 주파수 대역은 5.8 ~ 7.2GHz이며, 주요 적용 분야는 의사, 간호사, 그리고 환자의 위치를 파악하는 종합병원용 시스템이거나, 사무실의 통제 제한 구역을 통제하기 위해서 방문객의 위치를 추적하는 사무실용 시스템이거나, 도심의 모의 군사 훈련 중 병사의 위치를 추정하는 군사 훈련용 시스템 등이 있다. 표 3.5는 인프라별 실내측위 스펙 및 성능을 비교 분석한 것이다.

표 3.5 센서별 실내측위 스펙 및 성능 비교

	네트워크 속도	보안 여부	인식 거리	위치 정확도
Wi-Fi	1~11Mbits/s	매우 좋음	2~5m	Up to 100m
Bluetooth	1Mbit/s	매우 좋음	100m/20m/10m/	Range
RFID	40~60Mbits/s		30ft	6in
IR	-	-	10~30cm	Room level
IrDA	16Mbits/s	좋음	1~3m	Range

제4장

지리정보시스템 측위방식(GIS)

4.1 GIS 정의

GIS(Geographic Information System)는 컴퓨터를 기반으로 하는 지리정보의 효율적 생성과 저장, 분석을 위한 시스템을 말한다. 여기서 지리정보, 즉 Geographic information이란 단어는 Geo(지표)와 Graphic(묘사), 그리고 Information(정보)라는 단어들이 합성된 의미로서 지표면에 존재하는 각종 자연적이고 인위적인 정보를 포함하는 것이다.

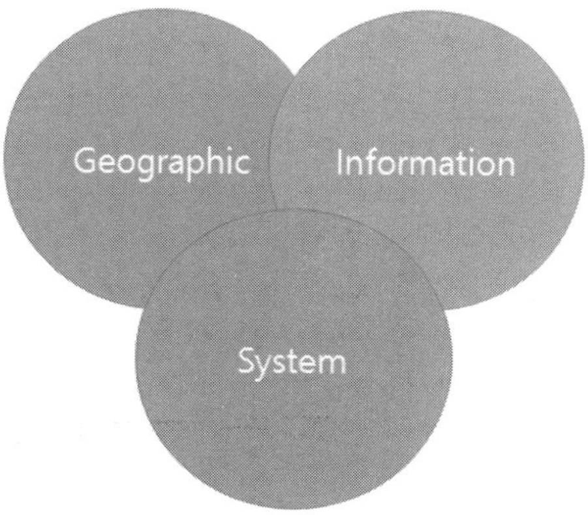

그림 4.1 지리정보시스템의 구성요소

그림 4.1에서 말하는 시스템이란 공통의 사용을 목적으로 실세계의 관련 구성요소 간의 상호작용으로 이루어진 활동의 모임을 의미한다.(김계현, 'GIS개론', 2000) GIS에서 말하는 시스템이란 정보시스템을 말한다. 정보시스템은 의사결정에 필요한 정보를 만들기 위한 제반 과정으로서 각종 정보의 생성에서부터 정보의 저장과 분석을 포함한다. 따라서 정보시스템은 제반 정보를 수집, 관측, 측정하고 컴퓨터에 입력하여

저장, 관리하며, 저장된 정보를 분석하여 의사결정에 반영할 수 있는 광범위한 기능을 요건으로 한다. 지리정보는 지리적위치, 속성, 공간적 상호관계, 시간을 특징을 가지고 다른 정보시스템에서 흔히 사용되는 자료와 다른 특징을 가지고 있다.

GIS를 구축하는데 있어서는 크게 Hardware, Software, 전문인력, 지리정보의 구성요소가 필요하다. 이중에서 GIS를 구축하는데 있어서 구축비용의 60%~80%를 차지하는 요소는 지리정보의 획득과 Database의 구축이다.(GIS Development Guide, 1998) 정보시스템에서 'Garbage in Garbage out'이란 말이 의미하듯이 GIS에서도 정확한 지리정보를 얻는 과정은 전체 과정 중에서 가장 정확하게 이루어 져야 한다. 따라서 이러한 지리정보를 획득하는 방법에 대한 논의와 각각의 방법의 연계방법, 활용사례를 통해서 지리정보획득에 대한 전반적인 과정을 이해하는 것은 중요한 일이다.

일반적으로 GIS에서 데이터를 취득하여 Database를 구축하는 방법은 현지측량 방법, 기존의 종이지도를 이용하는 방법, 항공사진측량을 이용하는 방법, 위성영상을 이용하는 방법으로 크게 나눌 수 있다.

4.2 GIS 데이터 자료 구조

4.2.1 벡터 데이터

1) 개념

실세계 공간형상을 점, 선, 면인 0,1,2차원 공간객체(spatial feature)으로 표현한다. 벡터 데이터는 디지타이져 등의 입력장비를 통해 구축된 데이터이거나 데이터 변환과정을 통해 얻어진 데이터로서 GIS 소프트웨어인 ARC/INFO나 CAD 소프트웨어인 AutoCAD 등을 통해 얻어질 수 있다.

2) 데이터 구축

벡터 데이터는 관련된 데이터를 점, 선, 면의 공간객체별로 구축하게 되는데 기하학 정보, 위상구조 정보, 메타데이터를 지니게 된다.

① 기하학 정보는 공간객체별로 점, 선, 면의 데이터를 구성하는 가장 기본적 정보이다. 점일 경우 (X, Y)하나로 저장되며, 선의 경우 연결된 점들의 집합, (X1, Y1),

(X2, Y2), (X3, Y3)…………. (Xn, Yn)로 구성된다. 면의 경우는 면은 폐합된 선과 그 내부를 확인하는 참조점으로 구성된다. 위상구조(topology)정보는 공간분석을 위해 필수적으로 존재해야 한다.

② 위상구조란 점, 선, 면들의 공간객체들의 공간관계(spatial relationship)을 말한다. 가령 도로가 있으면 두 도로가 만나는 점에서 연결된다는 연속성(continuity), A폴리곤과 B폴리곤이 서로 접하고 있다는 인접성(adjacency), 도로의 시작이 끝 지점과 일치하여 폐합된 면이라는 영역성(area definition)등의 정보를 말한다. 따라서 위상구조 정보는 도로에서 다른 지점까지의 최단거리 분석, 하천의 네트워크 분석등의 공간분석을 가능하게 해준다.

③ 메타데이터는 데이터를 구성하는 필수 요소는 아니지만 많은 유용성을 가지고 있다. 메타데이터는 쉽게 말해서 그 데이터를 설명하는 데이터라고 보면 된다. 즉 데이터의 좌표체계 정보, 데이터 품질정보, 데이터 제작 및 프로세스 정보 등의 사용자가 데이터 획득 및 사용에 도움을 주는 데이터다.

3) 벡터 데이터와 속성값의 결합

벡터는 각 점, 선, 면의 X, Y좌표에 부여된 ID(identifier number)에 의해 결합된다.

4.2.2 래스터 데이터

1) 개념

래스터 데이터는 벡터 데이터와 달리 실세계 공간형상을 일련의 셀(cell)의 집합으로 정의, 표현하고 있다. 즉 격자형의 영역에서 X,Y축을 따라 일련의 셀들이 존재하고 각 셀안에 각 지점의 지표조건이나 속성이 기입되어 있다. 이러한 값들에 의해 셀들을 분류하거나 다양하게 표현할 수 있다. 각 셀들은 그 크기에 따라 데이터의 해상도와 저장용량이 달라지게 된다. 즉 셀의 크기가 커지면 해상도는 떨어지고 용량은 줄어든다. 셀이 작으면 해상도는 커져 정밀한 공간현상을 표현할 수 있으나, 저장용량을 많이 차지하게 된다.

2) 래스터 데이터 유형

대표적으로 인공위성 이미지, 항공사진에 의한 이미지, 스캐닝을 통해 얻어진 이미지, 그리드등 셀에 기반한 데이터들은 모두 래스터 데이터 유형으로 볼 수 있다. Gis에서 의미를 가지는 래스터 데이터는 이러한 셀에 기반한 이미지 데이터들을 실세계의 좌표정보를 기입함으로써 얻어진다.

4.2.3 벡터와 래스터 데이터의 비교

벡터 데이터와 래스터 데이터의 장·단점은 표 4.1과 같이 정리할 수 있다.

표 4.1 벡터와 래스터데이터의 비교

	장 점	단 점
벡터	• 현상적 자료구조를 잘 표현 • 간결하게 자료축약 • 네트워크연계로 위상관계를 완벽하게 구축할 수 있음 • 정확한 그래픽 표현 • 그래픽과 속성의 검색, 갱신, 일반화가 가능함	• 복잡한 자료구조 • 지도중첩 어려움 • 단위별로 위상형태가 다름 • 고가의 장비 필요 • 공간연산이 복잡 • 각 단위가 다른 위상형태를 갖기 때문에 시뮬레이션 어려움 • 자료의 수정이 어려움
래스터	• 단순한 자료 구조 • 다양한 공간분석이 용이 • 지도중첩이나 원격탐사자료와 연결 용이 • 공간단위가 같은 크기와 형태를 갖기때문에 시뮬레이션 분석 용이 • 기술자체가 비싸지 않으며 발달속도가 빠름 • 자료의 수정이 쉬움	• 그래픽 자료량이 방대 • 네트워크 연계를 구축하기 어려움 • 자료의 양을 줄이기 위해 셀을 크게하면 정보의 손실이 커짐 • 투영변환에 많은 시간 소요 • 출력의 질이 좋지 않음

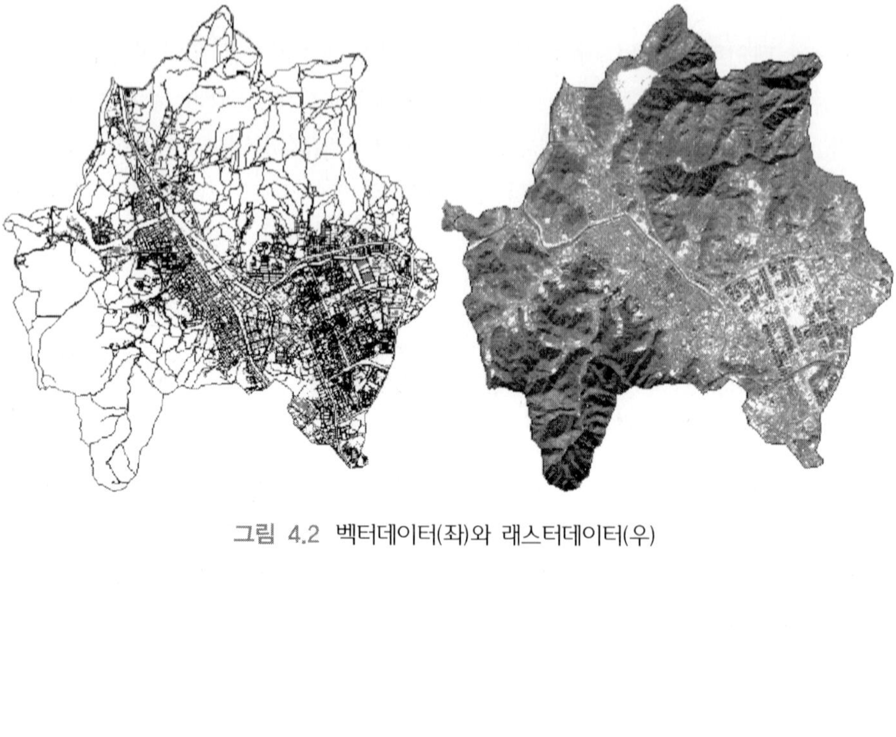

그림 4.2 벡터데이터(좌)와 래스터데이터(우)

4.3 최신 GIS 포멧

GIS에서 다루는 파일의 포맷은 데이터의 자료구조에 따라서 크게 래스터형 파일 포맷과 벡터형 파일 포맷으로 나눌 수 있다. 래스터와 벡터 구조는 지리정보의 모델화에서 뚜렷하게 구별되는 두 가지의 접근방법이다. 래스터 구조와 벡터구조의 장단점은 하나의 장점은 바로 다른 구조에서의 단점과 연결되어, 서로 보완적인 특성을 나타내고 있다. 다만 공간 자료의 특성에 따라 벡터와 래스터 방식을 혼합하여 사용하고 있는 추세이다(Vaster). 자료구조에 따라 래스터형 자료구조의 파일 포맷과 벡터형 자료구조의 파일 포맷으로 나누어서 알아본다. 벡터형 자료구조를 가진 여러 포맷중에서 DXF, SHP, Coverage, 그리고 교환을 위한 표준인 SDTS의 구성과 특징은 다음과 같다.

4.3.1 벡터형 파일 포멧

1) DXF(Drawing eXchange Format)

CAD 도면들에 대한 상호 교환을 위한 포맷으로 개발되어진 DXF는 데이터의 관리, 사용, 변경이 쉽고 변환 효율이 뛰어나 현재 설계, 엔지니어링, 디자인 분야에서 가장 일반적으로 사용되고 있다. DXF 파일의 구조는 아스키 문서 파일로서 '.dxf'를 확장자로 가진다. 텍스트 파일로 표현되기 때문에 일반적인 텍스트 편집기를 통해서도 내용을 읽고 쉽게 편집할 수 있다. 이러한 특징은 DXF파일의 접근을 쉽게 할 수 있도록 하는 장점으로 표현된다. 반면 행단위로 데이터 필드가 이루어져 있기 때문에 읽기는 쉬우나 파일의 용량이 커지는 단점도 가지고 있다. DXF 파일은 그룹의 열로 이루어지는데 그룹의 열은 DXF파일의 단위 구성 요소가 된다. DXF 파일은 다음과 같은 구성을 가지고 있다. 첫 라인은 그룹코드(Group Code)가 나오고, 두 번째 라인은 그 그룹의 값이 나온다. 이러한 형태로 두 라인씩 쌍을 이루어 계속 반복된다.

표 4.2 그룹코드와 데이터형

그룹 코드	데이터 형
0 - 9	문자열
10 -59	부동 소수
60 - 79	정수
210 - 239	부동 소수
999	주석(문자열)

이중 첫 번째 라인들은 그룹코드이며, 이 그룹코드의 값은 여러 의미를 규정한다. 이 그룹코드는 값의 그룹에 따라 두 번째 라인들의 포맷들을 규정해 준다. 그룹코드는 단순히 그룹 값의 데이터형만을 지시해 주는 것뿐만 아니라 자신이 포함된 섹션 내에서 담당하고 있는 역할을 나타내는데도 사용된다. 특정 그룹이 헤더 섹션에서 사용되었는지, 테이블이나 공간 실체를 서술하는데 사용되었는지에 따라 고유 역할은 달라질 수 있으며, 특정 그룹 코드는 사용 처에 관계없이 고정된 기능을 수행한다.

표 4.3 DXF 섹션의 구성과 내용

섹션	설명
헤더 섹션	• AutoCAD의 환경 변수 및 CAD 도면 변수 설정값을 가짐 • 각 DXF 버전마다 고유변수 정의 • 각 헤더변수는 그룹코드 9를 갖는 변수 명 그룹과 해당 변수가 갖는 고유변수 값을 나타내는 그룹들로 구성 • 변수명은 항상 $로 시작
테이블 섹션	• 테이블마다 치수 스타일, 라인 스타일, 레이어, 사용자 좌표계, 사용자뷰, 문자 스타일 등의 내용 정의
블록 섹션	• 도면에서 사용되는 블록 정의 • 이중 도면 요소 형식은 엔터티 섹션과 동일
엔터티 섹션	• 도면 요소들로 구성 • 실제 도면의 형상 정보가 들어있는 섹션 • 도면을 구성하는 요소로 엔터티를 정의하며 0,1,2,3 차원으로 정의

이 중 첫 번째 라인들은 그룹코드이며, 이 그룹코드의 값은 여러 의미를 규정한다. 이 그룹코드는 값의 그룹에 따라 두 번째 라인들의 포맷들을 규정해 준다. 그룹코드는 단순히 그룹 값의 데이터형만을 지시해 주는 것뿐만 아니라 자신이 포함된 섹션 내에서 담당하고 있는 역할을 나타내는데도 사용된다. 특정 그룹이 헤더 섹션에서 사용되었는지, 테이블이나 공간 실체를 서술하는데 사용되었는지에 따라 고유 역할은 달라질 수 있으며, 특정 그룹 코드는 사용 처에 관계없이 고정된 기능을 수행한다.

2) Shapefile 포맷

Shapefile은 지리현상에 대한 공간 위치와 속성 정보를 저장하고 있는 포맷이다. Shapefile 포맷은 다음 표와 같은 파일들을 통하여 지리 현상의 공간 정보와 속성정보를 저장, 관리하고 있다.

표 4.4 Shapefile의 유형

파일유형	기능
.shp	지리 사상의 공간 정보를 저장하는 파일.
.shx	지리 사상의 공간 정보의 인덱스를 저장하는 파일.
.dbf	지리 사상의 속성정보를 제공하는 파일, DBase 파일 구조로 표현.
.sbn .sbx	지리 사상의 공간 인덱스를 저장하는 파일 "Spatial Join" 등의 기능을 수행하거나, Theme의 "Shape" 필드에 대한 인덱스를 생성할 때 이 파일이 필요하다.
.ain .aih	속성 테이블에서 활성화된 필드의 속성 인덱스를 저장하는 파일 이 파일들은 테이블간의 링크(Link)를 수행할 때 생성된다.

Shape File은 Main File, Index File, DBASE Table로 구성된다. Main File은 직접 엑세스(Direct Access)가 가능하고, 가변길이 레코드를 포함하며, 이들 가변길이 레코드는 Vertex들을 가진 Shape를 기술, 설명한다. 그리고 인덱스 파일의 각 레코드는 Main File의 해당 Main File Record의 Offset를 포함한다. DBASE Table은 공간 형상당 하나의 레코드를 가진 속성을 포함한다. 기하학과 속성의 일대일 관계를 가지며, DBASE 파일의 속성 레코드는 Main File의 레코드들과 같은 순서를 가져야 한다.

Shapefile의 특징은 상용 소프트웨어에서 이용하는 데이터 포맷임에도 불구하고 구조가 간단하고 데이터의 포맷이 공개되어 있어 사용자가 쉽게 다룰 수 있다는 장점이 있다. 즉 ArcView 소프트웨어가 없어도 사용자가 Shapefile의 형태를 접근하고 분석할 수 있다. 또한 다양한 형태의 데이터들을 변환할 수 있어 호환성이 역시 뛰어나다. 그러나 앞선 두 가지 데이터 포맷에 비하여 위상관계를 가지고 있지 않아 인접성과 연결성 등 다양한 지리정보의 특성을 표현하고 모델화 할 수 없다는 단점을 가지고 있다.

3) Coverage 포맷

ArcInfo는 미국 ESRI(Environmental Systems Reasearch Institute)사에서 만든 GIS프로그램으로서 현재 국내외에서 가장 많이 사용하는 프로그램중의 하나이다. ArcInfo의 Arc는 공간데이터를 의미하고 Info는 속성데이터를 의미한다. ArcInfo는 GIS데이터 제작, 에디팅, 디스플레이, 복잡하고 심도깊은 GIS 분석 기능에 이르는 모든 과정을 ArcInfo를 통해 구현하고 있으며, 이를 바탕으로 시설물관리, 대규모 데이터베이스 관리 및 서비스, 지도제작 분야, 다양한 공간분석기능을 토대로 한 어플리케이션 분야 등 매우 다양한 분야(환경, 지적, 입지분석, 도시계획)등에서 최적화되어 널리 사용되고 있으며, 많은 구축 사례를 가지고 있다.

이러한 ArcInfo는 공간데이터와 속성데이터를 Coverage 단위로 구성하며, 한가지 특성을 공유하는 공간 데이터 집합을 표현한다. 이러한 Coverage는 한 지역을 주제별로 나누어 저장할 수 있다.

ArcInfo Coverage는 총 14개의 파일로 구성되며 각각의 파일은 Point, Arc, Node, Route, Polygon, Region, Annotation, Tic, Link, Coverage의 범위, 속성정보등을 담고 있다. 이런 공간 데이터와 속성데이터의 연결은 다음과 같은 특징이 있다. Coverage내 공간형상은 FAT(Feature Attribute Table)내의 일치되는 레코드와 일대일 대응 관계로 존재한다. ArcInfo는 각 공간형상에 할당된 ID를 통해 공간형상과 속성 레코드간의 관계성을 유지한다. 공간형상의 일련번호는 Coverage의 두 곳에 저장되는데, 하나는 각 공간형상의 위치 데이터(x,y 좌표)를 저장하는 파일과 FAT내에 일치되는 레코드가 바로 그것이다. ArcInfo는 자동으로 이들간의 링크를 만들어 통합, 유지한다.

좌표정보와 속성정보는 모두 공간형상의 일련번호를 공통 요소로 하고 있다. 이 일련번호는 공간형상의 좌표 정보를 속성정보와 연결시키며 일대 일의 대응 관계로 유지, 관리된다. 다음표는 각각의 공간정보와 속성정보를 담고있는 Coverage내의 파일들이다.

표 4.5 Coverage의 구성 파일

Coverage의 구성	내용
LAB	라벨의
PAT	Point와 Polygon의 속성
ARC	도형 좌표와 위상
AAT	도형 속성 테이블
NAT	Node 속성 테이블 폴리곤 중심 테이블
RAT	Route의 주요한 데이터
PAL	폴리곤 위상
CNT	Polygon에 대한 Label Point 번호
TXT	커버리지 주석
TIC	폴리곤/포인트 교차 참조 화일
TOL	커버리지 처리 오차
PRJ	좌표와 지도투영 정보
LNK	Link에 관한 정보
BND	도형 속성 테이블 커버리지 최대/최소 좌표

ArcInfo Coverage의 특징은 위상관계를 이용하여 공간자료의 특성별로 데이터베이스를 구축하고 이들간 연결이 구축되어 있다는 점이다. 위상관계를 통하여 공간 분석과 시설물 관리 등 다양한 분야로 활용이 가능하다. 또한 관계형 데이터베이스를 이용하여 사용자가 편리하게 공간정보와 속성정보에 접근할 수 있다. ArcInfo의 자료구조는 지리자료의 분석과 관리를 위하여 고안된 구조라 할 수 있다.

ArcInfo의 Coverage의 문제점은 자료구조가 너무 복잡하다는 점이다. 기본적으로 Arc-Node 위상관계를 이용하기 때문에 ArcInfo를 이용하지 않고 이 구조를 구현하려면 복잡한 처리과정이 필요하다. 또한 상용 소프트웨어 포맷이므로 구체적인 형태가 공개되어 있지 않다. 시스템의 효율적 이용을 위하여 이진화일 형태로 구성되어 있고, 파일의 구조 또한 일반인에게는 공개되어 있지 않다. ArcInfo 자료는 사용자가 ArcInfo환경에서 시스템을 구축할 경우에만 이용될 수 있다. 즉 사용자가 ArcInfo가 아닌 다른 시스템을 이용하거나 개발할 경우 곧바로 ArcInfo의 자료를 이용하기 어렵다.

4) SDTS

수치지도의 호환과 공유를 목적으로 제정된 SDTS(Spatial Data Transfer Standard)는 지난 10여년간 미국의 USGS를 중심으로 GIS와 관련된 각 기관에서 개발되었다. 1993년 미국의 수치지도 자료교환표준으로 제정된 SDTS는 단순히 자료교환을 위한 표준으로만 사용되는 것이 아니라 국가 정보의 하부구조의 역할을 하며, 수치지도의 제작과 유지관리, 유통, 사용에 이르는 광범위한 기능과 역할을 담당하고 있다. 미국의 국가 지도제작 기관인 USGS에서는 기존에 구축된 국가 수치지도 자료형식을 SDTS 형식으로 변환하여 제공하고 있으며, 향후에는 수치지도를 모두 SDTS 자료형식으로 제작할 계획에 있다.

SDTS는 모두 5부분으로 구성되어 있다. 1, 2, 3 부는 수치지도 자료변환을 위한 일반 규약이며, 4, 5부는 1, 2, 3 부의 규약을 보다 구체적, 물리적인 수준에서 교환, 변환이 가능하도록 설계한 화일이다.

1부는 수치지도 자료교환의 개념적, 논리적인 규약부분으로, 크게 3부분으로 구성된다. 첫 번째는 교환될 공간자료의 모델을 설명하는 부분이다. 이 부분에는 실세계의 다양한 공간현상을 모델화 하는 공간현상 모델(Model of Spatial Phenomena), 다양한 공간현상을 수치적, 물리적으로 표현하는 공간객체 모델(Model of Spatial Object), 실세계 공간현상과 수치 공간객체의 관계를 규정하는 공간사상 모델(Model of Spatial Features) 등의 세가지 모델로 이루어져 있다.

2부는 SDTS의 내용적 측면으로서, 변환방식의 규약이 아니라, 변환에 사용된 공간자료와 속성자료와 관계된 용어를 정의하고 나열한다. 즉 공간자료의 용어로서 약 200 여개의 공간사상과 약 250여개의 속성용어, 그리고 1200 여개의 관련 용어를 나열함으로써 사용자들이 다양한 공간현상을 표현할 수 있다. 이들 용어를 이용함으로써, 동의된 표준 용어로 자료를 공유할 수 있으므로 변환내용의 표준화가 가능하다. SDTS 변환과 관련하여 사용되는 공간용어와 속성용어는 상황, 조건, 내용적 측면에 따라 가변적으로 다른 유형의 자료사전을 사용할 수 있다.

3부는 1부와 2부에서 규정한 개념적, 논리적인 규약을 물리적인 수준으로 전환하는 부분이다. SDTS에서 논리적 모듈은 파일이라는 물리적 형태를 가지며, 레코드 모듈 또한 레코드라는 구체적 형태로 저장된다. 어떠한 저장매체를 통하여 어떤 방식으로 교환되는지, 그리고 변환시 레코드, 필드, 하위필드는 어떻게 규약되는지에 대한 정보를 가지고 있다. 이 변환방식은 SDTS 자체적으로 만든 것이 아니며, 기존에 널리 사용되고 있는 공간자료 처리 표준인 ISO 8211을 그대로 채용하여 사용하고 있으므로 기존의 사용자들이 겪을 수 있는 혼란을 최소화하였다.

SDTS는 지리자료의 교환을 위해 개발된 GIS 데이터 표준 교환 포맷이다. 따라서 GIS 기능에서 필요로 하는 공간정보와 속성정보를 담고 있으며 공간정보는 위상관계로 구조화되어 있다. SDTS는 GIS 데이터의 교환에는 탁월하지만 아직까지는 완전한 표준포맷이 개발되지 않은 단계이다. 각종 GIS 소프트웨어에서 SDTS 포맷을 완벽히 지원하고 있지는 않다.

GIS 데이터의 포맷은 상용 소프트웨어에 의존적인 포맷과 교환 표준 포맷이 있으며, 이들 데이터는 그 활용목적에 따라 장단점을 가지고 있다. 특히 수자원분야는 수자원이라는 특수한 대상을 목적으로 하므로 하천과 그 부속 시설물등 수자원관련 데이터를 좀 더 효율적으로 표현 할 수 있는 포맷을 고려해야겠다.

수자원 관련 데이터는 데이터의 효율적 관리라는 측면과 자료의 호환성이라는 측면이 동시에 만족하여야 한다. 따라서 자료를 효과적으로 관리할 수 있는 기존의 상용 소프트웨어에서 이용할 수 있어야 하며, 다양한 소프트웨어에서 데이터를 사용할 수 있도록 개방된 자료구조를 가지고 있어야 한다. 그리고 수자원 관련 데이터의 시간적 정확성을 유지하기 위해서는 수시로데이터를 수정, 갱신할 수 있어야 한다. 따라서 사용자가 쉽게 데이터를 관리할 수있도록 비교적 간단한 형태의 데이터 포맷이 바람직하다.

SDTS와 같은 GIS전용 표준 호환 포맷이 바람직한 포맷이라 할 수 있으나 이직 실용화 단계에 이르지는 않았다. 그리고 변환 포맷이기 때문에 가능한 모든 파일 포맷에서 정의한 공간 객체와 자료구조를 포용하고 있어 구조가 매우 복잡한 단점을 가지고 있다. 장기적인 측면으로 세계적인 추세인 표준준화에 부응하기 위해서 SDTS의 포맷을 완전히 배제할 순 없지만 단기적인 측면으로는 Shapefile과 같은 공개된 상용 소프트웨어 데이터 포맷을 이용하는 것이 바람직하다고 사료된다.

4.3.2 래스터형 파일 포맷

영상데이터의 표준 모델은 다양한 영상데이터와 호환이 가능하여야 하며, GIS 데이터로서 적합한 요소들을 갖추어야한다. 즉, 특정시스템이나 포맷에 종속되지 않아야 하며, GIS 데이터에 필요한 좌표체계, 심볼, 문자 등 다양한 정보를 포함할 수 있어야 한다. 따라서 단순한 영상데이터만을 전달하기보다는 하천 관련 정보에 대해 지리적 위치 정보와 함께 관련 제반 정보를 전달할 수 있어야 한다.

이에 본 연구에서는 영상데이터 중 국내 영상데이터 활용을 위하여 국제적인 영상데이터 포맷과 활용 범위를 조사하고, 국내의 주요 GIS 사용자 기관의 자료공급을 위한 포맷을 파악하고 분석하여, 하천 정보에 적합한 표준안을 제시하고자 한다.

영상데이터의 구성요소는 벡터구조의 수치지도와 영상데이터의 통합적 활용을 고려할 때 중요하다. 영상데이터는 많은 기술상의 구성요소를 갖고 있으나 수치지도로서의 역할을 감안한 직접적인 구성요소는 정확도와 관련되는 요소를 등을 들 수 있다.

1) TIFF(Tagged Image File Format)

TIFF는 컴퓨터간의 데이터 호환을 위해 개발되었다. 따라서 본래의 목적은 디지털 이미지의 전송목적을 위해 만들어졌다. 운영체제, 파일 시스템, 프로세스 등이 독립적이어서 다른 운영체제에서도 현재 광범위하게 사용되고 있다. TIFF가 다룰 수 있는 파일의 최대 크기는 4기가 바이트이며, 활용은 다수의 GIS 응용 소프트웨어에서 지원을 하고 있다. 스캐너로부터 읽어들인 이미지를 저장할 때 가장 범용적으로 사용된다.

TIFF파일이 다른 이미지 포맷의 파일과 달리 주목해야 될 점은 태그(Tag)를 가지고 있다는 것이다. Tag가 붙어 있는 하나의 필드로 이미지의 폭이나 높이등 영상데이터의 정보를 나타낼 수 있다. 상용태그(Public Tag)와 사용자 정의 태그(Private Tag) 구조를 통해 확장성을 부여하고 있으며, 영상을 임의 분할할 수 있는 타일링(Tilling) 기능과 영상압축을 지원하고 있다. 하지만, TIFF는 범용적인 이미지 파일 포맷이나 지도와 관련된 응용프로그램의 사용에는 좌표계의 적용에 관려된 제약이 있다.

TIFF의 기본자료구조는 32768 이상의 Tag로 구성되어 있으며 TIFF Reader를 위한 Baseline TIFF와 TIFF Creator를 위한 TIFF Extensions으로 구성되어있다.

BaseLine TIFF 자료구조는 8바이트의 이미지 파일헤더와 하나이상의 IFD(Image File Ddirecory)로 구성되어 있다. BaseLine TIFF의 지원 형식은 Bilevel Image, Grayscale Image, Palette-Color Image, RGB Full Color Image이며 각 image의 정보를 나타내는 Tag로 구성된다.

TIFF Extensions은 모든 TIFF Reader에서 지원되지는 않는다. TIFF Extensions은 주로 자료공유와 관계된 항목으로 표준화와 밀접한 관계를 가진다. TIFF Extensions의 자료 교환을 위해 지원되는 부분은 13가지 항목이상이 되며 주요 내용은 CCITT Bilevel Encoding과 LZW 압축기법 Differencing Predictor JPEG 압축기법 데이터 변환등의 항목이 기술되어 있다.

2) BIIF(Basic Image Interchange Format)

BIIF는 FGDC에서 발행한 국제 표준 영상처리와 교환(International Standard for Image Processing and Interchange)의 영상 데이터 표준이다. BIIF의 목적은 영상 데이터를 매개로 정보의 교환 및 통합을 위한 것이다. 교환 포맷의 성격을 띄고 있는 BIIF는 변환과정을 통해서 서로 다른 기종의 시스템간의 데이터의 교환을 주목적이다. BIIF를 이용하는 경우에는, 특정한 시스템을 위한 외부 포맷은 하나만이 존재하게 되고, BIIF를 시스템의 내부 포맷으로 이용하지 않는 경우에는, 영상데이터나 BIIF에 대한 시스템의 내부표현(Internal Representation)을 통해 변환하게 된다. 변환모듈을 이용하여 영상데이터와 그와 관련된 정보를 내부표현에 따르는 구조적인 정보를 받아들이게 된다.

BIIF는 단순한 수치 영상과 복잡한 내부포맷간의 중간자 역할을 하며 그 자체로 상속되는 범위와 제한점을 갖고 있지만 광범위한 영상 활용을 만족하는 기본적 영상 포맷이다.

BIIF 포맷구조는 8비트의 고정된 길이의 필드와 변화 가능한 필드의 조합으로 구성되어 있다. 이것은 대부분의 BIIF 응용소프트웨어에서 변화 가능한 필드를 사용함으로써 BIIF파일에서 표현하는 영상과 주석의 다양한 크기와 수에 대한 기본적 문제들을 최소화한다. BIIF포맷은 헤더, 하위 헤더, 자료 필드로 구성된다.

데이터 세그먼트의 구조는 포맷에서 지원하는 데이터의 종류에 의해 결정된다. 파일의 각 데이터 세그먼트 부분은 하위헤더를 가지고 있어 세그먼트 부분의 특성에 대해 설명하는 정보와 실제 자료를 포함하는 관련 자료필드를 가지고 있다.

3) GeoTIFF

GeoTIFF는 TIFF가 가지고 있는 지도제작 응용, GIS 응용, Image Processing 등에 사용하는데 어려운 점을 타개하기 위해 지리 참조 데이터(Georeference or Geocoded)를 포함할 수 있는 태그(Tag)들을 첨가하여 1990년대 초반에 정의한 영상 데이터 포맷이다. GeoTIFF는 기존의 USGS의 SDTS와 FGDC(Federal Geographic Data Committee)의 메타데이터 표준과 같은 중간표준포맷을 대신하는 것이 아니라 일반적으로 널리 알려진 영상데이터 포맷에 좌표참조시스템과 지리좌표의 코딩을 목적으로 한다. GeoTIFF는 TIFF의 장점인 범용성과 GeoTIFF의 Geo가 의미하는 지리좌표정보와 관련 사항을 함께 갖고 있다.

GeoTIFF 포맷은 TIFF 버전 6.0의 규약을 준수하므로 TIFF 포맷의 장점인 안정성과 호환성 등을 그대로 갖고 있다. GeoTIFF는 영상데이터의 좌표체계나 투영법과 같은 정보를 나타내기 위해 GeoTag가 추가한 것이다. GeoTIFF는 방대한 좌표체계 정보(Geographically Projected Coordinate System)를 수용하면서도 적은 수의 공용 TIFF 태그 집합을 이용한다. 독립적인 플랫폼을 지향하기 때문에 개발자들이 GeoTIFF Reader 개발에 어려움을 가지고 있다.

4.4 GIS Data 자료 취득

4.4.1 GIS 구축에 있어서 데이터 베이스의 역활

GIS는 공간 및 비공간 자료로 구성된 데이터베이스, 데이터베이스 구현을 위한 하드웨어, 소프트웨어 및 네트워크로 구성된 시스템 그리고 데이터베이스와 시스템을 관리하는 조직 및 전문인력으로 구성된다. GIS 구축에서 가장 많은 시간과 비용이 소모되는 부분은 데이터베이스 구축부분이다. GIS의 활용목적 및 활용분야의 특성에 맞는 데이터베이스 구축이 GIS의 성공적 구현의 중요한 관건이다. GIS가 사용하는 기본자료, 처리방식, 활용분야, 결과물은 기본적으로 공간적(Spatial)성격을 갖는다. GIS 발전과 이에 따른 연구결과로 밝혀진 사실 중의 하나는 인간이 활용하는 정보의 70% 이상이 공간적 성격을 갖는다는 것이다.

GIS를 구현하는 가장 큰 목적은 사용자들이 업무를 보다 효율적, 효과적으로 처리할 수 있도록 필요한 정보의 결과물을 제공하는 것이다. 따라서 서울시의 계획업무,

설계 및 공사, 관리, 운영, 그리고 유지 관리 면에서 공간정보를 활용하는 GIS/UIS는 서울시 업무의 거의 전 분야 걸쳐서 적용이 가능하다고 볼 수 있다. 최근 GIS는 연구 도구의 차원을 벗어나 도시행정 및 국가기관과 같은 조직의 정보를 통합하여 의사결정과정을 지원하는 시스템 통합 도구로서 그 발전방향이 바뀌고 있다. 시스템통합의 핵심이 많은 사용자가 공통의 정보를 공유하는 데 있다고 볼 때, GIS 데이터베이스는 서울시의 공간자료를 관리하는 제업무 부서간의 원활한 정보교환 및 업무 능률향상의 기반부 역할을 할 것이다.

4.4.2 GIS 데이터베이스의 구조

GIS 데이터베이스는 지형지물 및 그들의 공간관계와 특성을 나타내는 수치화된 도형데이터와 비도형데이터의 조직적인 집합체이다. GIS 데이터는 기본적으로 공간적 성격을 갖으며, 하나의 데이터베이스를 구성하는 모든 그래픽 데이터는 공통의 좌표체계로 공간등록을 시켜야 한다.

일반적으로 사용되는 GIS 데이터베이스 구조는 레이어 구조 데이터베이스와 객체 구조 데이터베이스로 구분된다

1) 레이어구조 GIS 데이터베이스

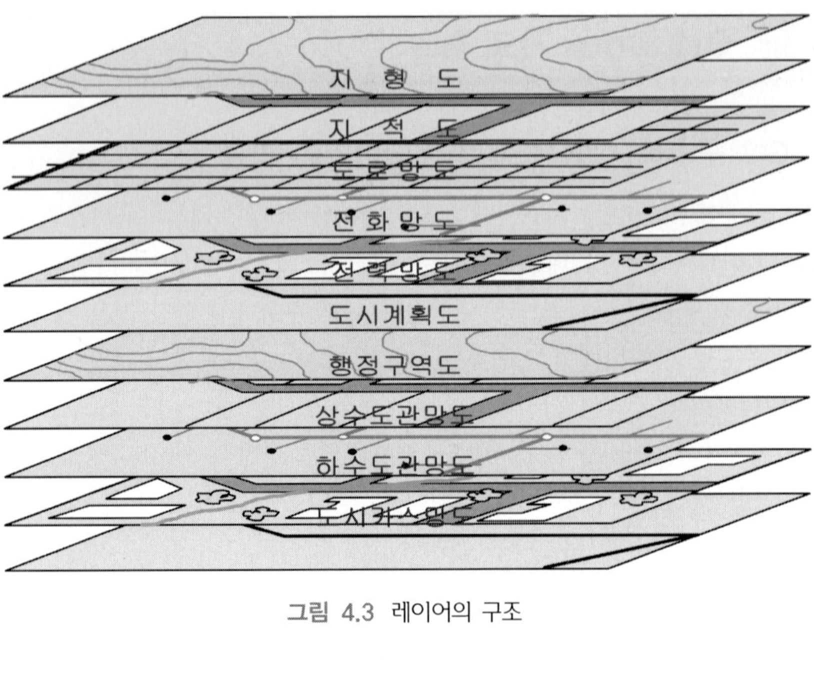

그림 4.3 레이어의 구조

지도를 구성하는 요소를 기능별 또는 주제별로 분류하여 개별 그래픽 데이터 층(Layer)으로 제작하는 방식이다. 이 구조에서는 RDBMS 기능을 보유하여 도면정보와 속성정보가 결합된 위상구조(Topology Structure)를 가지므로 데이터의 일관성을 유지하게 된다. 데이터베이스는 독립적인 테이블로 구성되므로 서로가 명백하게 연결되어 있지 않으며, 필요할 때 테이블을 동적으로 결합시키기 위해 관계형 연산자를 사용한다. 상호관계가 고정된 것이 아니므로 데이터베이스 Schema와 내용을 갱신하기가 쉽기 때문에 GIS분야에서 아직까지 가장 널리 사용되고 있는 데이터베이스 구조이다.

2) 객체구조 GIS 데이터베이스

객체구조 데이터베이스는 Point, Line, Polygon 개념보다는 건물, 부속물, 자재, 도로, 학교 등의 실세계의 객체위주로 구축되며, 객체간의 관계는 객체간의 상관성이 일대다(One-to-Many)로 생성되는 Parent-Child 구조를 기반으로 하여 복합계층구조, 상속계층구조의 표현에 적합하다. 구성요소들 간의 관계성이 거의 고정적이라 변경이 쉽지 않으므로 아직까지 GIS 분야에서는 별로 실용화되지 않았으며, 각각의 요소에 대한 구성관계가 명백한 자료구축에 적합하다.

4.4.3 데이터베이스 구축과정

GIS 어플리케이션 시스템을 효율적으로 운영할 수 있느냐 없느냐는 그 시스템 내에 데이터베이스로 구축된 정보가 얼마만큼 체계적으로 구축되어 있느냐에 달려있다. GIS 어플리케이션을 구현하는 일련의 과정에 있어서, 데이터베이스의 구축은 시간과 경비 면에서 큰 비중을 차지하며, 구축하는 대상지역의 범위, 지리정보의 규모, 활용 업무의 난이도 혹은 정확도에 따라 차지하는 비중이 달라진다.

4.4.4 GIS에 필요한 데이터 획득 방법

GIS에 필요한 데이터 획득은 현재가지 보유하고 있는 데이터의 형태나 내용, 상태, 정밀도, 품질의 정도 등에 따라 여러 가지 방법이 필요하다. 다음은 GIS/UIS에 필요한 데이터 획득방법들이다.

1) 항공사진으로부터 데이터 획득

항공사진에 의한 자료획득은 항공사진과 지상기준점측량에 의하여 제작된다. 일반적으로 제작방법은 중첩되는 항공사진을 투영하는 장비인 도화기를 사용하기 때문에

도화사는 삼차원 지형사진 모델을 볼 수 있다. 사진모델에서 측량기준점을 이용하여, 기준점 사이의 수학적 관계와 사진 상에 보이는 그 밖의 요소들이 복구될 수 있다. 입체시와 도면 요소간의 정확한 위치관계성을 이용하여, 도화사는 도화기상에서 도로, 건물, 지형, 지물 및 그 밖의 도면요소의 위치를 획득할 수 있다. 항공사진으로부터 획득된 정보는 현지조사, 보완측량, 정위치, 편집 등을 통하여 지형평면 수치데이터로 된다.

2) 디지타이징에 의한 데이터 획득

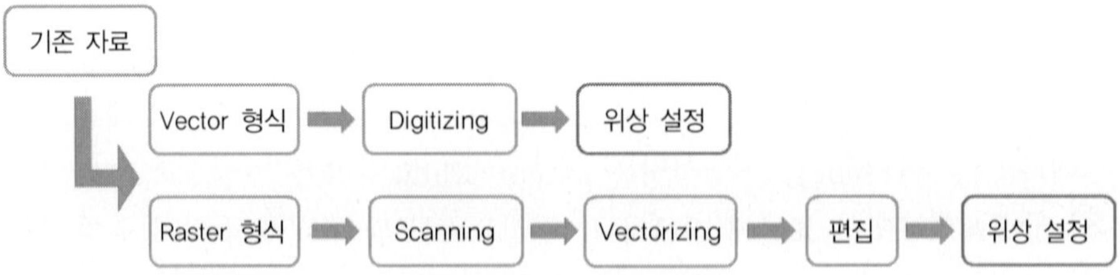

그림 4.4 지리정보의 획득

디지타이징 작업에는 디지타이징 타블렛과 커서를 포함하는 디지타이징 워크스테이션이 가장 많이 사용된다. 타블렛과 커서는 그것들을 제어하는 컴퓨터에 연결되어 있다. 디지타이징은 원본의 도면을 타블렛 위에 고정시켜 놓고 디지타이징 커서의 십자표시를 도면요소에 맞추어 따라가면 컴퓨터의 기능에 의해 도면요소의 위치와 형태를 얻을 수 있게 된다. 또한 이러한 기능들은 디지타이징 커서의 버튼에 코드화하여 사용한다. 디지타이징을 하는 작업자에 의해 레이어로서 요소들이 분리되거나, 또는 각 요소에 대한 속성 자료들이 연결된다.

디지타이징에 의한 데이터획득은 다음과 같은 다양한 방법들이 있다.

① 기 제작된 지도의 디지타이징

② 이미 디지타이징에 의하여 수치화된 데이터를 수정하는 것

③ COGO(GPS, Totalstation)를 이용한 수치화된 데이터를 수정하는 것

④ 스캐너로 획득된 데이터를 벡터데이터로 변환하는 것

3) 코고(COGO)를 이용한 데이터 획득

COGO는 GPS 또는 Totalstation을 이용하고 알고 있는 한 지점을 시작으로 측량에 의한 거리값과 방위각에 의해 GIS 데이터베이스에 대한 각종 경계 데이터를 획득하는

방법이다. 예를 들어, 평면직각좌표와 같은 좌표체계를 기준으로 한 경계선의 어느 한 지점에서 거리와 방위각이 관측되면 GIS 소프트웨어는 이 데이터를 이용하여 선형태의 지도를 그릴 수 있다. 비록 현장의 요소들에 대한 자세한 위치값이 현장에서 수치취득 측량장비(GPS, Totalstation 등)에 의하여 수치데이터로 획득됐지만, 이러한 기법은 지적경계선획득과 현지조사 및 보완측량데이터 획득시에도 일반적으로 사용된다.

4) 대형스캐너에 의한 데이터 획득

스캐닝 시스템은 도면의 요소, 문자, 표식 등을 자동적으로 읽어내어 개별적인 셀 또는 픽셀로서, 라스터 형태의 데이터로 만든다. 스캐닝 된 수치데이터는 라스터 형태이다. 대부분의 스캐닝 시스템은 라스터 데이터를 점, 선, 면의 구별된 요소의 벡터 데이터를 획득할 수 있는 소프트웨어를 제공한다. 그러나 스캐닝 소프트웨어들은 스캐닝 된 문자나 어떤 표식을 지도요소와 확실하게 구별하지 못한다. 또한 대부분의 스캐너들은 다양한 선의 형태, 선의 굵기, 불필요한 표식, 도면의 구김 등에는 취약하여 스캐닝 후에 수정과 편집작업에 많은 시간이 필요하다. 지도요소와 문자사이의 정확한 관계를 만드는 면에서는, 대부분의 GIS에서 필요로 하는 지도제작을 위한 수치지도 획득은 만족한 수준을 제공하지 못한다.

스캐닝은 기제작된 자료를 두가지 형태의 데이터(벡터와 라스터 형태)로 획득하는 데는 유용하며, 특히 가격 면에서 효과적이다. 지도에 문자가 없이 정확하게 선으로 제작된 도면인 경우에는 유용하게 사용할 수 있으나, GIS에서 다양하게 사용하기 위해서는 래스터 형태에서 벡터형태로 변환하여 사용하여야 한다.

5) 소형스캐너에 의한 데이터 획득

작은 규모의 스캐너는 각종양식, 대장, 표 사진 등의 자료에 대해 라스터 파일을 만드는 데 사용할 수 있다. 이러한 종류의 자료들은 번호나 형태, 날짜 등에 의해서 관계형 데이터베이스에 인덱스 될 수 있으며, 사용자들에 의해 조회되거나 출력될 수 있다. 또한 이러한 데이터들은 GIS의 도형데이터베이스에서 지도내의 위치나 도면요소들의 참고자료로 활용할 수 있다. 스캐닝 작업 후에 약간의 이미지의 상태를 조절하는 등의 편집작업이 필요하다.

6) 헤드-업(Heads-Up) 디지타이징에 의한 데이터 획득

해드-업 디지타이징은 위에서 언급한, 기존의 도면을 GIS에서 사용하는 벡터형태로 변환하는 스캐닝과 편집작업에 대해 효과적으로 사용된다. 도면이 스캐닝되면 선과 문자를 갖는 래스터 이미지가 워크스테이션의 모니터에 출력된다. 작업자는 마우스를 이용하여 배치작업이나, 대화식 방식으로 이미지를 수정한다. 스캐닝 과정에서 불필요하게 들어간 이미지는 삭제하며, 잘못된 선의 상태표현을 수정해야 한다. 또한 벡터 데이터로의 변환, 주석과 속성데이터의 입력 작업등을 수행하기 위해 작업자는 해드-업 디지타이징 툴을 사용할 수 있다. 해드-업 툴은 사용자가 벡터로의 변환을 위해 개별적인 래스터 요소들을 선택할 수 있게 해주며, 자동으로 선을 추적하여 아주 가는 선까지도 자동 벡터변환을 할 수 있다. 또한 속성데이터의 직접 입력과 벡터로의 변환 작업을 빠르게 할 수 있는 다른 툴을 제공한다.

7) 테이블 데이터 획득

테이블 형태의 속성정보는 수치정보, 혹은 지형코드(Feature Code)라고도 하는데 입력된 도형정보의 특성을 나타내지만 그 자체가 공간적이지는 않지만 GIS 데이터베이스의 한 부분으로 이용된다.

속성정보는 주로 공간정보와 연결되는 내용을 포함하고 있으므로 공간자료화 되고 명칭, 분류기호, 특성 등의 문자정보나 길이, 폭 인구 등의 수치정보를 포함한다. 하나의 공간단위에 대하여 복수의 속성정보가 연결될 수 있으며, 속성정보의 입력방법은 대화식 입력과 일괄처리에 의한 입력으로 구분된다.

8) 대화식 입력

화면(Monitor)에 도면을 표시하고 대상 도형을 직접 지시하면서 속성표(Attribution Table)의 각 항목에 대한 값을 입력하는 방법으로 정확하지만 시간이 오래 걸린다.

9) 일괄처리에 의한 방법

도형의 고유항목(ID)과 속성자료를 연결할 수 있도록 속성데이터에 도형과 연결될 수 있는 공통의 ID를 입력하고 Batch 처리로 도형과 속성을 연결함으로써 지리정보화 하는 방법으로 여러개의 속성항목을 입력시킬 때나 기존의 통계자료나 구축된 데이터베이스 등을 속성정보로 활용하려고 할 때 효과적으로 이용될 수 있다. 이를 위해서는 데이터베이스 전용 소프트웨어를 이용하여 속성값을 입력하고 GIS에서 자동적으로 부여한 도형의 ID를 연계하여 자동적으로 속성을 찾아갈 수 있도록 적합한 데이터 구조가 형성되어 있어야 한다.

10) 속성데이터베이스의 테이블화

지도를 분해하여 레이어(Layer)란 단위를 사용했듯이 속성 데이터베이스에서는 대장과 조서의 입력에 있어서 테이블을 하나의 입력단위로 사용한다.

11) 보유중인 수치데이터로부터 데이터 획득

NGIS 계획에 의하여 제작된 수치데이터 및 시나 외부기관에서 보유하고 있는 수치데이터는 GIS의 데이터베이스로 유용하게 이용할 수 있다. 만약 데이터가 시의 GIS 소프트웨어와 다른 소프트웨어에서 사용되고 있다면, 사용하고자 하는 시스템에 맞는 데이터 형태로 변환이 되어야 한다. 많은 프로그램들이 이러한 데이터의 변환작업을 가능하게 해준다. 사실, 많은 GIS 소프트웨어들이 표준 데이터 형식으로의 상호 변환을 해주는 프로그램을 요구하며, 이러한 표준 데이터형식은 지도제작에 널리 쓰이고 있는 데이터 형식으로, 서로 다른 시스템간에서 데이터를 교환하기 위한 중간형식으로 사용되고 있다(예 : Intergraph SIF, USGS DLG, Census Bureau DIME, TIGER, Auto CAD DXF). 일부회사들이 다른 두가지 형식의 데이터간의 직접적인 변환이나, 서로 변환 가능한 중간형식으로 변환하는 데이터 변환 프로그램을 개발, 판매하고 있어 이를 이용하거나 또는 직접 변환 프로그램을 개발 사용한다. 서로 다른 시스템에 존재하고 있는 테이블 형태의 데이터들을 사용하는 것이 가능하다. 메인프레임, 또는 개인용 컴퓨터에서 현재 사용중인 테이블 형태의 데이터 파일들은 배치 작업에 의해 GIS의 데이터로 사용되어지거나 교환이 가능하며, 또는 실시간에 직접 데이터 교환(Transactional Data Exchange)을 실행할 수 있는 경우도 있다.

12) 영상 데이터로부터 데이터 획득

인공위성이나 항공기로부터 얻은 디지털 래스터 영상은 지도를 만드는데 자주 사용된다. LANDSAT 이나 SPOT과 같은 인공위성자료를 사용하여 토지이용도를 제작하는 것이 이런 경우이다. 이러한 래스터 영상은 특정시간의 특정지형에 대한 자료를 획득할 수 있으며, GIS 소프트웨어의 래스터 데이터로 사용할 수 있다. 래스터 영상은 각각의 밝기를 나타내는 값을 갖는 픽셀로 이루어져있다. 이런 영상을 이용하여 지도를 만들기 위해서는 다음과 같은 여러 처리 과정을 해야 한다.

① 영상을 좌표계에 일치하도록 지형들에 대한 조정작업을 한다.

② 영상의 해상력을 높이기 위해 명암이나, 여러 파라메타의 값을 조정한다.

③ 모든 픽셀이 갖는 값의 범위를 분석하기 위해 자동적인 분류 작업을 하고, 특정 범주를 표현하기 위해 지형의 값을 픽셀에 할당한다.(예 : 토지이용)

4.5 GIS와 GPS의 연계방향

4.5.1 GPS를 이용한 지리정보의 획득 원리

1) GPS(Global Positioning System)

GPS란 Global Positioning System의 약자로서 우리말로 번역하여 범지구적 위치 결정 체계라고 하고 있다. GPS는 지상, 해상, 공중 등 지구상의 어느 곳에서나 시간제약 없이 인공위성에서 발신하는 정보를 수신하여 정지 또는 이동하는 물체의 위치를 측정할 수 있도록 인공위성군, 지상제어국, 사용자 등의 3부문으로 구성되어 있는 전천후 위치측정 시스템이다. GPS시스템은 원래 군사목적으로 미국에서 개발되어 사용되었으나, 아이러니컬하게도 GPS 신호의 민간 수신은 1983년 소련에 의한 한국 항공기 KAL-007기의 격추 사건을 계기로 1984년 레이건 대통령이 공식 민간 수신을 선언하였고, 이어 2000년부터는 민간차원에서의 산업활용이 가능할 정도의 잡음이 배제된 GPS수신전파를 수신할 수 있게 되어, 이의 산업전반에서의 활용이 본격화되고 있다. 특히 이동체에 대한 위치추적이 가능하게 되면서 물류관리에서의 혁명이 산업의 전 영역에서 손쉽게 가능하게 되었다. 특히 인터넷과 무선통신망을 손쉽게 활용하는 요즈음에는 GPS의 기능이 단순 위치확인에 그쳤던 종전의 활용범위를 크게 뛰어넘어, 각 이동체에 대한 위치추적/관제로의 기능이 추가되면서 거의 모든 이동체, 즉 움직이는 모든 것에는 GPS가 장착되리라 보이며, IMT2000이 본격 도입되는 2002년부터는 핸드폰칩에 GPS의 기능이 기본사양으로 장착될 것이며, 따라서 GPS와 GIS와의 결합은 필연적일 것이다. 그 연결을 무선통신망이 충분히 담당할 수 있기 때문이다.

2) 지리정보 획득원리

GPS의 위치결정 원리를 간단하게 설명하면 추적된 궤도에 의해서 정확한 위치를 알고 있는 위성에서 발신하는 전파를 수신하여 위성에서 관측점까지의 전파 도달시간을 측정함으로써 공간적 위치를 구하는 것이다. 따라서, 위성과의 거리를 결정하는 가장 중요한 요소는 시간이며, GPS 위성에는 지극히 안정도가 높은 원자시계를 탑재하고 있다. 위성에 탑재된 시계와 수신기의 시계가 정확히 일치한다면, 3개의 위성과의 거리만으로도 3차원적인 위치를 결정할 수 있다. 그러나, 위성에 탑재된 원자시계는 매우 고가이므로 일반인이 사용하기에는 부적합하여 수신기에는 저가의 비교적 정도가 낮은 시계를 사용하고 있다. 이러한 문제를 해결하기 위하여 4개의 위성에서 전파를 수신하여 위성시각과 수신기 시각에서 발생하는 미지의 시간차를 제거하게 된다.

해상과 같이 고도를 알고 있거나, 2차원적인 위치 결정을 위해서 적어도 3개의 위성에서 전파를 수신할 수 있어야 하며, 3차원적인 위치를 결정하기 위해서는 적어도 4개의 위성에서 전파를 수신할 수 있어야 한다.

3) GPS의 장점

① 전파의 수신에 의한 위치결정방식으로 관측자의 위치를 노출시키지 않는다.

② 위성고도가 약20,000km로서 넓은 지역(수백 km이내)에서도 관측이 가능하다.

③ Real Time으로 위치를 측정할 수 있으므로 고속운동체의 항법장치에 유용하다

④ 관측점 간의 시통이 필요치 않으므로 안개와 같은 기상장애를 받지 않는다.

⑤ 수신기에 의한 위성전파의 수신이 관측의 대부분이므로 고도의 숙련된 관측기술이 필요치 않다.

⑥ 시간과 장소의 구애 없이 위도, 경도, 고도의 3차원 위치결정이 가능하다.

⑦ 운동체의 절대방위 및 절대속도의 계측이 가능하다.

⑧ 정확한 시각을 계측할 수 있다.

4.5.2 사례분석

현재 정보통신부는 해양수산부, 행정자치부, 건설교통부, 과학기술부 등과의 협의를 통해 오는 2002년까지 전국의 육상, 해양, 항공의 고정밀 GPS서비스 인프라 구축을 위한 연구작업을 본격화하기로 하는 등, GPS를 이용한 다각적인 정보화 육성방안을 마련, 추진하고 있다. 이에 따라, 국내 GPS관련시장이 본격화되어 정부는 오는 2005년 국내GPS시장이 최소 1조 2,000억원의 거대시장을 형성할 것으로 전망하고 있다. 국내GPS시장의 성장을 살펴보면 , GPS수신기 조립기술이 도입된 지난 1996년 이후 이동통신과 항법시스템을 중심으로 매년40%이상의 고성장을 기록하고 있으며, 2000년 5월까지 GPS와 전자지도가 탑재된 차량항법장치를 부착한 승용차가 만 여 대에 이르고 있고, 3만 여대의 선박운항시스템과 1만2천대 이상의 이동통신기지국에서 활용되고 있는 것으로 나타났다. 현재 국내에서 성장가능성이 큰 분야로는 차량항법시스템, 차량관제/위치추적시스템, 시각동기시스템 등으로 평가되고 있다. GIS/GPS 통합 시스템은 GIS의 고정된 기반 하에 이동체에 대한 정보를 GIS시스템에 접목한 것으로 현재까지는 주로 교통 분야에 많은 적용되고 있다. 본 보고서에서는 GIS와 GPS의 연계사항에 대해 기존의 논문과 문헌조사를 실시하였다.

지리정보를 구축하면서 가장 기본이 되는 것은 공간상에서 그 점의 위치이며 이 위치를 구하고자 할 때 기존의 방법(현지측량 등)으로 GIS DB 구축할 경우에는 결과를 얻는 비용과 시간이 상당하며, 요구된 정밀도를 만족하지 못하면 재 측량을 해야 한다. 이러한 기존 측량 방법의 결점은 GPS를 이용함으로써 해결 할 수 있다. 측량용 GPS 수신기를 사용할 경우, 기준국과 이동국간의 연결을 위한 무선망과,소수의 운영 요원만으로 실시간 측량이 가능하다. (GPS 기술/시장 보고서)

GPS와 GIS의 연계되는 경우는 GPS를 이용하여 직접,간접적으로 GIS DB를 구축하는 경우, 기 구축된 GIS DB를 GPS를 사용하여 효율적으로 사용하는 경우, GPS를 이용한 응용프로그램을 보다 효율적으로 사용하기 위해 DB를 변형시키는 경우 등 크게 3가지로 분류하여 현재 나와 있는 논문이나 보고서를 중심으로 요약하여 알아보았다.

1) GPS를 이용하여 GIS DB 구축하는 경우(간접적인 방법)

GPS를 GIS DB를 구축하는데 있어서 시간적으로 매우 효율적이고, 일반적으로 측지의 목적으로도 사용될 만큼 정확도에 있어서도 신뢰성이 있다.

① GPS를 이용한 항공 삼각 측량

항공사진측량 방법으로 지형도를 제작 할 경우 각 사진 또는 모델에 대한 지상기준점이 필요하다. 이를 위해서는 많은 시간과 비용이 소요되는 지상측량이 필수적이므로 지상측량을 하는 대신 지상기준점의 수를 줄이기 위해서 구내에서 관측한 자료를 사용하여 GPS를 이용한 항공삼각측량으로 지상측량 작업을 줄여 경제적인 대축척(1/5000 이하) 수치지도를 제작할 수 있는 정확도를 확보할 수 있었다.

② GPS 측량성과를 이용한 NAHMIS 도면의 좌표부여

도로관리 통합시스템(HMS, Highway Management System) 개발 배경은 다음과 같다.

도로는 인적, 물적 자원의 교류를 가능하게 하는 가장 기본이 되는 시설로서 경제가 성장함에 따라 국가 기반 시설로서 경제가 성장함에 따라 국가 기반시설로서의 중요성이 부각되고 있다. 이에 따라 현재 건설교통부에서는 도로의 체계적인 유지관리를 위해 도로관리 통합시스템(HMS, Highway Management System)을 개발 추진하고 있으며, 그 일환으로 이미 작성된 도로대장의 누실 및 준공 도면의 합리적 관리를 위해 도로 대장 관리시스템(NAHMIS, National Highway Management Information System)을 개발 추진하였다.

도로대장관리시스템(NAHMIS)의 문제점은 전체적인 도로관리시스템의 개발 계획 없이 개인용 컴퓨터 위주의 래스터 이미지를 이용하여 제작되어, 이후 범용적 파일형태인 Auto CAD자료로 변환되었기 때문에 아래와 같은 문제를 야기시켰다.

- 500m를 단위 구간으로 제작된 NAHMIS는 도로의 선형 및 시설물에 대한 연결성이 결여되어 있다.
- 도면간의 방향성과 축척이 통일되어 있지 않고 위치좌표가 없다. 이러한 문제점으로 인해 현재 NAHMIS 도면에는 도로시설물과 도로부속시설물, 도로 주변의 등고선, 도로주변의 주요건물, 도로지하의 시설물 등 도로유지관리에 필요한 각종 정보가 입력되어있음에도 불구하고 활용범위가 제한되어 있었다.
- 연구의 목적은 일반국도 30km 구간에 대해 직접 GPS 측량을 하여 제작한 수치지도를 이용하여 NAHMIS 도면에 위치 좌표를 부여하는 방법을 연구하고, 부여된 위치좌표를 이용하여 보다 많은 부분에 활용하기 위한 기초를 마련하는 것이다.
- GPS 측량 성과를 이용하여 좌표가 없는 NAHMIS 도면에 좌표를 입력하는 작업방법은 구간 전체에 대하여 도면을 접합하고 GPS 성과를 이용하여 좌표를 부여하는 방법과 500m의 단위도면에 좌표를 부여하고 도면을 연결하는 방법이 있다.
- 전구간에 대해 도면을 접합하고 좌표를 부여하는 경우, 처음과 끝의 변환 기준점을 이용하여 전체적으로 같은 변환계수를 사용했지만 오차가 일정하지 않았다. 이는 도면접합을 할 때 발생하는 거리에 대한 누적오차 보다는 각각의 도면에서 나타나는 오차가상대적으로 크다는 것을 의미한다. 따라서 도면을 접합하기에 앞서 접합도면에 대한 더 나은 결과를 얻을 수 있을 것으로 사료된다.
- 2차원등각변환 방식을 이용하여 NAHMIS 도면에 좌표를 부여해 본 결과 모든 도면을 접합한 후 좌표를 부여하는 방법은 상대적으로 편리하고 시간을 절약할 수 있다. 하지만 변환을 위한 기준점측량이 별도로 수행되거나, 구간마다 쉽게 찾을 수 있는 변환기준점이 있을 때에는 각각의 도면을 각 단위별(본 연구에서 k는 500m)로 좌표를 부여하는 방법이 훨씬 타당하다.
- 대략 접한을 통해서 발생한 최대 오차는 2m 정도였다. 이는 축척 1:5000 지도에서는 0.4mm 정도이고, 1:1000의 대축척 지도에서 나타나는 오차는 2mm 정도이다.

2) 기 구축된 GIS DB를 GPS를 사용하여 효율적으로 사용하는 경우

① 차량항법장치에서의 비도로 주행과 계층구조의 도로망 DB를 고려한 지도 매칭법.

차량항법장치에서의 여러 기능을 수행하기 위해서 가장 기본적인 것은 차량의 현재 위치를 정확하게 결정하는 항법기술이 될 것이다. 위치결정의 정확도를 높이기 위하여 대부분의 차량항법장치는 GPS와 DR을 결합한 혼합항법장치를 이용하고 있다. 또한 차량항법에 대해서는 "차량은 대부분 도로 위에서 움직인다"는 사실로부터 미리 구축되어 있는 지도의 도로망 자료를 이용하여 차량위치의 정확도를 높이기 위하여 지도매칭법을 사용할 수 있다.

- 지도 매칭법

ⓐ 확률적인 방법 : 차량이 지나갈 수 있는 경로에 대하여 각각의 확률을 구함으로써 차량이 현재 지나고 있는 정확한 경로와 그 도로 위에서의 위치를 구하는 방법.

ⓑ 비확률적인 방법 : 자이로스코프와 같은 각속도 센서의 출력을 이용하여 교차로에서의 경로 결정을 수행하는 방법.

- 차량 항법 장치

다양한 형태의 운전에 도움이 되는 정보를 제공하는 것이다. 이를 위해서 차량의 정확한 현재 위치가 가장 기본적인 요소가 된다.

- 전형적인 차량항법장치의 구성

GPS수신기와 DR센서(차속계, 자이로스코프, 가속도계 등)으로 구성되어 있다. 차량의 위치, 속도, 진행방향 등의 항법 정보를 추정하고 경·위도 좌표와 같이 계산되어지는 항법정보는 민간의 사용자에게는 해독하기 어려운 숫자들에 머무를 수도 있다. 따라서, 사용자 주변의 환경과 관련된 그래픽 정보를 항법정보와 결합하는 것이 필요하며, 그 중에서도 지도 위에 해당되는 위치(Location)를 정확하게 가리키도록 하는 것을 그 하나의 방법으로 할 수 있다. 한편, "차량은 거의 항상 도로 위에서 주행한다."는 사실을 가정할 수 있고, 이는 지도 정보를 효율적으로 이용하고, 또한 정확한 차량의 위치를 얻을 수 있게 한다.

- 차량항법장치의 제한성

SPS(Standard Positioning Service: loom 2dRMS) 수신기와 DR센서의 혼합항법장치는 약 50m 이상의 평균위치오차를 가지게 되며, 더구나, SA(Selective Avail-Ability)와 같은 요인으로 오차에는 편향 성분이 포함되게 된다. 이러한 이유로 해서,

도로 밀도가 높은 도심지역에서는 차량이 달리고 있는 도로 및 그 위치를 정확하게 결정하지 못하기 쉽다. 도로에 관한 위치정보가 디지탈 DB로 구축되어 있는 경우는 지도 위에 추정된 차량의 위치를 표시할 수 있고, 또한, 그 위치가 지도에 의해 허용되는 위치인지를 결정하기 위하여 지도와 비교할 수 있다. 이와 같이, 측정된 차량의 위치를 디지탈 지도의 도로 위로 끌어 오고, 이를 이용하여 통합항법장치를 보정할 수 있게 하는 기술을 지도 매칭법(Map - Matching)이라고 한다.

4.5.3 GPS의 연계

1) Mobile GIS

PDA(Personal Digital Assistant : 정보수집, 저장, 작성, 검색 및 통신기능을 수행할 수 있는 휴대형 기기이며 언제 어디서나 자신이 원하는 작업이 가능하고 위치와 공간의 제한 없이 네트워크에 연결할 수 있는 모바일 컴퓨터)를 이용하여 GIS와 연계된 다양한 서비스를 제공 할 수 있다.

그림 4.5 지리정보 서비스를 제공하는 PDA 단말기

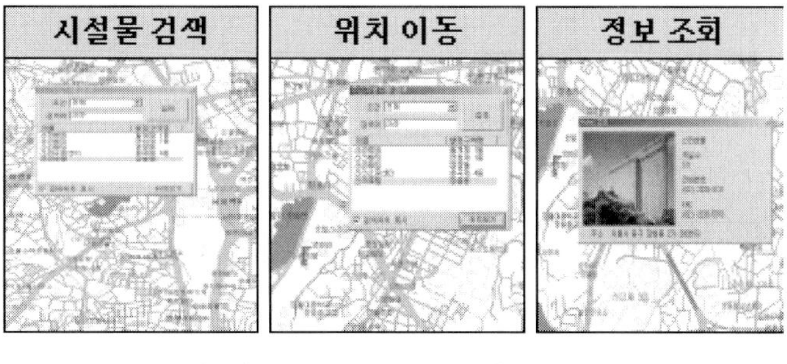

그림 4.6 Mobile GIS 제공 기능

Mobile GIS는 경로탐색 및 각종 부가정보를 제공 해 줄 수 있으며 휴대형 네비게이션 시스템으로 GPS 이용하여 현재위치 파악을 할 수 있다. 주요시설물의 명칭을 입력하여, 시설물의 위치 검색(다수 : 리스트로 표시)를 검색할 수 있으며 해당결과물의 지도위치로 Map을 이동할 수 있다. 또한 결과물을 선택 시 정보를 표시할 수 있다. 단 현재까지의 기술력은 PDA 내장 메모리의 부족으로 각종 데이터가 저장되어 있는 FLASH Memory가 필요하다.

2) GPS-Van

GPS-Van이란 차량에 CCD 카메라와 위치측정장비(GPS, INS 등)를 장치하고 도로를 운행하면서 일정거리간격으로 주행전방의 사진을 연속으로 촬영한 후 이를 이용하여 도로 및 도로시설물의 위치와 크기, 보존상태 등의 정보를 취득하는 방법을 말한다. GPS-Van은 ITS 정보수집, 수치지도 갱신, 도로관련 시설물 정보수집, 기존 GIS 데이터와의 연계에 활용할 수 있다. GPS-Van에서 GPS는 차량의 위치를 제어해 주며 정보취득의 정확도와 깊은 관련이 있다.

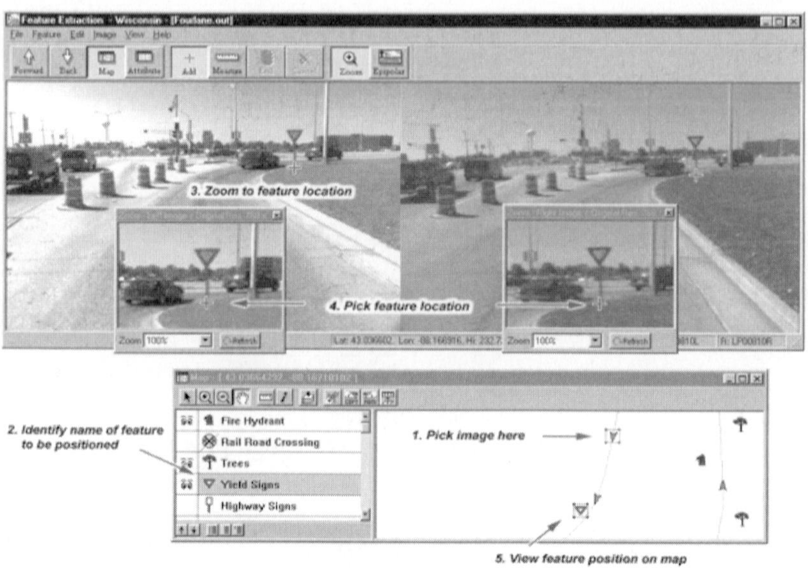

그림 4.7 도시 시설물 측량 및 위치 계산

3) Intelligent Transportation System

Intelligent Transportation System(지능형 교통 체계)란 전자, 컴퓨터, 정보 통신, 제어 기술 등의 지능형 기술을 접목시킨 차세대 교통 체계 시스템을 말한다. 이러한 ITS가 능률적으로 구축이 된다면 교통 체계의 효율적 운영을 통하여 교통 혼잡 완화, 물류 수송비 절감 효과를 노릴 수 있고 여행자 서비스 개선을 통한 운전자의 이동성 / 편의성 및 안전성을 향상시킬 수 있으며 에너지 효율의 제고 및 대기 오염의 절감을 통한 환경 비용을 절감 할 수 있다. ITS에서 GPS는 차량의 위치정보를 제공해 주며 이는 기존의 벡터 GIS 정보와 함께 사용자에게 다양한 정보를 제공해 줄 수 있다.

현재까지 ITIS에서 사용하는 지도는 벡터를 기반으로 하는 지도이지만 고해상도 위성영상의 발달로 실세계를 좀 더 사실적으로 묘사하는 위성영상과 GIS 정보가 연계가 된 ITS가 구축될 것이다.

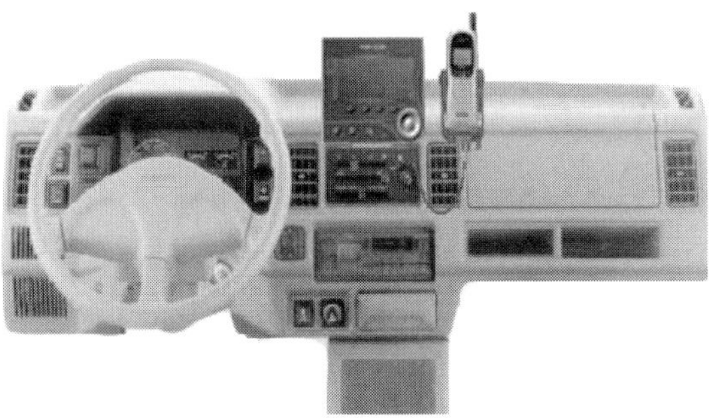

그림 4.8 ITS 단말기

그림 4.9 다양한 형태의 정보 제공

제5장 측위 알고리즘

무선측위로 실내외 측위를 수행하는 경우 측위 기술은 무선통신 인프라로부터 수신된 신호의 처리 방법 및 인프라의 운용 기술 등을 고려하여 여러 가지로 분류될 수 있다.

5.1 TOA 방식

TOA 방식은 위치가 알려진 다수의 AP와 단말 사이의 신호 전송 시간을 측정함으로써 단말의 위치를 계산하는 삼각측량법으로 기본적인 GPS 측위 방법이다. 원리는 식 5.1과 같다.

$$
\begin{aligned}
\rho_1 &= \sqrt{(x_1 - x_u)^2 + (y_1 - y_u)^2} \\
\rho_2 &= \sqrt{(x_2 - x_u)^2 + (y_2 - y_u)^2} \\
&\vdots \\
\rho_n &= \sqrt{(x_n - x_u)^2 + (y_n - y_u)^2}
\end{aligned}
\tag{5.1}
$$

이 식을 사용하여 단말의 위치를 재귀적 최소자승법(LS: Least Square) 등의 방식으로 계산해 낼 수 있다. 이 식에서 AP와 단말 사이의 거리는 이 둘 사이의 정확한 시각동기가 이루어져야 계산할 수 있다.

5.2 TDOA 방식

TDOA 방식은 TOA 방식과 달리 AP들과 단말 사이의 시각동기를 필요로 하지 않으며 AP들간의 시각동기만으로 측위를 할 수 있다. AP들과 단말 사이의 거리의 차는 쌍곡선을 형성하며 쌍곡선들의 교차점을 계산함으로써 단말의 위치를 구할 수 있다.

$$
\begin{aligned}
\rho_1 - \rho_2 &= \sqrt{(x_1 - x_u)^2 + (y_1 - y_u)^2} - \sqrt{(x_2 - x_u)^2 + (y_2 - y_u)^2} \\
\rho_1 - \rho_3 &= \sqrt{(x_1 - x_u)^2 + (y_1 - y_u)^2} - \sqrt{(x_3 - x_u)^2 + (y_3 - y_u)^2} \\
&\vdots \\
\rho_1 - \rho_n &= \sqrt{(x_1 - x_u)^2 + (y_1 - y_u)^2} - \sqrt{(x_n - x_u)^2 + (y_n - y_u)^2}
\end{aligned}
\tag{5.2}
$$

5.3 Cell-ID 기반 측위 기술

5.3.1 Cell-ID 측위의 기반 네트워크

Cell-ID 측위는 이동통신 네트워크에서 통신을 매개하기 위한 기본적인 이동성 관리 네트워크에 기반해 위치정보를 획득하는 방법이다. Cell-ID 측위 방법에 대해서 이해하기 위해서는 이동통신 네트워크에서의 이동성 관리를 위한 기본 시스템인 HLR (Home Location Register)와 VLR(Visitor Location Register)에 기반한 위치 갱신 (Location Update)과 등록구조를 이해할 필요가 있다. 위치 등록(Location Registration) 이란 이동가입자가 전원을 on/off하거나 또는 주기적인 시간간격으로 현재의 위치를 등록하거나 이동으로 인해 가입자의 위치가 변하는 경우 데이터베이스에 자신의 위치 정보를 갱신하는 일련의 과정을 말한다. 현재 이동단말 이용자들의 위치 등록은 IS-41 표준안을 따르고 있는데, 이동가입자로 착신호를 접속하기 위해서는 네트워크에서 계속적으로 단말의 이동을 추적하여 단말의 위치정보를 갖는 데이터베이스를 유지하는 것이다.

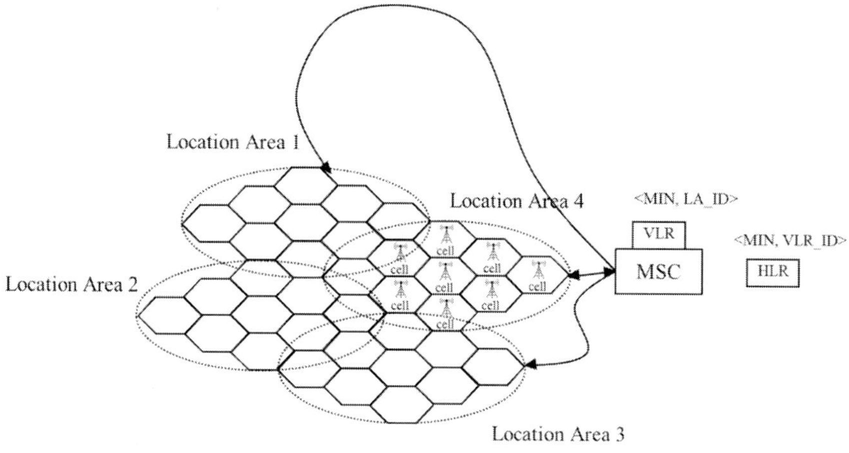

그림 5.1 이동통신 네트워크에서의 위치 이동성 관리 구조

단말의 위치를 추적하는 가장 단순한 방법은 다른 기지국에 들어갈 때마다 위치등록을 하고, 기지국도 페이징을 계속하는 방법이지만, 기지국 이동마다 위치를 갱신해야 하므로 비용이 너무 크고 비효율적이다. 그러므로 일반적인 이동통신 네트워크에서는 기지국 단위의 Cell-ID를 이용하지 않고 동일 MSC 내의 몇 개의 기지국 셀을 묶어서 위치지역(Location Area) 단위로 관리하게 되며, 네트워크의 데이터베이스도 위치지역 식별자인 LA-ID 단위로 등록되고 갱신된다.

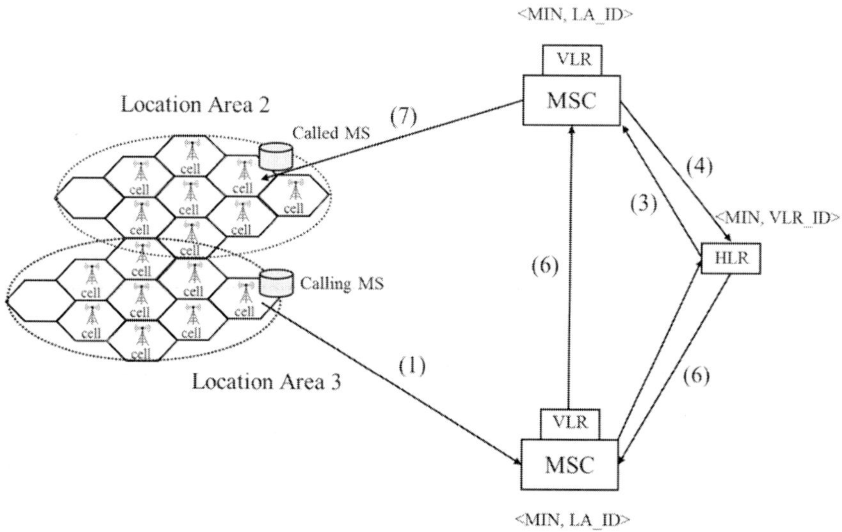

그림 5.2 이동통신 네트워크에서의 통화 연결 흐름

이동 단말 사용자의 위치 정보를 위한 데이터베이스로 사용하는 LR(Location Register)은 HLR과 VLR의 계층적인 구조를 가진다. 즉, VLR은 MSC 내에 위치하며 현재 VLR이 관리하는 영역 내에 있는 단말 사용자의 복사본을 임시적으로 관리하는 데이터베이스로서 MSC내의 단말기들의 MIN번호와 LA-ID에 대한 정보를 갖고 있다. 이에 비하여 연속적인 단말기 가입자의 정보를 관리하는 데이터베이스로 HLR에는 단말기의 MIN번호와 VLR-ID를 갖고 있다. 이러한 이동통신 네트워크에서 통화를 연결하기 위해서 1) 통화 호출 MS의 신호가 MSC에 전달되고 2) MSC는 HLR를 검색하여 이동단말의 VLR-ID를 파악하고, 3) 호출된 MS가 위치한 VLR에 접속하여 LA-ID를 검색하며, 4) LA-ID내의 기지국들에 이동단말을 찾는 신호를 페이징하고 리턴되는 단말의 신호를 위하여 기지국을 확정하고, 5) 확정된 MSC를 호출한 MSC에 알려 주게 되며, 6) 호출한 MSC와 호출된 MS가 위치한 MSC가 통화를 연결하게 되는 절차를 걸치게 된다.

5.3.2 Cell-ID 측위 방식

이동통신 네트워크에서 Cell-ID 기반의 위치를 인식하는 것은 이동통신 네트워크의 이동단말 위치 추적과 등록을 위해 사용되는 아키텍쳐에 기반하고 있다. 따라서, 이동통신 Cell-ID 위치인식도 기지국 단위의 위치뿐만 아니라 필요한 경우에는 LA-ID에 기반한 위치인식도 사용될 수 있다. 그러나 LA-ID에 커버되는 지역이 위치기반서비스에서 사용되기에 너무 큰 지역일 수 있으므로 일반적으로 단말기가 연결된 기지국(Base Transceiver Station; 이하 BTS)의 ID인 Cell-ID 정보를 이용한다. 이것은 좀 큰 지역에 대한 위치정보를 필요로 하는 서비스의 경우에는 LA-ID가 위치정보로서 사용될 수도 있음을 의미한다. 이동통신 네트워크에서 단말의 위치정보는 네트워크에 위치한 VLR과 HLR 데이터베이스가 갖고 있다. 즉, HLR은 VLR-ID에 대한 정보를 가지며 VLR에 유지되는 정보는 LA-ID에 대한 정보를 유지한다. 그러나 단말이 연결된 Cell-ID에 대한 정보는 네트워크가 아닌 단말기가 갖고 있으므로 통화유지를 위해 수신되는 BTS에 대한 식별자 정보를 통화유지를 위해 계속적으로 보유하게 되며, Cell-ID 위치 인식에서 사용되는 위치정보도 단말 내에 존재한다. 그러나 단말 내에 보유하고 있는 Cell-ID는 단순한 기지국의 식별자일 뿐이며 실제적인 위치정보로 변환되기 위해서는 기지국의 위치정보를 갖는 데이터베이스인 Cell-ID DB를 검색하여 매칭하여야 한다. 그러므로, Cell-ID에 기반한 위치인식 방법은 네트워크 측에서 Cell-ID를 수신하여 위치를 인식하는 방법과 단말 기반으로 인식하는 방법으로 구분할 수 있다.

5.3.3 네트워크 기반의 Cell-ID 위치 인식

단말이 현재 연결된 기지국 식별자인 Cell-ID에 대한 정보를 갖고 있으므로 네트워크에서 단말의 Cell-ID에 대한 정보를 인식하기 위해서는 그림과 같은 절차를 거치게 된다.

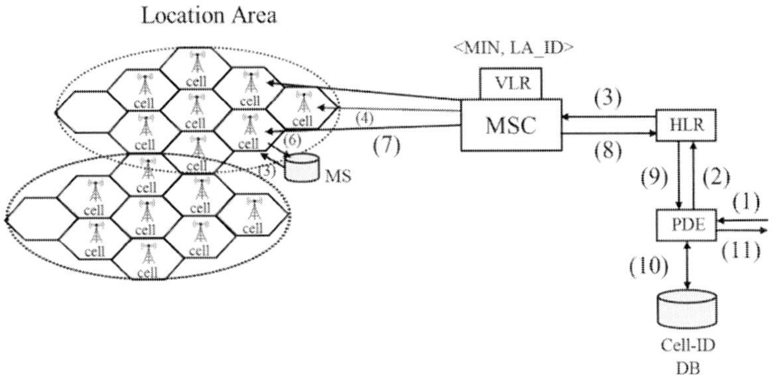

그림 5.3 네트워크 기반의 Cell-ID 위치인식 흐름

네트워크 측에서 Cell-ID 기반의 위치를 인식하기 위해 1) PDE가 특정 MIN 번호의 위치정보의 요청을 받게되면, 2) PDE는 HLR에 단말의 위치정보를 요청하게 되며, 3) HLR은 VLR_ID를 검색하여 해당 MSC에 단말의 위치정보를 요청한다. 4) MSC는 LA_ID를 검색하여 해당 LA_ID 지역 내의 기지국들에게 단말의 Cell-ID를 전송토록 요청하며, 5)기지국은 해당 기지국내의 단말에게 Cell-ID 정보의 전달을 요청한다. 6) Cell-ID를 요청을 받은 단말은 Cell-ID를 기지국에 전달하며, 7) 기지국은 Cell-ID를 MSC로 전송한다. 8) MSC는 전달받은 Cell-ID를 HLR에 전송하며, 9) HLR은 Cell-ID를 PDE에 전송하게 된다. 10) PDE는 HLR로 부터 전송받은 Cell-ID를 Cell-ID DB로 부터 검색하여 실제 위치를 찾게 되며, 10) 검색된 실제 기지국 위치정보를 반환하게 된다. 이 절차에서 MS에 대한 정보가 기지국내에 저장되어 있다면 5)와 6)의 절차는 생략될 수 있다.

5.3.4 단말 기반의 Cell-ID 위치 인식

단말은 Cell-ID를 갖고 있으나 실제 위치로 변환하기 위해서는 Cell-ID DB를 검색하여야 할 필요가 있다. Cell-ID DB를 검색하기 위한 방법은 다시 두 가지로 구분될 수 있다. 첫째는 단말의 Cell-ID를 제어측면의 통신 네트워크를 이용하여 위치정보로 변환하는 방법이고, 둘째는 일반 TCP/IP 네트워크를 이용하여 서비스 제공자에게 연결하여 위치정보로 변환하는 방법이다.

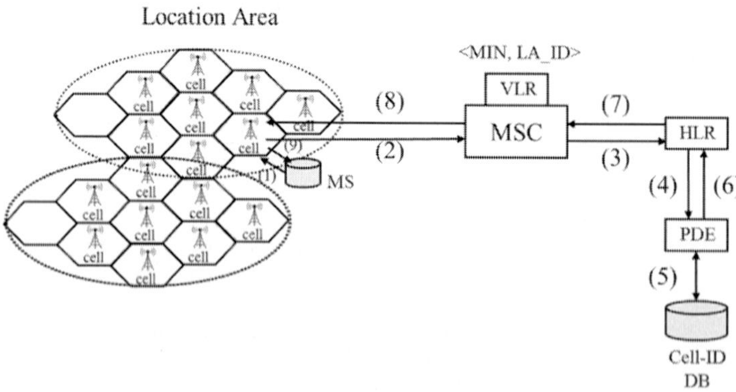

그림 5.4 제어측면의 단말 기반 Cell-ID 위치인식 흐름

5.3.5 제어측면 네트워크를 이용한 위치정보 변환

위의 그림은 제어측면 네트워크를 이용하여 Cell-ID를 위치정보로 변환하는 흐름을 보이고 있다. 그림에서 보이는 것과 같이 1) 단말은 Cell-ID를 기지국으로 전송하며, 2) 기지국은 이 정보를 MSC로 전송한다. 3) MSC는 전달받은 Cell-ID 정보를 MSC로 전송하며, 4) HLR은 전달받은 정보를 PDE에 전송한다. 5) PDE는 전달받은 Cell-ID를 위치정보로 변환하고, 6), 7), 8), 9) PDE는 이 정보를 HLR과 MSC, 기지국을 통하여 단말로 전송하게 된다. 단말은 위치정보로 변환된 정보를 이용하여 위치기반서비스 제공자에게 제공하여 원하는 서비스를 제공받을 수 있다.

5.3.6 사용자 측면 네트워크를 이용한 위치정보 변환

일반적인 Cell-ID 위치인식이 네트워크 측면을 통하여 수행되는데 반해, 단말이 Cell-ID 정보를 위치정보로 변환하지 않고 사용자 측면의 TCP/IP 네트워크를 이용하여 위치기반서비스 제공자에게 직접 제공한 후 서비스제공자가 이동통신 사업자에게 Cell-ID의 위치정보 변환을 요청하여 변환하여 서비스를 제공받는 방법도 이용된다.

가장 기본적인 무선측위 방법으로 Proximity 방식이라고도 불린다. 통신용 전파 송수신 인프라(기지국, 중계기, AP 등: 이하 AP로 통일)에 접속된 단말의 위치를 해당 AP의 위치로 매칭시키는 방법이다. 이 방법은 시각동기나 다중 AP 이용 등의 제약조건이 없으며, 특정 AP의 Cell 내에 단말이 위치하여 그 AP와 연결됨으로써 단말의 위치 정보를 제공할 수 있는 장점을 갖는다. 현재 CDMA 기반 측위및 RFID를 이용한 측위 등 모두 이 방법으로 서비스를 하고 있다. 그러나 이 기법으로 단말의 위치정보를 제공하는 경우 측위 오차는 최대 Cell 반경만큼 발생할 수 있으므로 CDMA 기반 측위와 같이 Cell반경이 수백 m에서 수 km까지 되는 경우 이 기법으로 제공되는 위치 정보를 사용하는 응용 서비스는 제한될 수밖에 없다.

5.4 AOA 방식

AOA 방식은 AP에서 전송된 신호의 각 정보를 사용하여 단말의 위치를 추정하는 방식이다. 하나의 AP에서 4~12개의 안테나가 각 방향별로 배치되어 있고, 신호를 보내는 안테나의 번호를 수신하여 각 AP 안테나의 방향, 즉 Cell Site(커버 영역)와 신호원이 만나는 곳을 단말의 위치로 추정한다. 이 방식은 시각동기는 필요로 하지 않지만 Smart 안테나를 사용해야 하며 정확한 안테나의 장착이 필수적이다. 또한 단말이 AP 가까이에 있거나 주위 환경에 의해 신호가 산란이 되는 경우 큰 오차를 유발할 수 있다. 또 이 기술은 측위계산이 기지국과 소형 이동통신 단말기 모두 가능하지만 작은 이동통신 단말기의 안테나로는 필요한 방향을 인식하기 어려워 사실적으로 기지국의 위치를 측정하기 위한 전용 측위법으로만 쓰일 수 있다. 가장 대표적인 예로는 AOA 측위법이 항공기와 야전에서의 군사적 시스템을 위한 VOR(Very High Frequency Omnidirectional Range)시스템에 적용되는 것이다.

5.5 Fingerprint 방식

Fingerprint 방식은 확률론적 모델링에 의한 위치 추정 방법으로 노이즈 및 주위 환경 정보를 위치추적을 위한 정보로 활용하는 방식이다. 이 방법은 측위를 수행하기 전에 먼저 데이터베이스를 구성하는 Training 단계를 수행해야 한다. 측위를 위한 공간에서 다수의 샘플 포인트를 설정하고 설정된 샘플 포인트에서 수신되는 전파의 특성값을 데이터베이스화 하여 저장하는 단계이다.

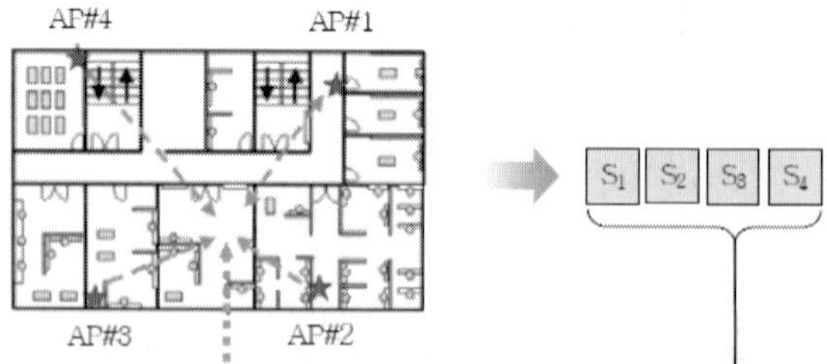

좌표		신호 세기			
x	y	AP#1	AP#2	···	AP#k
X_1	Y_1	s_{111}	s_{112}	···	s_{11k}
X_2	Y_1	s_{211}	s_{212}	···	s_{21k}
⋮	⋮	⋮	⋮	⋱	⋮
X_m	Y_1	s_{m11}	s_{m12}	···	s_{m1k}
X_1	Y_2	s_{121}	s_{122}	···	s_{12k}
X_2	Y_2	s_{221}	s_{222}	···	s_{22k}
⋮	⋮	⋮	⋮	⋱	⋮
X_m	Y_2	s_{m21}	s_{m22}	···	s_{m2k}
⋮	⋮	⋮	⋮	⋱	⋮
X_m	Y_n	s_{mn1}	s_{mn2}	···	s_{mnk}

그림 5.5 Fingerprint 측위 방식

측위를 수행하는 단계에서는 위의 그림 5.5와 같이 AP들로부터 수신된 전파의 특성을 데이터베이스 검색을 통해 최적의 위치값을 추출해 냄으로써 단말의 위치 정보를 제공한다. 이 방식을 통해 수행되는 측위의 정확도는 Training 단계에서 구성되는 데이터베이스의 샘플 포인트의 간격에 따라 달라질 수 있으며 데이터베이스에서 최적의 해를 추정하는 방식 및 데이터베이스 구성 방식에 따라 달라질 수 있다. 다른 방식들과 달리 주위의 환경정보를 측위에 사용하므로 정확한 위치해를 제공할 수 있는 장점이 있다. 그러나 모든 샘플 포인트에서 다양한 전파 특성값을 추출하는 과정의 번거로움과 환경이 변화할 때마다 다시 Training 과정을 수행해야 하는 어려움이 있다. 이동 개체의 위치 추정을 위한 데이터베이스 검색의 복잡성은 시스템의 성능을 제한하는 요인이 될 수 있으며 데이터베이스 제작 시에 모델링되지 않은 상황에 의해 정확도가 떨어질 수도 있다. 이러한 문제를 해결하기 위해 클러스터링 기법을 사용해서 데이터베이스 검색의 효율성을 높이거나 Hidden Markov Model 또는 Bayesian Model 등의 확률론적 기법을 사용하여 정확도를 향상시키는 방법도 수행되고 있다.

제6장 측위오차 보정 기법

6.1 LBS를 위한 새로운 측위오차 보정 기법

최근 휴대 단말기를 사용하는 사용자들의 위치기반정보를 이용한 LBS(Local Based Service : 위치 기반 서비스 : 이하 LBS라 칭한다)가 활발히 제공되고 있다. 이때의 위치정보는 위성항법장치를 활용한 GPS(Global Positioning System : 세계 측위 시스템 : 이하 GPS라 칭한다)을 통해 얻게 된다. 본 발명은 GPS로부터 얻은 각 사용자에 대한 위치신호 오차를 보정하여 사용자들에게 신뢰도 높은 위치정보를 제공하는 방법에 관한 것이다.

6.1.1 측위오차 보정 기법 설명

본 방법은 GPS를 이용하여 위성 정보를 수집하여 계산된 위치좌표를 보정하는 방법이다. 그 방법은 수집된 사용자의 위치정보를 통해 사용자가 이동하려는 방향에 대한 방향벡터를 1초를 주기로 계산하여 분산된 위치좌표를 방향벡터 위로 보정하는 후처리 알고리즘을 적용하였다. 최종적으로 보다 신뢰성 있는 위치 좌표값을 얻기 위하여 위치 좌표 값이 가지는 오차를 보정하였다. 그래서 기존 항법시스템과 비교할 때 사용자가 자신의 위치를 더욱 정확하게 알 수 있게 한다.

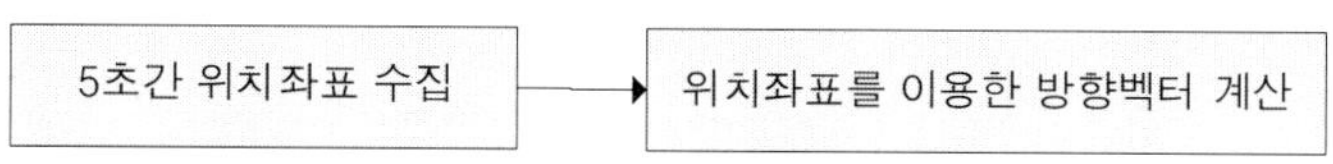

그림 6.1 시스템 모델을 적용시키기 위한 초기 단계

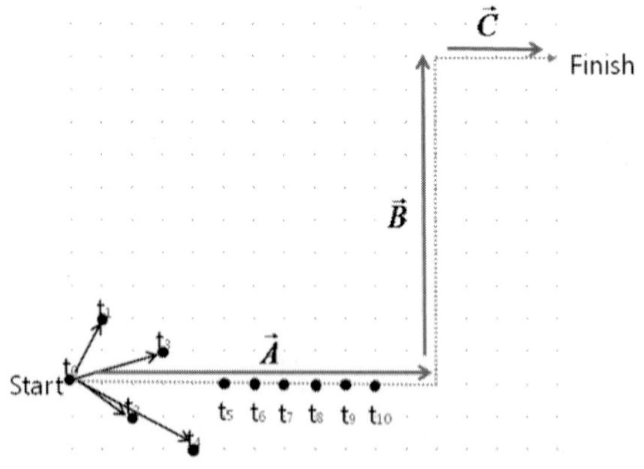

그림 6.2 GPS 위치신호 오차 보정

그림 6.1은 시스템 모델을 적용시키기 위한 초기 단계로서 사용자의 방향벡터를 알기 위한 최소의 좌표 개수를 얻게 된다. 시스템 모델 적용 전 GPS로부터 1초를 주기로 5초 동안 최소 좌표개수 5개를 수집하게 된다. 그림 6.2는 수신된 위치좌표를 이용해 방향벡터를 통한 GPS 위치신호 오차를 보정한 그림으로 t_0 시간에 수신된 좌표를 기준으로 t_1, t_2, t_3, t_4 시간에 수신된 좌표를 이용, 식 6.1과 식 6.2를 이용하여 t_0 시간의 기준좌표와 차후 수신된 4개의 좌표간의 위치벡터를 계산한 뒤, 식 6.3을 이용하여 방향벡터 $\overrightarrow{A}$를 계산한다.

$$(x_1 + x_2, y_1 + y_2) - (x_0, y_0) = (a_0, b_0) \tag{6.1}$$

$$(x_3 + x_4, y_3 + y_4) - (x_0, y_0) = (a_1, b_1) \tag{6.2}$$

$$(a_0 + a_1, b_0 + b_1) - (x_0, y_0) = (a_2, b_2) = \overrightarrow{A} \tag{6.3}$$

이후 수신된 점 $t_5, t_6, t_7, t_8 \cdots$는 방향벡터 $\overrightarrow{A}$를 기준으로 방향벡터 위로 위치오차를 보정한다. 오차를 가진 위치좌표를 방향벡터 위로 보정하기 때문에 방향벡터의 역할은 매우 중요하다. 신뢰성 있는 방향벡터를 구하기 위해 수신된 위치좌표 중 낮은 PDOP(Position Dilution of Precision)를 갖는 좌표를 우선순위로 위치좌표에 가중치를 주어 방향벡터의 신뢰성을 높였다. DOP(Dilution of Precision)의 값은 위성의 기하학적 배치상태에 따른 해법들의 수학적인 질을 표현하는 기능으로 관측위성수가 적거나 Elavation Angle이 클수록 값이 커지게 되며 값이 커질수록 결과는 나빠지게 된다. DOP의 측정은 GPS 위성과 수신기간의 기하학적 배치상황을 이용하는데 수학적 접근은 Design Matrix A로부터 유도할 수 있다. 먼저 4개의 위성에 대한 특별한 경우를 고려하면 식 8.4와 같은 형태로 나타낼 수 있다.

$$A = \begin{bmatrix} -\frac{X^1(t)-X_{i0}}{\rho^1_{io}(t)} & -\frac{Y^1(t)-Y_{i0}}{\rho^1_{io}(t)} & -\frac{Z^1(t)-Z_{i0}}{\rho^1_{io}(t)} & c \\ -\frac{X^2(t)-X_{i0}}{\rho^2_{io}(t)} & -\frac{Y^2(t)-Y_{i0}}{\rho^2_{io}(t)} & -\frac{Z^2(t)-Z_{i0}}{\rho^2_{io}(t)} & c \\ -\frac{X^3(t)-X_{i0}}{\rho^3_{io}(t)} & -\frac{Y^3(t)-Y_{i0}}{\rho^3_{io}(t)} & -\frac{Z^3(t)-Z_{i0}}{\rho^3_{io}(t)} & c \\ -\frac{X^4(t)-X_{i0}}{\rho^4_{io}(t)} & -\frac{Y^4(t)-Y_{i0}}{\rho^4_{io}(t)} & -\frac{Z^4(t)-Z_{i0}}{\rho^4_{io}(t)} & c \end{bmatrix} \tag{6.4}$$

각 행의 처음 세 개의 요소는 단위벡터 $\rho^j_i(j=1,2,3,4)$의 성분을 나타내며, ρ^j_i는 4개의 각 위성에서 관측점 i에 대한 방향을 가지고 있다. DOP는 정규방정식의 역행렬을 이용하여 계산이 가능하다. Cofactor Matrix인 Q_X는 식 6.5로부터 구할 수 있다.

$$Q_X = (A^TA)^{-1} \tag{6.5}$$

이 경우 가중치 행렬은 단위행렬로 가정되었다. Cofactor Matrix Q_X는 4×4행렬로 표현되는데, 여기서 3개의 요소는 관측점의 위치 X, Y, Z에 의해 나타나며, 나머지 1개의 성분은 수신기 시작에 의하여 나타난다. Cofactor Matrix Q_X의 요소는 식 6.6과 같다.

$$Q_X = \begin{bmatrix} q_{XX} & q_{XY} & q_{XZ} & q_{Xt} \\ q_{XY} & q_{YY} & q_{YZ} & q_{Yt} \\ q_{XZ} & q_{YZ} & q_{ZZ} & q_{Zt} \\ q_{Xt} & q_{Yt} & q_{Zt} & q_{tt} \end{bmatrix} \tag{6.6}$$

행렬 Q_X의 대각요소를 이용하여 아래의 식 6.7을 정의할 수 있다.

$$\text{PDOP} = \sqrt{q_{XX}+q_{YY}+q_{ZZ}} \tag{6.7}$$

DOP의 수치는 낮을수록 좋으며 2보다 적으면 매우 우수, 2~3의 값을 가지면 우수, 4~5의 값을 가지면 보통, 6이상이면 정밀측위에 부적합한 수치로 분류된다.

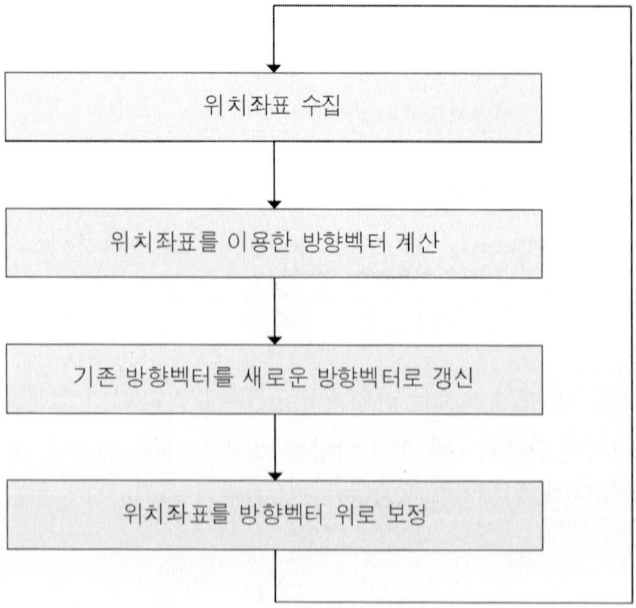

그림 6.3 GPS 위치신호 오차 보정

그림 6.3은 초기 5개의 좌표를 이용해 방향벡터를 계산한 다음의 전체적인 시스템 모델을 나타낸다. 사용자의 이동방향이 일정치 않고 변하기 때문에 계속적인 방향벡터의 갱신이 필요하다. 방향벡터의 갱신 역시 5개의 좌표를 기준으로 삼는다. 새롭게 수신된 위치좌표가 생길 때 마다 한 좌표씩 밀리며 방향벡터를 계산하게 된다. 갱신된 방향벡터가 기존 방향벡터가 되며 차후 수신되는 위치좌표를 방향벡터 위로 보정한다. 이러한 실시간 방향벡터의 갱신을 통해 사용자의 이동방향 변화에 대해 정확히 반응할 수 있다.

6.1.2 측위오차 보정 기법 발명의 효과

고층 건물이 밀집한 도심 지역에서는 위성신호의 특징으로 건물에 의한 반사, 굴절 또는 멀티페스 페이딩으로 인해 GPS 인공위성으로부터 온 위치좌표에 대한 오차가 발생한다. 본 발명은 오차를 가진 위치좌표의 후처리 과정을 통하여 사용자에 제공되는 LBS에 대한 위치정보의 정밀도를 높이며, 오차를 줄이는 효과를 발생시킨다.

6.2 전·후처리 알고리즘을 적용을 통한 위치 정밀도 향상 기법

사용자의 위치를 찾기 위해 사용되는 GPS는 GPS 인공위성으로부터 위성신호를 수신 받아 인공위성에서 송신한 시간과 GPS 수신기가 수신한 시간의 차이를 측정해 의사 거리를 계산하여 위치를 파악하는 대표적인 방법이다. 인공위성은 총 27개의 위성으로 구성되며 이중 3개는 예비위성으로 포함되어 있다. 사용자의 정확한 위치를 계산하기 위해서는 GPS 수신기가 최소 4개 이상의 인공위성을 확보하여 4개 이상의 위성 신호를 획득해야 한다. 미 국방성은 전 세계 어디서든 4개 이상의 인공위성을 볼 수 있도록 인공위성 궤도를 설계해 놓았지만, 위성 신호의 특성상 높은 건물들이 밀집한 도심 지역이나 숲과 산으로 둘러싸인 음영지역에서는 4개 이상의 인공위성 신호를 수신하기 어렵기 때문에 정확한 위치를 계산할 수 없는 문제점을 가지고 있다. 특히 건물, 나무, 바위 등에 의해 반사로 생긴 다중 경로(Multi Path)로 인한 신호지연과 GPS 수신기 주변 전파로 인한 간섭들은 위치좌표 오차에 큰 영향을 미치게 된다. 현재 이러한 상황에서는 GPS 대신 기지국을 이용한 TDOA 방법을 이용해 삼각법으로 사용자의 위치를 파악하게 된다. 그러나 이렇게 기지국만을 이용할 경우 GPS를 이용해 계산한 위치정보보다 큰 오차를 가지게 된다. 이러한 오차를 가진 위치정보는 사용자에게 신뢰할 수 없는 정보를 전달하게 된다. 이와 같은 문제점으로 인해 GPS 신호에 대한 간섭완화와 음영지역을 고려한 위치측정 방법이 절실히 요구되고 있다.

본 방법은 GPS와 QZSS 그리고 Wi-Fi의 신호를 동시에 이용하고, GPS/QZSS 통합 수신기에 전처리 기법으로써 Wavelet Denoising Filter 기법을 적용하여 위성 신호들에 대한 간섭요인들을 제거한 후, GPS/QZSS/Wi-Fi 통합 시스템을 통해 수신된 위치정보에 후처리 기법으로써 Direction Vector Scheme을 적용시켜 위치 좌표의 정확도를 높이는데 목적이 있다. Wavelet Denoising Filter를 통해 위성 신호에 대한 전파 간섭을 완화할 수 있으며, 높은 건물이나 숲, 산과 같은 장애물에 의해 위성 신호가 차단되는 것을 해결하기 위해 개발된 일본의 위성항법 시스템인 QZSS와 더불어 도심지역에서의 음영지역을 커버할 수 있는 Wi-Fi를 GPS, QZSS와 통합함에 따라 보다 정확한 위치 좌표를 산출할 수 있다.

6.2.1 측위오차 보정 기법

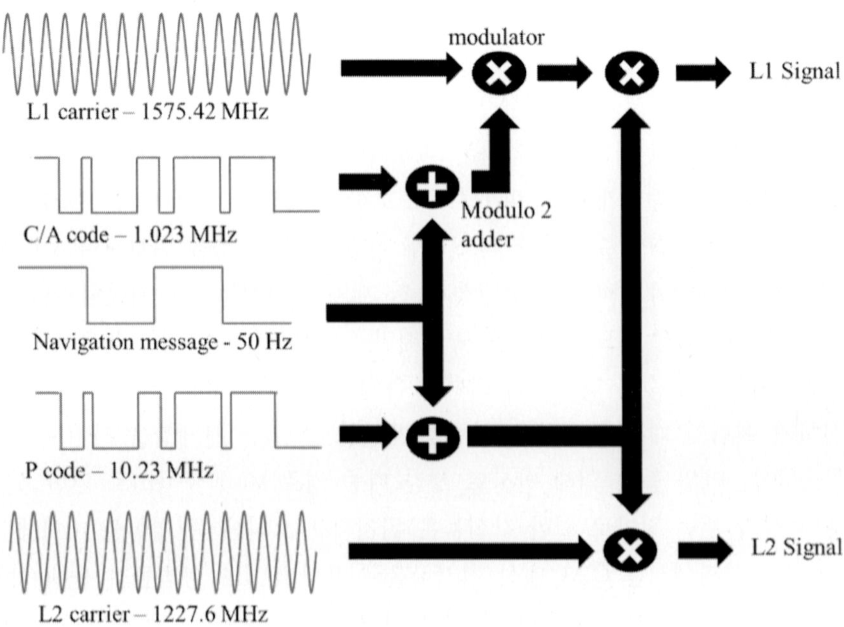

그림 6.4 GPS 위성 신호 생성 알고리즘

그림 6.4는 GPS 위성 신호 생성을 나타내는 알고리즘이다. GPS는 Standard Positioning System(SPS)와 Precise Positioning System(PPS)으로 나뉘어 진다. SPS는 주로 민간 부문의 서비스 용이며, PPS는 주로 군사부문의 용도에 사용된다. GPS위성은 L1(1,575.42MHz), L2(1,227.60MHz) 주파수를 이용해 반송파 신호를 전송한다. L1 주파수는 항법 메시지와 SPS 코드신호를 운반하고, L2 주파수는 PPS가 장착된 수신기에 의하여 전리층 지연 측정에 이용된다. L1 반송파 위상에는 C/A코드(Coarse Aquisition)가 변조되어 있다. C/A코드는 반복되는 1MHz PRN(Pseudo Random Noise) 코드이다. 각 위성에 대하여 서로 다른 C/A코드 PRN이 있으며 이 잡음과 같은 코드는 L1 반송파 신호에 변조되어 1MHz 주파수대역에 걸쳐 스펙트럼을 전파한다. C/A코드는 매1,023비트(1/1,000초)를 반복한다. GPS위성은 종종 각각의 PRN 코드에 대한 유일한 식별자인 PRN 번호에 의하여 구별되기도 한다. L1 반송파의 변조된 C/A코드는 민간 SPS의 기본이다. SPS는 전 세계적으로 연속적인 표준의 측위 및 시간 측정 서비스를 자격요건에 제한 없이 제공한다. 또한, 항법메시지도 L1 코드 신호에 변조되어 있는데, 이 항법메시지는 GPS위성의 궤도, 시계 보정량과 다른 시스템 파라미터를 설명하는 데이터 비트들로 구성되는 50Hz의 신호이다. P코드(Precise)는 L1과 L2 반송파 위상에 모두 변조되어 있다. P코드는 일주일을 주기로 갖는 10MHz의

PRN코드이다. Anti-Spoofing(AS) 모드에서 P코드는 Y코드로 암호화된다. 암호화된 Y코드는 각 수신기 채널에 대하여 비밀의 AS 모듈을 요구하며, 오직 암호키를 가진 허가받은 사용자만이 이를 이용할 수 있다. P(Y)코드는 PPS의 기초이다. PPS는 위치, 속도 및 시간 정보를 가장 정확하게 전 세계적으로 연속적으로 제공하는 서비스이다. 이 서비스는 공인된 미정부기관, 군사용도 및 자격요건을 갖춘 민간사용자에게만 제한 적으로 제공된다.

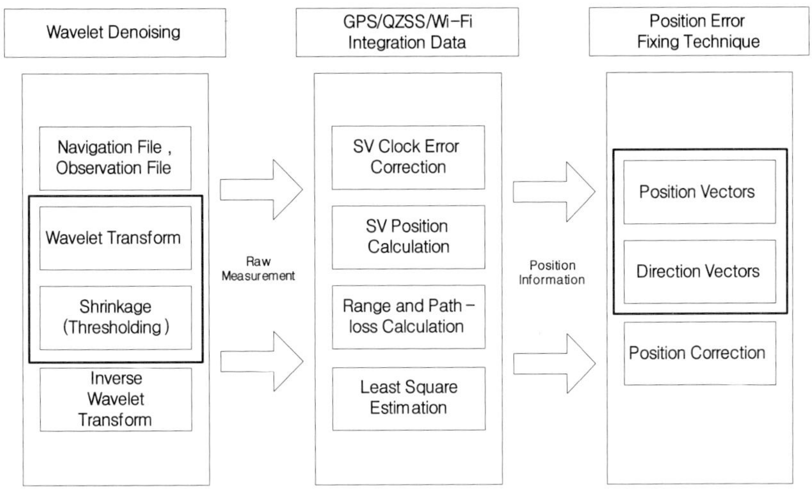

그림 6.5 전체 시스템 알고리즘

그림 6.5는 본 발명의 전체 시스템 알고리즘이다. 본 알고리즘의 전처리 과정으로써 Wavelet Denoising은 GPS/QZSS 위성에 대한 간섭신호들을 완화해주며, GPS/QZSS/Wi-Fi 통합 시스템으로부터 위치정보를 수신한 뒤 후처리 알고리즘으로 방향벡터를 적용하여 사용자의 위치경로를 파악, 보정해주게 된다. 본 발명에서 전처리 기법으로 적용된 Wavelet Denoising Filter는 L1 Carrier에 변조되어 전송 된 C/A 코드와 Navigation 코드에 대한 간섭을 완화함으로써 위치 측위에 필요한 Data 들의 BER 성능을 향상시키며 이는 보다 신뢰성 높은 위치정보를 얻게 한다. 이 후 GPS/QZSS 통합 수신기를 통해 수신된 신호는 베른 대학의 천문협회에 의해 개발된 RINEX(Receiver Independent Exchange Format) 포맷으로 변환된다. RINEX 포맷은 Observation File, Navigation File, Weather Data 그리고 GLONASS Navigation File을 포함한 4개의 ASCII 파일로 구성되어 있다. QZSS 위성은 GPS 위성과 마찬가지로 Navigation Message를 이용해서 같은 위성계산식을 이용하여 판별할 수 있고, 측정치에 대한 오차보정 방법 역시 GPS가 사용하는 동일 방법으로 보정이 가능하다. 이중 GPS 신호의 상호 교환이 쉽게 이루어 질 수 있도록 Observation File과 Navigation

File을 사용하도록 한다. Observation File에 포함되어있는 반송파 위상, 의사거리 등의 측정치와 Navigation File에 포함되어있는 위성 궤도정보, 시계오차, 이온층 오차 보정 변수를 이용하여 측위 보정에 이용한다. 여기까지의 계산정보는 위성 위치를 계산하는 전처리 부분이다. 이렇게 통합된 GSP와 QZSS의 위성신호는 지상의 기지국 신호와 통합과정을 거치게 된다. Wi-Fi AP의 신호는 RSSI(Received Signal Strength Indicator)을 이용한다. Wi-Fi RSSI 신호를 기반으로 삼변측량법을 이용해 RSSI를 거리와 Path-Loss Model로 환산하여 단말기의 위치를 파악하게 된다. 삼변측량법은 GPS/QZSS 통합 신호처럼 송신위치와 거리측정치를 알고 있을 때 단말기의 위치를 파악하는 방법을 사용하기 때문에, GPS/QZSS/Wi-Fi 통합 신호를 생성하는데 유리하다. 이와 같이 통합된 신호는 Weighted Least Square Estimation(WLSE : 가중치 최소 자승법 추정)을 이용해 최종적으로 단말기의 위치를 계산하게 된다. 현재 사용되고 있는 기지국의 측위 방식은 GPS를 이용한 측위 방법보다 큰 오차를 가지고 있으므로 가시 위성의 수가 3개 이하가 될 때 기지국 RSSI를 통합하여 단말기의 위치와 위성 시계오차를 계산하도록 한다.

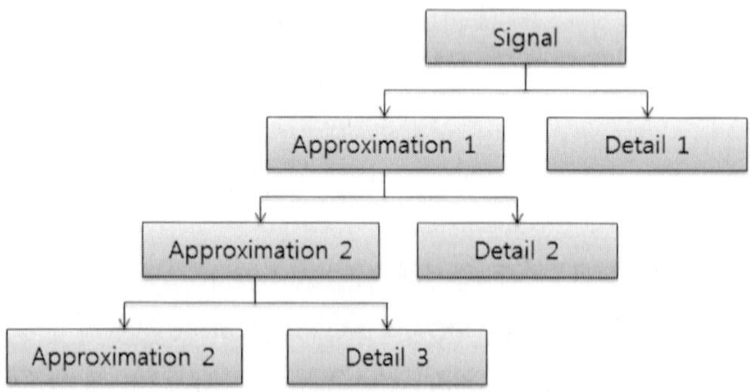

그림 6.6 Wavelet Transform 과정

그림 6.6은 본 방법의 전처리 기법인 Wavelet Denoising Filter의 Wavelet Transform 과정으로써 Discrete Stationary Wavelet Transform(DSWT)의 주파수 성분 분석 블록도를 나타낸다. Wavelet Transform은 최근 신호처리 분야에서 주목받고 있는 신호 변환기법으로 신호의 분석을 통한 잡음제거나 신호압축에 주로 사용 되고 있으며, 이미지의 변환과 복원, 오디오 신호의 변환 등에 많이 이용되고 있다. 효과적으로 GPS 간섭신호를 분석하고 이를 제거하기 위해서는 각 환경 특성에 따른 간섭 신호에 대한 분석이 가능해야 한다. 즉, 비 주기적인 과도현상에 대한 분석이 가능해야 하는데 이는 신호에 대한 시간정보, 주파수정보, 크기정보를 모두 분석할 수 있는 신호 분석 기법의 필요성을 의미한다. Wavelet Transform 기술 이전 시간축 신호에 대한 주파수 영역으

로의 변환에 주로 사용된 Fourier Transform은 전체 시간에 대한 주파수 성분의 속성만을 밝혀낸다는 점에서 그 신호의 시간정보와 주파수 정보를 동시에 파악할 수 없다는 것에 대해 치명적 한계가 있었다. Fourier Transform의 시간 정보와 주파수 정보를 동시에 파악할 수 없는 한계를 극복하고자 Fourier 해석에 시간축 상의 Window 개념을 접목시킨 Short-Time Fourier Transform(STFT)이 고안되었으나, STFT는 일정한 크기의 Window를 신호에 사용하여 분석하기 때문에 제한된 범위의 정보만을 제공한다는 단점이 있었다.

기존의 Fourier Transform과 Short-Time Fourier Transform(STFT)의 단점과 달리, Wavelet Transform은 시간과 주파수 영역에 대해 다중 분해 특성을 가지므로, 원신호의 파형은 그대로 유지하면서 다양한 간섭요소를 분석하여 정확한 잡음 발생 위치를 추정해 낼 수 있다는 특징을 지니고 있다. 즉, 각각의 시간에서 신호의 주파수 성분을 알아 볼 수 있는 특징으로 특정 시간에 변화하는 신호의 특성을 잘 파악할 수 있으며, 이를 통해 간섭을 효과적으로 제거할 수 있는 장점을 가지고 있다. DSWT는 수식 6.8과 수식 6.9를 통해 신호를 Approximation(근사) 신호와 Detail(상세) 신호로 분리하게 된다.

$$\phi(t) = \sum_k g_1[k]\phi(2t-k) \tag{6.8}$$

$$\psi(t) = \sum_k g_0[k]\phi(2t-k) \tag{6.9}$$

식 6.8과 수식 6.9에서 Approximation 신호는 저대역 필터와 연관된 Scaling 함수 ϕ로 나타나며 Detail 신호는 고대역 필터와 연관된 Wavelet 함수 ψ를 사용한다. g_0과 g_1은 웨이블릿 계수이며, t는 해당 차수 파라미터, k는 시간 축에서 평행이동 파라미터이다. 여기서, Scaling 함수 ϕ는 주파수와 역의 개념으로 사용된다. 즉, Scale이 작을 때는 높은 주파수 대역으로 신호의 자세한 부분을 얻을 수 있고, Scale이 클 때는 낮은 주파수 대역으로 신호의 세밀한 특징은 알 수 없으나 전체적인 윤곽을 잡을 수 있다. Scale을 작게 세세하게 볼 때는 고주파 성분분석, 크게 넓게 볼 때는 넓은 범위의 저주파 성분 분석을 할 수 있다.

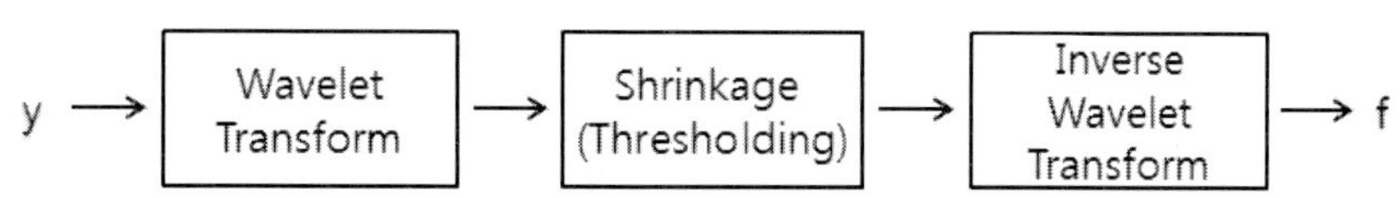

그림 6.7 Wavelet Denoising Filter

그림 6.7은 본 방법의 전처리 기법인 Wavelet Denoising Filter를 나타낸다. 그림 6.7의 DSWT를 통한 근사 신호와 상세 분류 후, 잡음 제거의 일반적 형태는 다음의 수식 6.10과 같다.

$$y_i = f_i + z_i,\ i = 0, 1, \cdots, N-1 \tag{6.10}$$

여기서 y_i는 관측 값, z_i는 잡음, f_i는 원신호이다. 결국 잡음 제거 문제는 f_i를 추정하는 것이다. DSWT를 이용한 잡음제거는 잡음은 모든 Wavelet 영역 내에서 작은 계수들로 나타난다는 사실을 이용하고 있다. 이러한 사실을 이용하여 Donoho와 Johstone가 제시한 잡음 제거 방법인 Wavelet Shrinkage(Thresholding)을 본 방법에 적용하여 GPS 간섭완화 모델로 사용하였다. 그림 6.8의 알고리즘에 대한 3단계는 다음과 같다. 먼저, Wavelet Transform으로 주어진 데이터의 Wavelet Coefficient를 구한다. 그 후, 적당한 임계값 λ와 임계처리방법을 통하여 Wavelet Coefficient의 크기를 필터링하여 잡음에 관한 신호를 제거한다. 마지막으로 임계처리가 된 Coefficient에 Inverse Wavelet Transform(IWT)을 적용하고 복원하여, 원신호의 근사신호를 구하게 된다. 여기서 중요한 것은, Thresholding에서의 임계처리 방법과 임계값 λ를 정하는 것이다. 일반적으로, 임계처리 방법은 Donoho와 Johnstone이 제시한 Soft-Thresholding 방법을 사용한다. Soft-Thresholding에 대한 수식은 아래의 식 6.11과 같다.

$$\widehat{w_{j,k}} = \begin{cases} w_{j,k} - \lambda & \text{if } w_{j,k} \geq \lambda \\ 0 & \text{if } |w_{j,k}| < \lambda \\ w_{j,k} + \lambda & \text{if } w_{j,k} \leq -\lambda \end{cases} \tag{6.11}$$

위와 같은 임계처리에서는 임계값 λ를 효과적으로 선택하여야 하는데, 위 알고리즘을 제시한 Donoho와 Johnstone의 Soft-Thresholding의 경우 고정된 임계값 $\lambda = \sigma\sqrt{2\log n}$을 적용한 모델이 일반적으로 사용된다. 본 방법에서는 이러한 과정으로 수신된 GPS/QZSS 데이터를 Wavelet Denoising Filter로 간섭을 제거하게 된다.

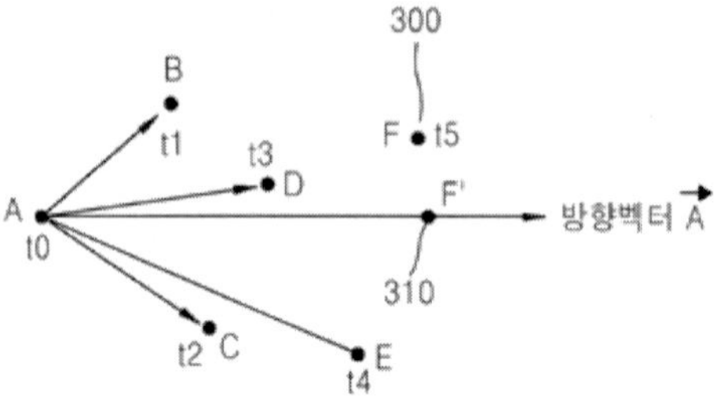

그림 6.8 방향벡터 알고리즘을 통한 후처리 기법

그림 6.8은 본 발명의 후처리 기법으로 적용된 방향벡터 알고리즘의 개념을 나타낸다. 현 시간이 t5인 경우, 측위 오차 보정을 위해 t0부터 t4까지의 위치좌표를 이용한다. 선택된 위치좌표들 중 가장 먼저 파악된 위치좌표, 즉 t0의 위치좌표(A)를 기준점으로 하여 이후 시간 t1에서 t4까지의 각 위치좌표에 대한 위치벡터를 구한다. 그리고 위치벡터를 모두 더하여 방향벡터(A)를 구한 후, 현 시간 t5의 위치좌표 F(300)를 방향벡터A가 가리키는 방향 위 F'(310)로 보정한다. 현 위치좌표를 방향벡터 위로 보정하는 여러 가지 방법이 있을 수 있으나, 일 예로, 현 위치좌표 F(300)에서 방향벡터로 선을 그을 때 그 선이 방향벡터와 직교하는 지점을 보정좌표 F'(310)로 할 수 있다. 시간이 경과함에 따라, GPS 등과 같은 위치 파악 시스템을 통해 파악된 원 위치좌표와 본 발명에 따라 보정된 보정 위치좌표의 두 종류의 좌표가 존재하게 되나, 본 실시예의 경우 측위 오차 보정시 보정 위치좌표가 아닌 원 위치좌표를 이용한다. 즉, 현 시점이 도 2의 t6인 경우, t5시점에서 보정된 위치좌표 F'(310)를 이용하는 것이 아니라 보정 전 위치좌표 F(300)를 이용한다.

6.2.2 기대효과

기존 GPS 시스템은 주변 전파 간섭에 대해 급격한 측위 성능 저하를 보이며, 높은 건물, 숲, 산 등으로 둘러싸인 음영지역은 4개 이상의 GPS 위성 신호를 수신하기 어렵기 때문에 GPS 신호만을 이용할 경우 큰 오차를 가진 위치좌표를 얻게 된다. 본 발명은 위와 같은 문제점을 보완하기 위해 전처리 기법으로써 Wavelet Denoising Filter를 적용하여 간섭을 완화하며, 측위 정밀도가 높은 QZSS와 위성신호를 보정해 줄 Wi-Fi의 RSSI를 이용해 위치좌표를 계산하는 방법을 제안하고, 이를 통해 수신받은 위치좌표에 후처리 알고리즘을 적용시켜 신뢰성 높은 위치좌표를 얻을 수 있는 시스템이다.

6.3 LED와 GPS를 이용한 실내외 통합 측위 시스템

GPS 신호를 이용하여 사용자에게 위치정보를 제공하는 시스템은 위성신호의 특성상 수신강도가 약해지는 실내에서 사용 할 수 없는 단점이 있다. 최근 가장 활발히 연구되고 있는 실내측위 방식은 Wi-Fi Fingerprint로써 실내 위치에 따른 Wi-Fi 수신강도(RSSI : Received Signal Strength Indicator)를 위치좌표와 함께 매칭시켜 Wi-Fi Radiomap에 구축 한 뒤, 이후 사용자가 위치한 장소에서 단말기를 통해 AP로부터 수신한 Wi-Fi RSSI를 이용, 기존 Wi-Fi Radiomap에 있는 Wi-Fi RSSI와 비교하여 가장 근사한 값을 갖는 Wi-Fi RSSI와 매칭되어 있는 위치좌표를 사용자에게 전달하는 방법이다. 그러나 이 방식은 Wi-Fi Radiomap을 구축할 당시 측정한 Wi-Fi RSSI와 현재 사용자가 보내온 Wi-Fi RSSI를 비교하는데, 이때 사용자가 보낸 Wi-Fi RSSI는 측정할 당시와 같은 장소라 하더라도 Wi-Fi Multipath, 벽에 의한 감쇄(Attenuation), 장애물에 의한 왜곡(Distortion) 등으로 인해 기존 Wi-Fi Radiomap의 Wi-Fi RSSI와는 다른 Wi-Fi RSSI를 전송하게 되고, 이에 따라 정확성이 낮은 위치좌표를 사용자에게 전송하게 된다. 이를 해결하기 위해 본 시스템은 GPS 위성과 LED를 이용해 실내, 실외 상관없이 사용자에게 위치정보 제공을 하기 위한 방법에 관한 것으로서, GPS 신호와 LED Signal 수신이 가능한 실내·외 통합 측위 단말기를 이용한다.

우선적으로 LED Signal의 수신이 가능한 환경의 경우 위치에 따른 LED의 광도(Luminous Intensity : 빛의 세기)와 각 LED 고유의 Subcarrier를 포함한 LED Fingerprint를 실내 위치 좌표와 연계해 데이터베이스를 구축 한다. 이때, 각 LED의 Signal은 각각 다른 Subcarrier를 이용해서 보내기 때문에 근접해 있는 LED간 간섭을 해결할 수 있다. 이처럼 데이터베이스를 구축한뒤, LBS(Local Based Service : 위치 기반 서비스)를 제공하기 위해 사용자가 위치한 장소에서 사용자의 무선 단말이 주위의 LED로부터 수신한 LED Subcarrier와 Subcarrier에 따른 광도 세기를 무선랜을 통해 기존에 구축되어 있는 데이터베이스와 비교하여 일치하는 위치좌표를 사용자들에 제공하게 된다. LED Signal 수신이 불가능한 환 경의 경우(예 : LED가 설치되어 있지 않은 실외)는 GPS 신호를 이용하여 사용자에게 위치정보를 제공하게 된다.

6.3.1 시스템 구성

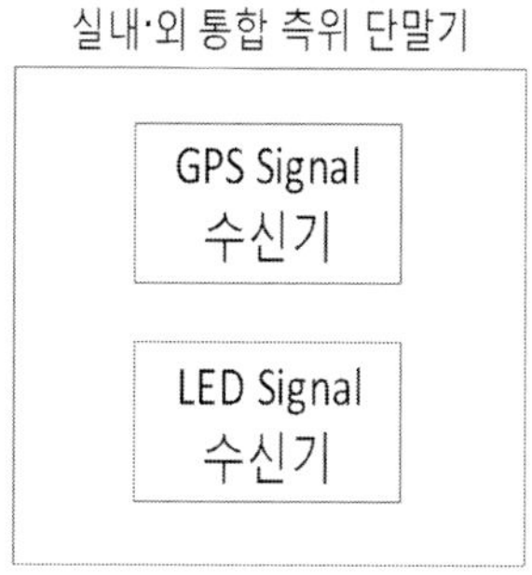

그림 6.9 실내외 통합 측위 단말기 구성

본 시스템은 사용자가 실내와 실외 이동시 Seamless한 위치정보 제공을 위해 그림 6.9와 같은 실내·외 통합 측위 단말기를 사용한다. LED Signal 수신이 가능한 환경의 경우 LED Fingerprinting 방식을 우선 적용하여 위치 측위를 하고, LED Signal 수신이 불가능한 환경에서는 GPS 신호를 이용해 위치정보를 제공한다. LED Fingerprinting 방식은 LED의 빛을 이용한 방법이다. LED에서 발생되는 가시광은 초당 200번 이상 깜박이면 사람의 눈에는 감지될 수 없다. 이 특성을 이용, LED를 고속으로 점멸시킴으로써, 가시광을 이용해 데이터를 송수신 할 수 있게 된다.

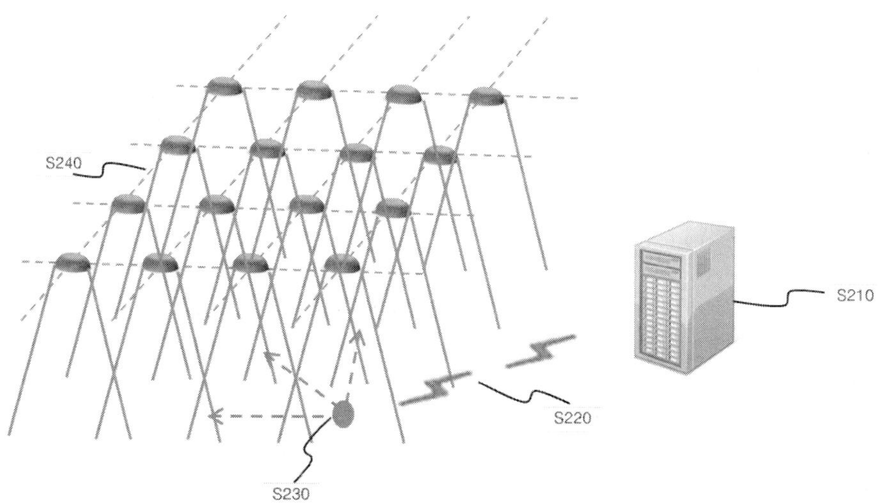

그림 6.10 데이터베이스 구축 단계

그림 6.10은 서버에 데이터베이스를 구축하기 위한 단계를 나타내는 도면으로써, LED가 설치되어 있는 실내·외의 각 참조지점을 돌아다니며 LED로부터 빛을 수신할 수 있는 PD가 부착된 측정용 단말기를 위치시켜(S230) 각 참조지점 마다 각각 다른 Subcarrier를 가진 LED 가시광의 조도를 측정해 LED Fingerprint를 수집한다. 이처럼 수집된 LED Fingerprint는 무선랜을 이용해(S220) 데이터베이스를 구축할 수 있는 서버로(S210) 전송한 후, 서버에서는 LED Fingerprint를 보낸 각 참조지점과 LED Fingerprint를 함께 매칭시켜 위치 측위를 위한 데이터베이스를 구축하게 된다. 각 LED는 서로 다른 Subcarrier를 이용하기 때문에 인접한 LED의 간섭 문제를 해결할 수 있다.

LED 데이터베이스					
LED Fingerprint				위치좌표	
Subcarrier			조도 (lux)	위도 (X)	경도 (Y)
Sub_#1	Sub_#2	Sub_#3	532, 547, 530	X_1	Y_1
Sub_#5	Sub_#6	Sub_#7	574, 530, 502	X_2	Y_2
:	:	:	:	:	:
Sub_#70			596	X_{n-1}	Y_{n-1}
Sub_#72		Sub_#73	441, 486	X_n	Y_n

그림 6.11 LED 데이터베이스

그림 6.11은 상기 서술한 LED Fingerprint 방식을 이용하여 구축한 LED 데이터베이스를 나타낸 도면이다. LED 데이터베이스 구축 시 LED Fingerprint Grid를 더욱 작게 설정하면 측위정확도를 더욱 향상시킬 수 있다. 엔지니어가 위치한 좌표에서 각 LED가 가지고 있는 Subcarrier에 따라 각각 다른 조도를 측정할 수 있다. 이때, 측정된 조도와 엔지니어가 위치한 좌표를 서로 매칭시켜 서버의 LED 데이터베이스에 구축하도록 한다. 이때의 위치좌표는 각각 위도, 경도를 나타낸다. LED에 서로 다른 Subcarrier를 할당해주면 복수의 광원을 구분할 수 있기 때문에 서로 인접해있는 LED의 간섭을 막을 수 있다. 이에 따라, 측위 정확도를 향상시킬 수 있는 특징을 가지고 있다. 측정 엔지니어의 위치에 따라 2개 이상의 LED Signal을 수신하기도 하며, 최소 1개의 LED Signal을 수신한다.

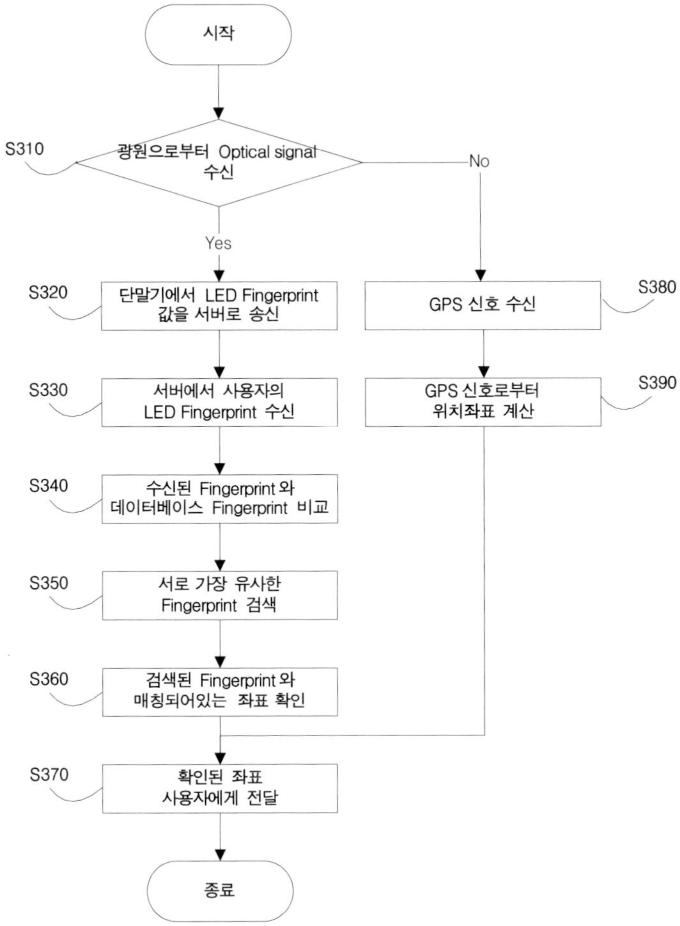

그림 6.12 본 시스템 순서도

그림 6.12는 본 시스템에 따른 실내·외 통합 측위 시스템을 제공하기 위한 플로우 차트이다. 도 4에 도시된 바와 같이, LED로부터 사용자가 LED Signal을 수신할 수 있는 환경인지 구분하게 된다(S310). 주위의 LED로부터 LED Signal을 수신할 수 있는 경우, 사용자의 단말기는 해당 사용자가 위치한 장소의 LED Fingerprint를 무선랜을 통해 서버로 송신하고(S320), 상기 신호는 기존 데이터베이스가 구축되어있는 서버에서 수신한다(S330). 서버에서는 사용자가 보낸 LED Fingerprint와 데이터베이스의 LED Fingerprint를 비교하고(S340), 서로 가장 유사한 LED Fingerprint 값을 확인한다(S350). 이처럼 확인된 LED Fingerprint와 함께 매칭 되어있는 위치좌표를 확인한 뒤(S360), 추정된 좌표를 사용자에게 전달한다(S370). 하지만 LED가 설치되어 있지 않아 LED Signal 수신이 불가능한 경우, GPS로부터 GPS 신호를 수신받게 된다(S380). 수신한 GPS 신호로부터 사용자의 위치를 계산한 다음에(S390) 사용자에

게 사용자의 위치좌표를 전달하게 된다(S370). 상기한 바와 같이, LED Signal을 이용할 경우 GPS보다 정확한 위치 좌표를 사용자에게 전달 할 수 있고, LED Signal 수신이 불가능할 경우 GPS 신호를 이용하기 때문에 실・내외 사용자 모두에게 위치좌표를 전달할 수 있다.

6.3.2 시스템 효과

본 시스템은 실내・외 통합 측위 단말기를 이용하여 연속적인 위치 정보를 사용자에게 제공한다. LED Signal을 수신할 수 있는 환경의 경우 LED Fingerprinting 방식을 우선으로 사용자에게 위치 정보를 제공하며, LED Signal을 수신할 수 없는 환경의 경우 GPS 신호를 수신하여 사용자 위치 정보를 제공한다. 특히, LED를 이용하게 되면 다른 주파수에 영향을 받지 않으며 장애물에 의한 Multipath, Attenuation, Distortion 등을 극복할 수 있기 때문에 GPS보다 정확한 위치정보 제공이 가능하며, LED Signal 수신이 불가능한 경우 GPS를 이용하기 때문에 실내・외 상관없이 모두 위치정보를 제공할 수 있는 시스템이다.

제 7 장

맺음말

본 책은 측위에 대한 내용과 다양한 어플리케이션을 폭넓게 다루고 있다. 측위의 가장 대표적인 시스템인 위성항법시스템(GPS)은 현재 국방, 행정, 통신 등 경제・사회 전반에 활용되고 있는 필수적인 시스템으로 서비스에 장애가 발생할 경우 국가 주요 활동이 마비될 수 있다. 이러한 이유로 유럽을 비롯하여 다양한 국가들이 미국 GPS 주도권을 막기 위하여 독자 항법시스템을 추진하고 있다. 우리나라도 항법시스템 이용 안정성 확보를 위해서 GPS 의존을 탈피하고 보완적인 인프라 확보를 통한 시스템 다원화가 필요하다. 이러한 이유로 우리나라는 2013년 국가 우주개발중장기계획에 2040년까지 한국형 위성항법시스템을 구축하는 계획을 수립하였다. 현재 위성항법시스템 개발 기술은 소수의 선진국만이 보유한 기술로서 단기간에 독자적으로 기술을 개발하기 어려우므로 위성항법시스템 개발 및 운용기술, 항법 신호 생성기술 등과 같은 기반기술을 확보하는 것이 필요하다.

따라서 본 책은 다양한 측위 기술에 대한 이해를 밑바탕으로 향후 한국의 독자적인 위성항법시스템 구축과 새로운 측위기술 발전에 이바지할 수 있는 측위 전문가들을 양성하는데 많은 도움이 될 것이라고 기대한다.

참고문헌

[1] T. Sakai, S. Fukushima and K. Ito, "Development of QZSS L1-SAIF augmentation signal," *in Proc. of ICCAS-SICE 2009*, pp. 4462-4467, Fukuoka, Japan, Aug. 2009.

[2] J. Caffery and G. L. Stuber, "Subscriber location in CDMA cellular networks," *IEEE Trans. Veh. Technol.*, vol. 47, no. 2, pp. 406-416, May 2002.

[3] C. Y. Tong, T. W. Yue, S. H. Cheung and C. P. Chung, "Time-of-arrival based localization under NLOS conditions," *IEEE Trans. Veh. Technol.*, vol. 55, no. 1, pp. 17-24, Jan. 2006.

[4] M. Aatique, "Evaluation of TDOA techniques for position location in CDMA systems," M.S. thesis, Dept. Electron. Eng., Virginia Polytechnic Instituteand State Univ., Blacksburg, America, 1997.

[5] F. S. Hau and L. T. Nan, "Principal Component Localization in Indoor WLAN Environments," *IEEE Trans. Comput.*, vol. 11, no. 1, pp. 100-110, Jan. 2012.

[6] E. D. Kaplan and C. J. Hegarty, Understanding GPS Principles and Applications, Artech House, 2006.

[7] B. H. Wellenhof, H. Lichtenegger and J. Collins, GPS Theory and Practice, Springer-Verlag Wien New York, 2001.

[8] J. D. John, H. E. Sherief, J. S. Daniel and A. W. Gary, "A Design Approach for a GPS User Segment for Aerospace Vehicles," *in Proc. of IEEE American Control Conf.*, pp. 935-939, San Francisco, America, June 1993.

[9] Nawrocki, NAVSTAR GPS User Equipment: Introduction, North Atlantic Treaty Organization, 1996.

[10] Y. Ji, X. Sun and H. Shi, "The pseudorange measurement equations and their solution for satellite navigation," *in Proc. of IEEE ICAL '09*, pp. 1710-1715, Shenyang, China, Aug.2009.

[11] I. Joo and S. Lee, "QZSS L5 signal processing results in Korea," *in Proc. of IEEE ICTC 2011*, pp. 636-640, Seoul, Korea, Sept. 2011.

[12] W. Falin, N.Kuboand, and A.Yasuda, "Performance evaluation of GPS augmentationusing Quasi-Zenith Satellite System," *IEEE Trans. Aerosp. Electron. Syst.*, vol. 40, no. 4, pp. 1249-1260, Oct. 2004.

[13] C. F. Prades, L. L. Presti and E.Falletti, "Satellite Radio localization from GPS to GNSS and Beyond: Novel Technologies and Applications for Civil Mass Market," *in Proc. of IEEE*, vol. 99, no. 11, pp. 1882-1904, Nov. 2011.

[14] *The Receiver Independent Exchange Format Version 3.01*, Werner Gurtner Astronomical Institute University of Bern, 2009.

[15] *Guidelines for evaluation of radio interface technologies for IMT-Advanced*, ITU-R M.2135, 2008.

[16] *Guidelines for evaluation of radio interface technologies for IMT-Advanced*, ITU-R M.2135-1, 2009.

[17] R. Tanawongsuwan and A. Bobick, "Modelling the Effects Of walking Speed on Appearance-Based Gait Recohnition," *in Proc. of IEEE Comput. Soc. Conf. on CVPR '4*, vol. 2, pp. 783-790, June 2004.

[18] A. Ward, A. Jones and A. Hopper, "A new location technique for the active office," *IEEE Pers. Commun.*, vol. 4, no. 5, pp. 42-47, Oct. 1997.

[19] *Navstar GPS Space Segment/Navigation User Interface*, ICD GPS-200, 2000.

[20] N. Bulusu, J. Heidemann and D. Estrin, "GPS-less low-cost outdoor localization for very small devices," *IEEE Pers. Commun.*, vol. 7, no. 5, pp. 28-34, Oct. 2000.

[21] P. Bahl and V. N. Padmanabhan, "RADAR: an in-building RF-based user location and tracking system," *in Proc. of IEEE INFOCOM 2000*, pp. 775-784, Tel Aviv, Israel, Mar. 2000.

[22] N. Patwari, J. N. Ash, S. Kyperountas, A. O. Hero, R. L. Moses and N. S. Correal, "Locating the nodes: cooperative localization in wireless sensor networks," *IEEE Signal Processing Mag.*, vol. 22, no. 4, pp. 54-69, July 2005.

[23] J. Hightower and G. Borriello, "Location Systems for Ubiquitous," *IEEE Computer*, vol. 34, no. 8, pp. 57-66, Aug. 2001.

[24] J. M. Kahn and J. R. Barry, "Wireless infrared commun.," *in Proc. of IEEE*, vol. 85, no. 2, pp. 265-298, Feb. 1997.

[25] M. Mauve, J. Widmer and H. Hartenstein, "A survey on position-based routing in mobile ad hoc networks," *IEEE Network*, vol. 15, no. 6, pp. 30-39, Nov. 2001.

[26] Ahmed EI-Rabbany, The global positioning system, Artech House, 2002.

[27] S. Gezici, T. Zhi, G. B. Giannakis, H. Kobayashi, A. F. Molisch, H. V. Poor and Z. Sahinoglu, "Localization via ultra-wideband radios: a look at positioning aspects for future sensor networks," *IEEE Signal Processing Mag.*, vol. 22, no. 4, pp. 70-84, July 2005.

[28] D. Niculescu and B. Nath, "Ad hoc positioning (APS)," *IEEE GLOBECOM 2001*, pp. 2926-2931, San Antonio, America, Nov. 2001.

[29] Y. Le and K. C. Ho, "Alleviating Sensor Position Error in Source Localization Using Calibration Emitters at Inaccurate Locations," *IEEE Trans. Signal Process.*, vol. 58, no. 1, pp. 67-83, Jan. 2010.

[30] N. Patwari, A. O. Hero, M. Perkins, N. S. Correal, "Relative location estimation in wireless sensor networks," *IEEE Trans. Signal Process*, vol. 51, no. 8, pp. 2137-2148, Aug. 2003.

[31] D. Niculescu and B. Nath, "Ad hoc positioning system (APS) using AOA," *in Proc. of IEEE INFOCOM 2003*, pp. 1734–1743, San Francisco, America, Apr. 2003.

[32] F. Gustafsson, F. Gunnarsson, N. Bergman, U. Forssell, J. Jansson, R. Karlsson and P. J. Nordlund, "Particle filters for positioning, navigation, and tracking," *IEEE Trans. Signal Process*, vol. 50, no. 2, pp. 425–437, Feb. 2002.

[33] L. Shan and X. Wang, "A New Method of Blind Beamforming Using Phase Correlation of Direction Vector," *in Proc. of IEEE ICIC '09*, pp. 109–112, Manchester, United Kingdom, May 2009.

[34] K. Psarris, X. Kong and D. Klappholz, "The direction vector I test," *IEEE Trans. Parallel Distrib. Syst.*, vol. 4, no. 11, pp. 1280–1290, Nov. 1993.

[35] H. Liu, H. Darabi, P. Banerjee and J. Liu, "Survey of wireless indoor positioning techniques and systems," *IEEE Trans. Syst. Man Cybern. C, Appl. Rev.*, vol. 37, no. 6, pp. 1067–1080, Nov. 2007.

[36] W. H. Foy, "Position-Location Solutions by Taylor-Series Estimation," *IEEE Trans. Aerosp. Electron. Syst.*, vol. 12, no. 2, pp. 187–194, Mar. 1976.

[37] D. J. Torrieri, "Statistical Theory of Passive Location Systems," *IEEE Trans. Aerosp. Electron. Syst.*, vol. 20, no. 2, pp. 183–198, Mar. 1984.

[38] H. Y. Li, E. P. Southern, P. A. Crossley, S. Potts, S. D. A. Pickering, B. R. J. Caunce and G. C. Weller, "A new type of differential feeder protection relay using the Global Positioning System for data synchronization," *IEEE Trans. Power Del.*, vol. 12, no. 3, pp. 1090–1099, July 1997.

[39] F. Gustafsson and F. Gunnarsson, "Mobile positioning using wireless networks: possibilities and fundamental limitations based on available wireless network measurements," *IEEE Signal Processing Mag.*, vol. 22, no. 4, pp. 41–53, July 2005.

[40] R. Hongliang and M. Q. H. Meng, "Power Adaptive Localization Algorithm for Wireless Sensor Networks Using Particle Filter," *IEEE Trans. Veh. Technol.*, vol. 58, no. 5, pp. 2498–2508, June 2009.

[41] M. Hamdi, S. Capkun and J. P. Hubaux, "GPS-free positioning in mobile ad-hoc networks," *in Proc. of IEEE Hawaii Int. Conf. on Syst. Sci.*, vol. 9, pp. 3481–3490, Jan. 2001.

[42] N. B. Priyantha, H. Balakrishnan, E. D. Demaine and S. Teller, "Mobile-assisted localization in wireless sensor networks," *in Proc. of IEEE INFOCOM 2005*, vol. 1, pp. 172–183, Mar. 2005.

[43] B. Xiao, H. Chen and S. Zhou, "Distributed Localization using a Moving Beacon in Wireless Sensor Networks," *IEEE Trans. Parallel Distrib. Syst.*, vol. 19, no. 5, pp. 587–600, May 2008.

[44] J. Aspnes, T. Eren, D. K. Goldenberg, A. S. Morse, W. Whiteley, Y. R. Yang, B. D. O. Anderson and P. N. Belhumeur, "A Theory of Network Localization," *IEEE Trans. Mobile Computing*, vol. 5, no. 12, pp. 1663–1678, Dec. 2006.

[45] F. Barsi, A. A. Bertossi, C. Lavault, A. Navarra, S. Olariu, M. C. Rinotti and V. Ravelomanana, "Efficient Location Training Protocols for Heterogeneous Sensor and Actor Networks," *IEEE Trans. Mobile Computing*, vol. 10, no. 3, pp. 377–391, Mar. 2011.

[46] N. K. Kantas, S. S. Singh and A. Doucet, "Distributed Maximum Likelihood for Simultaneous Self-Localization and Tracking in Sensor Networks," *IEEE Trans. Signal Process.*, vol. 60, no. 10, pp. 5038–5047, Oct. 2012.

[47] D. A. Tran and N.Thinh, "Localization in Wireless Sensor Networks Based on Support Vector Machines," *IEEE Trans. Parallel Distrib. Syst.*, vol. 19, no. 7, pp. 981–994, July 2008.

[48] J. W. Wilson, C. C. W. Hulls and G. S. Bell, "Relative end-effector control using Cartesian position based visual servoing," *IEEE Trans. Robot. Autom.*, vol. 12, no. 5, pp. 684–696, Oct. 1996.

[49] Y. Y. Mok, J. J. Fu, K. N. Hoon, Y. J. Yeon and K. C. Hwan, "Outdoor localization with optical navigation sensor, IMU and GPS," *in Proc. of IEEE MFI 2012*, pp. 377–382, Hamburg, Germany, Sept. 2012.

[50] G. Tuna and K. Gulez, "Aided Navigation Techniques for Indoor and Outdoor Unmanned Vehicles," *in Proc. of IEEE NTMS 2012*, pp. 1–4, Istanbul, Turkey, May 2012.

[51] P. Bahl and V.N. Padmanabhan, "RADAR: An In-Building RF-Based User Location and Tracking System," *in Proc. of IEEE Infocom 2000 Conf. on Computer Commun.*, Vol. 2, Mar. 2000, pp. 775–784.

[52] R. Want, A. Hopper, V. Falcao, and J. Gibbons, "The Active Badge Location System," *ACM Trans. on Information Systems*, Vol. 10, No. 1, Jan. 1992, pp. 91–102.

[53] N. Priyantha, A. Chakraborty, and H. Balakrishnan, "The Cricket Location-Support System," *in Proc. of the ACM Conf. on MobICom*, Aug. 2000.

[54] M. Addlesee, R. Curwen, S. Hodges, J. Newman, P. Steggles, A. Ward, and A. Hopper, "Implementing a Sentient Computing System," *IEEE Computer Magazine*, Vol. 34, No. 8, Aug. 2001, pp.50–56.

[55] J. Hightower, R. Want, and G. Borriello, "Spoton: An Indoor 3d Location Sensing Technology Based on RF Signal Strength," Technical Report 00-02-02, University of Washington, 2000.

[56] G. Kantor and S. Singh, "Preliminary Results in Range-Only Localization and Mapping," *IEEE Conf. on Robotics and Automation*, Washington D.C., May 2002.

[57] S. Lee and J. B. Song, "Use of Coded Infrared Light as Artificial Landmarks for Mobile Robot Localization," *in Proc. of the 2007 IEEE/RSJ International Conference on Intelligent Robots and Systems*, pp. 1731–1736, Oct. 2007.

[58] E. Nakamori, D. Tsukuda, M. Fujimoto, Y. Oda, T. Wada, H. Okada and K. Mutsuura, "A New Indoor Position Estimation Method of RFID Tags for Continuous Moving Navigation Systems," *IPIN, 2012 Conf.* pp. 1–8, Nov. 2012.

[59] C. Benavente-Peces, V. Moracho-Oliva,A. Dominguez-Garcia and M. Lugilde-Rodriguez, "Global system for location and guidance of disabled people: Indoor and outdoor technologies integration," *in 5th Int. Network. Services Conf.* pp. 370–375, Apr. 2009.

[60] A. Bekkelien, "Bluetooth Indoor Positioning," M.S. thesis, Dept. Comput. Sci., Geneva Univ, Geneva, 2012.

[61] Business Information Research, "LBS 글로벌 산업 동향과 글로벌 혁신기술동향 분석", Feb. 2011.

[62] Business Information Research, "LBS와 관련 시장/기술동향과 전망", Sept. 2012.

[63] Korea Internet Security Agency, "Korea Internet & Security Agency Report", Dec. 2011.

[64] Guochang Xu, GPS Theory, Algorithms and Applications, Springer, 2007.

[65] Ahmed EI-Rabbany, The Global Positioning System, Artech House, 2002.

[66] Frank van Diggelen, Assisted GPS, GNSS, and SBAS, Artech House, 2009.

[67] Elliott D. Kaplan and Christopher J. Hegarty, Understanding GPS Principles and Applications, Artech House, 2006.

[68] B. Hofmann-Wellenhof, H. Lichtenegger and J. Collins, GPS Theory and Practice, Springer, 2001.

[69] Jian Shi and Yoan Shin, "Low-Complexity Floor Determination Method Based on WiFi for Multi-Floor Buildings," *in Proc. of the 9th Advanced International Conf. on Telecommun.*, pp. 23–28, Rome, Italy, June 2013.

[70] Smith, Clint, "3G Wireless with WiMax and Wi-Fi: 802.16 and 802.11", McGraw-Hill, 2004.

[71] H. H. Liu and Y. N. Yang, "WiFi-based indoor positioning for multi-floor environment," *in Proc. of IEEE TENCON 2011*, pp. 597–601, Bali, Indonesia, Nov. 2011.

[72] F. Alsehly, T. Arslan, Z. Sevak and M. King, "Indoor positioning with floor determination in multi story building," *in Proc. of IPIN 2011*, pp. 1–7, Guimar es, Portugal, Sept. 2011.

[73] D. Zhongliang, Y. Yanpei, Y. Xie, W. Neng and Y. Lei. "Situation and Development Tendency of Indoor Positioning," *Commun., China*, pp. 93–103, vol. 10, no. 7, Mar. 2013.

[74] Chafee J., Abel J., "GDOP and the Craner-Rao bound," Position Location and Navigation Symposium, *IEEE*, pp. 663-668, 1994.

[75] Langley R.B, "Why is the GPS signal so complex," GPS World, Vol. 1, No. 3, pp. 56-59, 1999.

[76] Lee H. B, "Accuracy Limitations of hyperbolic multitateration systems," *IEEE Trans., Aerospace Electronic Systems, AES-11*, pp. 16-29, 1975.

[77] Kihara M., Okada T., "A Satellite Selection method and accuracy for the global positioning system," Navigation: *The Journal of the Institute of Navigation*, vol. 31, pp. 8-20, 1984.

[78] Pathak M.S., "Recursive method for optimum GPS satellite selection," *Aerospace and Electronic Systems, IEEE Trans.*, vol. 372, pp. 751-754, Apr. 2001.

[79] K. Pahlavan, X. Li, and J. P. kela, "Indoor Geolocation Science and Technology," *IEEE commun. Magazine*, pp. 112-118, Feb. 2002,

[80] P. Bahl and V. Padmanabhan, "RADAR: An In-Building RF-Based User Location and Tracking System," *IEEE INFOCOM*, vol.2, pp. 775-784, Israel, Mar. 2000.

[81] M. A. Youssef, A. Agrawala, and A. U. Shankar, "WLAN Location Determination via Clustering and Probability Distribution," *IEEE Conf. on Pervasive Computing and Commun.*, pp. 143-150, Mar. 2003.

[82] S. Ito and N. Kawaguchi, "Bayesian Based Location Estimation System Using Wireless LAN," *IEEE Conf. on Pervasive Computing and commun.*, pp. 273-278, Mar. 2003.

[83] M. Hazas, J. Scott, and J. Krumm, "Location-Aware Computing Comes of Age," *Computer*, Vol. 37, No. 2, pp. 95-97, Feb. 2004.

[84] P. Enge and P. Misra, "Special Issue on Global Positioning System," *in Proc. of IEEE*, Vol. 87, pp. 3-15, Jan. 1999.

[85] R. Bajaj, S. Ranaweera, and D. P. Agrawal, "GPS: Location-Tracking Technology," *IEEE Computer*, vol. 35, no. 4, pp. 92-94, Apr. 2002.

[86] R. Fontana, "Advances in Ultra Wideband Indoor Geolocation Systems," 3rd IEEE Workshop on WLAN, Boston, MA, Sept. 2001.

[87] M. Win and R. Scholtz, "On the Performance of Ultra-Wide Bandwidth Signals in Dense Multipath Environment," *IEEE Commun. Letters*, vol. 2, no. 2, pp. 51-53, Feb. 1998.

[88] V. Lang and C. Gu, "A Locating Method for WLAN based Location Service," *2005 IEEE Conf. on e-Business Engineering (ICEBE'05)*, Beijing, China, Oct. 2005.

[89] C. D. Wann and M.-H. Lin, "Data fusion methods for accuracy improvement in wireless location systems," *Wireless commun. and Networking Conference (WCNC)*, vol. 5, no. 1, pp. 471-476, Mar. 2004.

[90] Lim Soon, Kang Jae Min, and Heo Moon Beom, "Mobile Phone Positioning Technique Trend for Location Based Service," 항공우주산업기술동향, vol. 12, no. 1, pp. 220-231, 2014.

[91] Business Information Research, "LBS 기술 및 시장동향 연구보고서", Feb. 2008.

[92] L.Zhu and J. Zhu, "A New Model and its performance for TDOA Estimation," *IEEE Vehicular Technology Conference 2001*, vol. 4, pp. 2750-2753, Oct. 2001.

[93] B. Li, J. Salter, A. G. Dempster, and C. Rizos, "Indoor Positioning Techniques based on Wireless LAN," *in Proc. of AusWireless 06*, Sydney, Australia, Mar. 2006.

[94] Yanying Gu and Anthony Lo, "A Survey of Indoor Positioning System for wireless Personal Networks," *Communications Surveys & Tutorials IEEE*, Vol. 11, pp. 13-32, 2009.

[95] J. I. Hong, G. Boriello, and J. A. Landay, "Privacy and Security in the Location-enhanced World Wide Web," *in Proc. of the 5th Int'l. Conf. on Ubiquitous Computing(UbiComp 2003)*, Seattle, Wa, Oct. 2003.

[96] S. Mazuelas, A. Bahillo, R. M. Lorenzo, P. Fernandez, F. A. Lago, E. Garcia, J. Blas, and E. J. Abril, "Robust indoor positioning provided by real-time RSSI values in unmodified WLAN networks," *IEEE J. Sel. Topics Signal Process.*, vol. 3, no. 5, pp. 821-831, Oct. 2009.

[97] A. Coluccia and F. Ricciato, "RSS-based localization via Bayesian ranging and iterative least square positioning," *IEEE Commun. Lett.*, vol. 18, no. 5, pp. 873-876, May 2014.

[98] Y. Kim, H. Shin, Y. Chon, and H. Cha, "Smartphone-based Wi-Fi tracking system exploiting the RSS peak to overcome the RSS variation problem," *Pervasive and Mobile Computing*, vol. 9, no. 3, pp. 406-420, June 2013.

[99] C. Laoudias, R. Pich, and C. G. Panayiotou, "Device self-calibration in location systems using signal strength histograms," *J. Location Based Services*, vol. 7, no. 3, pp. 165-181, Aug. 2013

[100] U. Schartzberg, L. Banin, and Y. Amizur, "Enhanced WiFi ToF indoor positioning system with MEMS based INS and pedometric information," *in Proc. of IEEE/ION PLANS*, Monterey, CA, 2014, pp. 185-192.

[101] F. Hoflinger, R. Zhang, J. Hoppe, A. Bannoura, L. M. Reindl, J. Wendeberg, M. Buhrer, and C. Schindelhauer, "Acoustic self-calibrating system for indoor smartphone tracking (ASSIST)," *in Proc. of IEEE IPIN*, Freiburg, Germany, 2012, pp. 1-9.

[102] Y. Wada, T. Higuchi, H. Yamaguchi, and T. Higashino, "Accurate positioning of mobile phones in a crowd using laser range scanners," *in Proc. of IEEE WiMob*, 2013, pp. 430-435.

[103] A. Haeberlen, E. Flannery, A. M. Ladd, A. Rudys, D. S. Wallach, and L. E. Kavraki, "Practical robust localization over large-scale 802.11 wireless networks," *in Proc. of ACM MOBICOM*, New York, US, 2004, pp. 70-84.

[104] Jain, L.C, "Intelligent Biometric Techniques in Fingerprint and Face Recognition", CRC Press, 1999.

[105] S.-H. Fang, T.-N. Lin, and K.-C. Lee, "A novel algorithm for multipath fingerprinting in indoor WLAN environments," *IEEE Trans. Wireless Commun.*, vol. 2, no. 9, pp. 3579-3588, Sept. 2008.

[106] P. Mirowski, D. Milioris, P. Whiting, and T. K. Ho, "Probabilistic radio-frequency fingerprinting and localization on the run," *Bell Labs Technical Journal*, vol. 18, no. 4, pp. 111-133, Mar. 2014.

[107] J. S. Lim, W. H. Jang, G. W. Yoon, and D. S. Han, "Radio map update automation for WiFi positioning systems," *IEEE Commun. Lett.*, vol. 17, no. 4, pp. 693-696, Apr. 2013.

[108] M. M. Atia, A. Noureldin, and M. J. Korenberg, "Dynamic online-calibrated radio maps for indoor positioning in wireless local area networks," *IEEE Trans. Mobile Comput.*, vol. 12, no. 9, pp. 1774-1787, Sept. 2013.

[109] A. W. Tsui, Y.-H. Chuang, and H.-H. Chu, "Unsupervised learning for solving RSS hardware variance problem in WiFi localization," *Mobile Networks and Applications*, vol. 14, no. 5, pp. 677-691, Jan. 2009.

[110] P. Luo, M. Zhang, X. Zhang, G. Cai, D. Han, and Q. Li, "An indoor visible light communication positioning system using dual-tone multi-frequency technique," *in Proc. of IEEE IWOW*, Newcastle upon Tyne, United Kingdom, 2013, pp. 25-29.

[111] S. S. Saab and Z. S. Nakad, "A standalone RFID indoor positioning system using passive tags," *IEEE Trans. Ind. Electron.*, vol. 58, no. 5, pp. 1961-1970, May 2011.

[112] E. M. Gorostize, J. L. L. Galilea, F. J. M. Meca, D. S. Monzu, F. E. Zapata, and L. P. Puerto, "Infrared sensor system for mobile-robot positioning in intelligent spaces," *Sensors*, vol. 2011, no. 11, pp. 5416-5438, May 2011.

[113] L. Ilkovicova, J. Erdelyi, and A. Kopacik, "Positioning in indoor environment using QR codes," *in Proc. of International Conference on Engineering Surveying*, Prague, Czech Republic, 2014, pp. 117-122.

[114] S. Lee, B. Koo, S. Kim, "RAPS: Reliable anchor pair selection for range-free localization in anisotropic networks," *IEEE Commun. Lett.*, vol. 18, no. 8, pp. 1403-1406, Aug. 2014.

[115] S. Lee, B. Koo, M. Jin, C. Park, M. Lee, and S. Kim, "Range-free indoor positioning system using smartphone with Bluetooth capability," *in Proc. of IEEE/ION PLANS*, Monterey, CA, 2014, pp. 657-662.

[116] J. Prieto, S. Mazuelas, A. Bahillo, P. Fernandez, R. M. Lorenzo, and E. J. Abril, "Pedestrian navigation in harsh environments using wireless and inertial measurements," *in Proc. of IEEE WPNC*, Dresden, 2013, pp. 1–6.

[117] A. Kushki, K. N. Plataniotis, and A. N. Venetsanopoulos, "Intelligent dynamic radio tracing in indoor wireless local area networks," *IEEE Trans. Mobile Comput.*, vol. 9, no. 3, pp. 405–419, Mar. 2010.

[118] A. W. S. Au, C. Feng, S. Valaee, S. Reyes, S. Sorour, S. N. Markowitz, D. Gold, K. Gordon, and M. Eizenman, "Indoor tracking and navigation using received signal strength and compressive sensing on a mobile device," *IEEE Trans. Mobile Comput.*, vol. 12, no. 10, pp. 2050–2062, Oct. 2013.

[119] S.-H. Fang and T.-N. Lin, "Cooperative multi-radio localization in heterogeneous wireless networks," *IEEE Trans. Wireless Commun.*, vol. 9, no. 5, pp. 1547–1551, May 2010.

[120] N. Bhushan, J. Li, D. Malladi, R. Gilmore, D. Brenner, A. Damnjanovic, R. T. Sukhavasi, C. Patel, and S. Geirhofer, "Network densification: The dominant theme for wireless evolution into 5G," *IEEE Commun. Mag.*, vol. 52, no. 2, pp. 82–89, Feb. 2014

[121] Dong-Ho, Shin, and Sung Tae-Kyung. "Comparisons of Error Characteristics between TOA and TDOA Positioning." *Aerospace and Electronic Systems, IEEE Transactions on 38*, no. 1, pp 307–11, 2002

[122] J. Borenstein, H. R. Everett, L. Feng, and D. Wehe, "Mobile robot positioning sensors and techniques," *J. Robot. Syst.*, vol. 14, no. 4, pp. 231–249, 1997.

[123] F.M. Czopek and S. Shollenberger, "Description and Performance of the GPS Block I and I1 L-Band Antenna and Link Budget," *in Proc. of the ION GPS-93*, Salt Lake City, Utah, Sep. 1993, pp. 37–43.

[124] T. Nighswander, B. Ledvina, J. Diamond, R. Brumley and D. Brumley, "GPS Software Attacks," *in Proc. of the 2012 ACM conference on Computer and communications security (CCS'12)*, Raleigh, North Carolina, Oct. 2012, pp. 16–18.

[125] T. E. Humphreys, B. M. Ledvina, M. L. Psiaki, B. W. O. Hanlon and P. M. Kintner, "Assessing the Spoofing Threat: Development of a Portable GPS Civilian Spoofer," *in Proc. of Navigation GNSS (ION GNSS 2008)*, Savanna, GA, Sep. 2008, pp. 16–19.

[126] X. Jiang, J. Zhang, B. J. Harding, J. J. Makela and A. D. Dom i nguez-Garc i a, "Spoofing GPS receiver clock offset of phasor measurement unit," *IEEE Transactions on Power*, vol. 1, no. 99, pp. 1–10, Feb. 2013.

[127] Van Diggelen, Frank, "A-GPS: assisted GPS, GNSS, and SBAS", Artech House, 2009.

[128] McNamara, Joel, "GPS For Dummies", Wiley, 2008.

[129] Mendizabal Samper, Jaizki, "GPS & Galileo: Dual Rf Front-end Receiver and Design, Fabrication, and Test", McGraw-Hill, 2008.

[130] Xu, Guochang, "GPS: theory, algorithms, and applications", Springer, 2007.

[131] Borre, Kai, "A Software-defined GPS and Galileo receiver : a single-frequency approach", Birkh user, 2007.

[132] Kaplan, Elliott D., "Understanding GPS: principles and applications", Artech House, 2005.

[133] Prasad, Ramjee, "Applied satellite navigation using GPS, GALILEO, and augmentation systems", Artech House, 2005.

[134] El-Rabbany, Ahmed, "Introduction to GPS: The Global Positioning System", Artech House, 2002.

[135] Hofmann-Wellenhof, B., "Global positioning system : theory and practice", Springer-Verlag, 2001.

[136] Misra, Pratap, "Global Positioning System: Signals, Measurements, and Performance", Ganga-Jamuna Press, 2012.

[137] Sahinoglu, Zafer, "Ultra-Wideband Positioning Systems: Theoretical Limits, Ranging Algorithms, and Protocols", Cambridge University Press, 2008.

[138] Grewal, Mohinder S, "Global Positioning Systems, Inertial Navigation, and Integration", WILEY, 2007.

[139] Farrell, Jay A, "The Global Positioning System & Inertial Navigation", McgrawHill, 1998.

[140] Gupta, Raj, "Defense Positioning and Geometry", The Brookings Institution, 1993.

[141] The Institution of Electrical Engineers, "Satellite Systems for Mobile Communications and Navigation", The IEE, 1983.

찾아보기

ㅇ

ㅈ

ㅊ

ㅋ

ㅌ

저자약력

● 김진영 교수

김진영 교수는 서울대학교에서 전자공학 분야 공학사/공학석사/공학박사를 취득한 후 미국 Princeton University에서 무선통신 분야의 연구를 수행하였다.
SK 텔레콤 중앙연구원의 책임연구원, 미국 MIT 공대 Visiting Scientist의 경력을 쌓았으며 현재 광운대학교 전자융합공학과 정교수로 재직 중이다. 주 관심분야는 차세대 이동통신, 무선 측위, 가시광통신, 국방통신 및 각종 IT융합시스템 등이다.

● 서철헌 교수

서철헌 교수는 서울대학교에서 전자공학 분야 공학사/공학석사/공학박사를 취득한 후 미국 MIT 공대에서 POST DOC.을 마쳤다. 1993년 9월부터 숭실대 정보통신전자공학부에서 조교수, 부교수를 거쳐 2003년부터 정교수로 재직중이며 미국 MIT에서 연구원, 교환교수, 연구교수를 지내면서 활발히 연구생활을 하였다. 연구관심분야는 무선 에너지 전송, 무선 측위, 무선통신 전파시스템, 레이다 시스템, 스마트폰 RF 모듈, 국방 RF 시스템 등이다.

저자와의
협의하에
인지생략

무선 측위 시스템
(WIRELESS LOCATION SYSTEM)

2016년 4월 15일 1판 1쇄 인쇄
2016년 4월 22일 1판 1쇄 발행

저 자 • 김진영 · 서철헌
발행자 • 이영애
발행처 • 공감북스
주 소 • 02011 서울시 중랑구 중랑천로 256
전 화 • 02-971-9683
팩 스 • 02-972-9683
등 록 • 제 25100-2015-18 호
등록일 • 2015년 7월 15일
e-mail • sympathybook@naver.com
ISBN • 979-11-86898-13-0 (93560)

정 가 • 23,000원